配电网设备数字化技术

江苏省电力试验研究院有限公司　组编

中国电力出版社
CHINA ELECTRIC POWER PRESS

内 容 提 要

为进一步加快配电网设备数字化建设与技术进步，江苏省电力试验研究院有限公司组织编写《配电网设备数字化技术》，以满足相关岗位人员技能提升的需求。

本书共分为五章，分别是概述、配电网设备数字化技术分类、配电网设备数字化建设、应用典型案例、配电网数字化发展趋势及展望。

本书可供电力行业配电网相关技术与管理岗位人员学习使用。

图书在版编目（CIP）数据

配电网设备数字化技术 / 江苏省电力试验研究院有限公司组编. —北京：中国电力出版社，2023.11

ISBN 978-7-5198-8211-2

Ⅰ. ①配… Ⅱ. ①江… Ⅲ. ①配电系统–数字技术 Ⅳ. ①TM727

中国国家版本馆 CIP 数据核字（2023）第 191681 号

出版发行：中国电力出版社
地　　址：北京市东城区北京站西街 19 号（邮政编码 100005）
网　　址：http://www.cepp.sgcc.com.cn
责任编辑：罗　艳（010-63412315）
责任校对：黄　蓓　常燕昆
装帧设计：张俊霞
责任印制：石　雷

印　　刷：三河市万龙印装有限公司
版　　次：2023 年 11 月第一版
印　　次：2023 年 11 月北京第一次印刷
开　　本：710 毫米×1000 毫米　16 开本
印　　张：15.25
字　　数：272 千字
定　　价：108.00 元

本书编写组

主　　编　赵新冬　李　杰

副 主 编　陈锦铭　陈　烨　赵丽萍　孙云晓　李　娟

编写人员　刘　建　王　亮　嵇建飞　杨志祥　冯喜军

朱道华　陈　静　孙勇卫　姜云龙　许永军

杨肖辉　姚　光　梅成磊　周祉君　汪家铭

郭　宁　李　强　王　超　阳　浩　韩正谦

徐江涛　梁　伟　黄哲忱　甄　岩　白晖峰

聂国际　岑炳成　罗　拓　濮　实　王邑斌

安春燕　潘煜斌

前　言

数字化是建设新型电力系统的重要手段，配电网数字化的三个方面：决策数字化、业务数字化、设备数字化。大力加快推进配电网数字化建设，加快推进配电网设备智能化升级和管理数字化转型，是国家电网有限公司贯彻落实中央“新基建”战略部署的重要举措，也是建设能源互联网企业的内在要求。

国家电网有限公司以实现设备、作业、管理、协同“四个数字化”为目标，构建新一代设备资产精益管理系统（PMS 3.0），全面推进设备管理数字化转型。国网江苏省电力有限公司承担了 PMS 3.0 试点建设任务，组织包括江苏省电力试验研究院有限公司在内的相关专家先后完成顶层设计、中台能力提升、样板间验证等 7 项重点工作，验证了 15 个样板间、上线 33 个应用，建成运营管控平台，实现了业务中台和应用全链路监控，建立了“功能灵活构建、应用快速迭代、业务高效运转、管理有效协同”的建设应用模式。

本书总结江苏省及行业内现阶段配电网设备数字化研究成果，重点考虑配电网面临分布式电源、储能、微电网、新型交互式用能等设备大规模接入以及用户深度参与互动，源网荷储人协同发展压力大的情况，以及配电网设备规模总量大，发展变化速度快，发展不平衡不充分，量测覆盖率不足，设施设备标准化程度不高，配电网一线运维管理人力资源与配电网增速不匹配，现有监测管控手段和资源配置能力不足等问题，集中阐述配电网设备数字化总体思路和框架、配电网设备数字化技术、配电网设备数字化建设、典型应用案例、发展趋势等内容。

本书编写组经过深度调研，考虑配电网数字化人员能力现状和培训需求，在数字化设备通信、建设、运行方面进行了系统总结，长园电力技术有限公司、威胜能源技术股份有限公司、北京智芯微电子科技有限公司等也提供了相关资料与内容，在此一并致谢。

未来，数字化、网络化、智能化将为电网赋能、赋值、赋智，着力提升电网绿色安全、高效互动和开放能力，本书内容也将跟随时代发展不断更新修订，欢迎广大相关电力专家持续关注并提出宝贵意见，从而共同为电力系统安全稳定运行作出应有贡献。

编　者

2023 年 10 月

目　录

1 概 述

1.1 概况

1.1.1 背景

1. 智能电网将支撑着未来依赖电力的世界

智能配电网是基于配电网数字化和配电物联网的基础上建立起来的，它需要大量的数据和信息支撑。配电物联网是将配电设备通过传感器、通信设备等互联互通，实现设备状态的采集、监控、诊断、分析和控制，提高供电可靠性和运行效率。配电网数字化则是对配电网的各个环节进行数字化改造，包括数采、通信、计算、存储等，在数据、信息、知识的支持下实现智能化运行、管理和维护。因此，智能配电网需要依赖于配电物联网和配电网数字化来实现，而配电物联网和配电网数字化也是推动智能配电网发展的重要支撑。

智能配电网是能源互联网、数字化电网的重要组成部分，是配电技术与物联网技术深度融合产生的一种新型配电网络形态，上联输电主网，下联广大用户，汇聚了大量的分布式电源、储能、电动汽车等交互式源荷设施，是新型电力系统中重要的能源交互枢纽，对支撑能源生产的清洁替代和能源消费的电能替代意义重大。

虽然集中发电在未来几十年对电网稳定仍至关重要，但分布式能源如住宅屋顶和社区规模的太阳能电池阵列和存储对能源供应和系统稳定来说将变得非常重要。配电系统的数字化将实现更灵活、更高效的电力控制和传输。

2. 智能配电与物联网现状

智能配电与物联网现状可以概括为一句话：不断变化的需求，不断发展的解决方案。

智能配电网以电网运行状态感知、设备健康状态感知和环境条件变化感知为基础，以标准统一的公共信息模型为支撑，以混合组网通信与信息安全为保障，通过配电网自动化、信息化、互动化的高度集成，实现配电网的主动优化控制、灵活高效运维与科学管理决策，适应多元化负荷快速发展，满足客户服务多样化需求。智能配电与物联网现状示意图如图 1－1 所示。

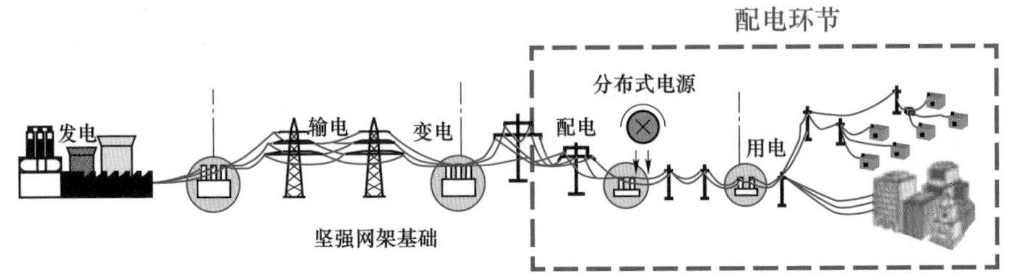

图 1－1　智能配电与物联网现状示意图

（1）国外。目前工业发达国家的配电网架比较完善，普遍配备了配电管理系统（distribution management system，DMS）、停电管理系统（outage management system，OMS）。近年来先进计量基础设施（advanced metering infrastructure，AMI）以及先进配电自动化（advanced distribution automation，ADA）等也得到广泛应用。分布式电源发展迅速且大多从配电网侧接入，成为智能配电网的重要组成部分。供给需求互动、用户参与的用电格局已经形成。

欧洲配电网转型发展的关键驱动因素在于分布式电源以及电动汽车、储能等负荷形式的显著变化。随着越来越多的分布式新能源发电和新型负荷接入配电网中，欧洲通过增加通信、传感和自动化功能，使得配电网运行方式灵活，适应发电侧和需求侧的变化。

美国配电网的发展是信息技术革命的一种延伸，侧重于配电网与通信、信息技术的融合，借此改变人们的电能消费模式，使配电网成为各种新的服务模式实施的支撑平台。

日本配电网经过多年的建设和改造，设备智能化水平较高，系统具有可靠性高、电能损耗低等特点。日本配电自动化技术已获得全面的广泛应用，并取得了非常好的应用效果。

新加坡配电网呈花瓣网状结构，并列运行，配电自动化覆盖面高，配电网可靠性高，电网运行方式灵活，设备运行效率高。

与此同时，美国以物联网应用为核心的“智慧地球”计划、欧盟的“十四点行动”计划、日本的“U－Japan 计划”、韩国的“IT839 战略”和“U－Korea”战略、新加坡的“下一代 I－Hub”计划等都将物联网作为当前发展的重要战略目标，由此推动配电物联网快速发展。

综上，世界各国均在大力发展利用自动化实现更高效、安全的数据采集和运行控制的智能配电网，并将先进信息通信技术应用于配电网建设、运行、维护和服务等环节，构建广泛互联、安全可靠、优质高效的新型数字化配电网。

（2）国内。2009 年我国提出“在考虑现有网架基础和利用现有设备资源基础上，建设满足配电网实时监控与信息交互、支持分布式电源和电动汽车充电站接入与控制，具备与主网和用户良好互动的开放式配电自动化系统，适应坚强智能配电网建设与发展”的智能配电网。在随后 10 年，智能配电网经历了从配电自动化的试点示范到全面建设的过程，并逐步过渡到配电自动化与物联网技术深度融合的配电物联网时代，取得了如下主要成效。

1）配电网投资建设成效显著。“十三五”时期，电网投资持续向配电侧倾斜，配电网建设成效显著。到 2020 年年底，国家电网有限公司（简称国家电网公司）电网基建投资达到 4605 亿元，占比由 10 年前的 47%提高到 58%。6～20kV 配电线路 427.3 万 km。其中，架空线路 345.2 万 km，电缆线路 82.1 万 km，配电变压器 524.2 万台、容量 16.7 亿 kVA，配电开关 586.8 万台；中国南方电网有限责任公司（简称南方电网公司）2020 年完成电网建设投资 709 亿元，拥有中压（10～20kV）馈线约 8 万条，100 万 km，其中架空线路 75 万 km，电缆线路 25 万 km，配电房 12 万座，配电变压器 180 多万台，智能电能表近 1 亿台，配电通信网覆盖率达到 95%，内蒙古电力（集团）有限责任公司（简称内蒙古电力公司）拥有中压（10～20kV）馈线 5301 条（15.37 万 km）。其中，架空线路 14.47 万 km，电缆线路 0.9 万 km，配电房 598 座，箱式变电站 1.1 万座，柱上变台 8.99 万台，配电变压器 10.40 万台（公共变压器），智能电能表 775 万台。中心城市（区）高压配电网“$N-1$”通过率为 91.4%，中压配电网联络率为 93.55%，核心区新建线路电缆化率为 87.84%，城镇高压配电网“$N-1$”通过率为 88.72%，中压配电网联络率为 84.8%，开关无油化率为 99.96%。

2）配电网数字化转型进程提速。近年来，以大数据、人工智能、区块链、5G 通信等为代表的新兴数字技术不断与配电网业务深度融合，丰富了配电系统的应用场景，有力提升了电网安全运营能力和客户服务水平。国家电网公司以“建设具有中国特色国际领先的能源互联网企业”战略目标为引领，以“构建以新能源为主体的新型电力系统”为发展方向，以提升供电可靠性为主线，重点围绕配电自动化实用化、配电物联网体系建设与电网资源业务中台建设应用，全力推进配电网数字化转型升级，实现配电网由传统单向无源网络演变为区域能源资源配置平台，提升综合承载能力，满足清洁能源足额消纳和多元化负荷灵活接入需求，打造一流现代化配电网。到 2020 年年底，国家电网公司配电自动化线路覆盖率为 90%，各省、市主站系统全覆盖，配电网设备可观测率由不足 5%提升至 70%，完成 43.6 万个台区智能融合终端建设。配电网抢修指挥平台建设全面完成，智能电能表全覆盖。南方电网公司依托云计算、大数据、物联网、移动互联、人工智能等数字化技术，以设备数字化为基础，加快推进“数字配电网”“坚强配电网”“数字孪生电网”建设，配电网调度自动化主站已全网覆盖，全面建成全域物联网平台，全面实现智能电能表和低压集抄“两覆盖”，建成前海自贸区、佛山金融高新区、河池东兰县农村智能电网、海岛微电网等一批高质量城市配电网和农村电网示范区。内蒙古电力公司全力推动物联网、大数据、人工智能等技术赋能风电与光伏发电利用，不断提升配电网数字化水平。到 2020 年年底，配电自动化覆盖率为 95.62%，配电通信网覆盖率为 97.30%，智能电能表覆盖率为 97.57%，互联网平台用户数达 5553 万，互联网缴费比例为 28.7%。

3）配电网供电质量和供电能力显著提升。2020 年全国平均供电可靠率为 99.843%，比上年提高了 0.023 个百分点；用户平均停电时间 13.72h/户，比上年降低 2.03h/户；用户平均停电频率 2.99 次/户，比上年降低 0.29 次/户。其中，国家电网公司经营区城、农网供电可靠率分别为 99.970%、99.843%，城、农网综合电压合格率分别为 99.995%、99.803%，用户平均停电时间 12.2h/户；南方电网公司 2020 年综合电压合格率为 99.9702%，城市地区、农村供电可靠率分别达到 99.9673%、99.8434%；内蒙古电力公司区域平均供电可靠率为 99.8084%，比上年提高 0.0148 个百分点，用户平均停电时间为 16.83h/户，比上年降低 1.25h/户，用户平均停电频率为 2.802 次/户，比上年降低 0.331 次/户。

4）相关产业发展迅速。国内涉及配电及其物联网装备制造的企业主要有 3000 多家，包括南瑞、许继、平高、信产、南方电网公司数研院、山东电工、北京四方、正泰电器、江苏大全、合纵科技、中恒电气、北京科锐、智光电气、万讯自控等。领域内大多数相关企业产业形态横跨多个领域，特别是领域内领先的头部企业跨界现象更为普遍，因此，从营收角度难以全面衡量配电物联网的产业现状。作为电网工程的重要组成部分，包含配电物联网的配电网工程占比过半，因此，基于电网工程投资规模变化趋势判断配电物联网领域产业发展情况具有现实意义和参考价值。

根据 2019 年国家电网公司配电网设备协议库存招标情况，配电箱招标 60714 个，同比增长 2381.16%，其中户外配电箱招标 57173 个，占比 94.17%；共招标配电终端 166445 套，同比增加 64.26%，其中配电变压器终端招标 138505 套，占比 83.21%，馈线终端招标 16068 套，占比 9.65%，站所终端招标 11872 套，占比 7.13%；共招标电缆分支箱 142745 只，同比增加 51.37%，其中电缆分支箱以 400V 为主，共招标 133642 只，占比 93.62%；共招标配电变压器 75291 台，同比减少 27.20%，其中配电变压器以 10kV 为主，共招标 75249 台，占比 99.94%，油浸式变压器招标 73137 台，占比 97.14%；共招标环网箱 19177 台/套，同比减少 38.96%，其中环网箱以 10kV 为主，共招标 19173 台/套，占比 99.98%，一、二次融合成套环网箱招标 12694 台/套，占比 66.19%，SF_6 绝缘环网箱招标 11080 台/套，占比 87.29%。2019 年国家电网公司部分配电网设备协议库存招标数及同比数据如图 1－2 所示。

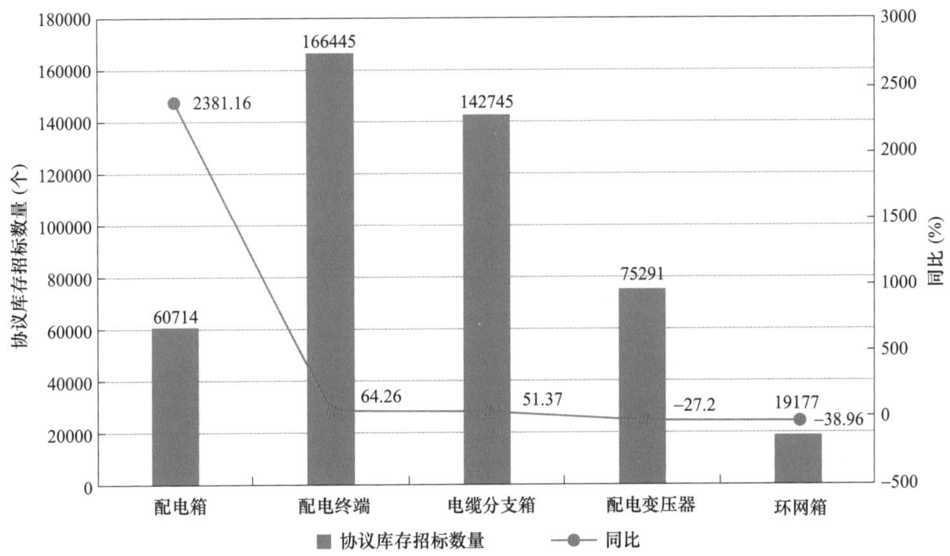

图 1－2　2019 年国家电网公司部分配电网设备协议库存招标数及同比数据

近年来，以一、二次融合成套设备，带电作业机器人，智能电力通信开关等为代表的智能配电装备、配电物联网设备的招标量增长明显，且占比逐年提高，用户侧设备优化和配电网智能化需求快速上升，进一步推动产业重心向“智能”和“数字”迁移，传统配电设备制造企业正积极改变思路，谋求融合创新发展。制造企业国际化发展成为重要趋势。“十三五”期间，“一带一路”倡议为中国电力企业“走出去”提供了机遇，也为化解输配电行业产能过剩提供了新的机会。目前，中国电网企业已经成功投资多个海外输配电资产。国家电网公司投资运营菲律宾、巴西、澳大利亚、意大利、希腊等国家的输配电网，南方电网公司投资运营卢森堡、智利等国家的输配电网。国内输配电及控制设备制造企业通过贸易出口、设计－采购－施工总承包模式（engineering-procurementconstruction，EPC）带动、海外投资建厂等方式借船出海，将产品输出到世界超过 100 个国家，初步形成具有国际竞争力的电工装备品牌。

3. “双碳”目标带来新挑战

（1）安全挑战。由于风、光等分布式可再生能源发电具有极强的随机性、间歇性和波动性，随着配电网中新能源渗透率的提高，电网线路中潮流大小甚至方向变化频繁，配电网功率平衡呈现概率化。同时，风、光发电出力“靠天吃饭”，极易导致以新能源发电为主的配电系统供电不足或倒送电。此外，新能源广泛采用逆变器等设备并网，提高了配电网电力电子化程度，也加大了运行控制难度。在新能源大规模、高比例接入场景下，保障系统运行安全是重中之重，需大幅提升配电网弹性自适应能力，强化“网－源－荷”协调控制。

（2）效率挑战。大量研究和案例表明，随着新能源装机的增加，为满足新能源全额消纳，系统成本将呈现持续提高趋势。统计显示，“十三五”期间国家电网公司配电网投资占电网基建投资近 60%。面对“双碳”目标下配电网投资需求的变动趋势，从国有资本保值增值角度出发，需要提升投入产出效益，确保配电网可持续发展。

（3）智能化需求带来的挑战。从“双碳”目标发展趋势看，在以可再生能源规模化接入为特征的新型电力系统框架下，配电主体更加复杂多元，能源流向更加多样。这就要求配电网具备强大的综合承载能力、全息感知能力和智能调控能力，并要求电力与电子高度融合形成智能化和柔性化的配电设备，以提供系统支撑。在保证新能源足额消纳的同时，需要满足多元化负荷“即插即用”接入需求。

（4）开放性挑战。“双碳”目标的提出，将推动配电网与能源互联网衔接更加紧密，要求加大投资开放力度，加强与其他基础设施的融合，加快发展成为分布式可再生能源消纳的支撑平台、多元海量信息集成的数据平台、多利益主体参与的交易平台，继而催生更多的新业务、新业态、新模式，满足各类主体和社会资本投资以及交易需求。

（5）低碳化挑战。配电网设备种类多、数量大，且存在一定比例的老旧设备，一直是电网公司节能降耗的重点领域。新型配电系统更要求深入践行绿色发展理念，进一步加大配电网领域低碳治理力度，积极推广应用绿色环保、节能高效的配电设备，引领带动电网全环节全流程绿色生态环保，为降低碳排放整体水平作出贡献。

4. 产业发展面临新问题

（1）配电网设备标准化程度不高。在技术快速迭代的形态下，配电物联网相关产业面临标准化不足带来的一系列问题。首先，设备型号类别繁杂。设备生产厂家执行的技术标准不一致，设备的通用性差、互换性不高。其次，设备的环境适应性差。现有配电网设备缺少特殊运行环境的配置标准要求，对于高海拔、高温差、高盐雾等地区的适应性较差。再次，设备质量问题多。设备在稳定性和可靠性方面，与国际知名公司的产品存在着较大差距。最后，设备选型不满足长远发展要求。部分开关站、环网柜等设备的选型配置缺乏前瞻性，设备的一次容量预留不足、二次扩展需求考虑不充分。

（2）配电网设备状态感知数据分析能力不足。现有设备状态感知的传统分析应用算法简单，缺乏面向数据深度应用的数据挖掘能力，技术、算法、模型的积累沉淀非常欠缺，数据分析成为提升配电设备管理能力的瓶颈。首先，现有的多维统计分析功能偏弱，缺乏多模态数据集成挖掘功能；其次，现有的传统分析大多数是周期性分析，缺乏实时分析和全过程分析应用。

（3）配电设备制造行业产能结构化风险突出。配电设备制造行业拥有大量的企业，行业集中度小，同质化突出，市场供给波动大，行业存在着结构性一般产能过剩和高端定制需求产品短缺的双重供给风险。市场供给总量过剩的局面短期内难以改变，随着新增产能的释放，市场供需矛盾凸显。

（4）缺乏核心技术。受前期技术积累较少及国际社会的科技封锁影响，部分核心技术与国外相比仍有不足，主要体现在电力定制芯片技术、电力传感器技术、核心工业软件、机器人核心软件、数据库管理系统等方面，亟须加强攻关。

5. 国内发展态势

传统配电网面临挑战：① 配电网设备规模总量大；② 配电网发展速度、变化速度快；③ 配电网发展不平衡、不充分；④ 配电网设施设备标准化程度；⑤ 配电网市场化调节机制手段相对较少；⑥ 客户多层次服务需求；⑦ 客户对电力依赖程度高；⑧ 配电网一线运维管理人力资源与配电网增速不匹配；⑨ 清洁能源消纳压力大；⑩ 电动汽车充电桩等可变负荷冲击力大；⑪ 碳达峰、碳中和。

传统配电网管理模式不满足新时期配电网发展需求，迫切需要深入应用“数字化”先进技术，从本质上提升配电网建设、运维、管理水平，实现跨越式发展，满足新型电力系统建设需求。新型配电系统通过接入海量分布式新能源，降低电力生产环节碳排放；借助灵活的网架、分布式储能、柔性电力电子设备及多元化的灵活互动方式，充分满足电动汽车等新型负荷用电需求，推动电能加速替代。因此，新型配电系统是建设新型电力系统、推动“双碳”目标实现的重要组成部分。分布式电源、分布式储能与新型负荷的大量接入使得配电系统出现供电多元化、用电互动化、电力电子化、装备智能化以及管理数字化等全新形态特征。传统配电系统调度方式、运行控制策略、管理手段难以支撑低碳化的新型配电系统建设。

随着终端能源消费电气化进程的加速，以电力为主的能源消费为电网数字化转型带来新的机遇和挑战。以信息与通信技术（information and communications technology，ICT）为基石，以云、大、物、移、智为驱动的第四次工业革命正在引领电力行业进入万物互联的智能时代，成为电网数字化转型的强劲驱动，赋能“双碳”目标下的新型电力系统构建。“3060”目标以及新型电力系统的构建是一场广泛而深刻的电力系统变革，在发电端，构建以新能源为主体的新型电力系统，意味着风电、光伏等可再生能源将成为未来电力系统的主体；在用电侧，分布式能源、用户侧储能的接入，以及电动汽车对充电基础设施需求的快速增长，使得电力系统实时平衡的确定性要求与新能源高波动性和强随机性的不确定性产生矛盾，势必为电网安全稳定带来影响。数据表明，在无序充电情形下，2030 年国家电网公司峰值负荷将增加 1.53 亿 kW，相当于区域峰值负荷的 13.1%，这对现有用户侧配电网容量、供电设施可靠性、调度能力、运维方式提出更高的要求。加强配电网侧数字与设备融合、提升设备智能化水平及电网全息感知则成为平衡电力系统、保障电网安全管理的当务之急。我们从三个维度来看：

第一个维度，以满足电力设备智能感知与信息采集需求，发展基于高可信、高精度、广集成、低功耗、微型化的各类智能化设备是配电网数字化转型的基础。

第二个维度，以满足海量数据采集、分析、应用、决策需求，发展符合未来数字化电力业务的应用系统是配电网数字化转型的必由之路和先行之举，如可信操作系统、云边协同框架、电网资源业务中台、生产管理系统（product management system，PMS）等软件系统。

第三个维度，基于前两个维度的实现，结合电力作业流程数字化，提升“站－线－变”关键节点的数字化水平，增强配电网调控能力和安全性，提升整体运行效率。

1.1.2　配电网数字化转型的重要意义

从国家层面看，党的十九届五中全会提出大力发展数字经济，推进数字产业化和产业数字化，打造具有国际竞争力的数字产业集群。中央经济工作会议提出，要推动数字经济和实体经济融合发展，发挥数字技术对经济发展的放大、叠加、倍增作用，加快数字化改造，促进传统产业升级。国家“十四五”规划也将“加快数字化发展、建设数字中国”作为独立篇章，明确提出要加强能源领域数字化应用，数字化已成为各行业高质量发展的趋势。

从行业发展看，电力系统“双高”“双峰”特征凸显，面对新能源大规模高比例并网、分布式电源和微电网接入等多重挑战，电力保供压力持续增加，亟待凝聚行业共识，促进协同创新，运用数字技术，以数字化转型为载体，破解能源转型技术难题，抢占行业发展制高点，着力推进新型电力系统建设，推动传统物理电网向高度数字化、清洁化、智慧化的数字电网演进。

从电网公司运营看，当前正处在由信息化到数字化的全面跃迁和加速演变期，需要主动融入数字经济发展浪潮，加快对数字化转型的战略定位和发展重点形成广泛共识，加快释放数字技术和数据要素的强大动力，加快推进数字技术与设备管理全过程深度融合，全面驱动业务流程、生产模式和管理形态变革，促进电力保供更安全、资源配置更优化，打造互利共赢能源互联网新生态，解决痛点、难点、堵点问题。

1.1.3 设备管理数字化转型的方向路径

国家电网公司明确了四个加强和四个确保的要求，即“加强‘四统一’建设，确保共建共享共用；加强企业级统筹，确保不形成新孤岛烟囱；加强安全运行防护，确保网络信息安全；加强数据管理应用，确保数据价值作用发挥。”面对新形势和新要求，我们要完善顶层设计，加强系统布局，明确发展方向，规范实施路径，确保设备管理数字化转型工作行稳致远。

1. 明确数字化转型方向

设备管理数字化的核心是通过数字技术与电网技术创新应用，升级和释放设备管理生产力，推动管理方式、作业模式、管控形式变革，助力现代设备管理体系高质量运转。这就要求我们明确数字化转型发展方向，主要体现在三个“注重”：

（1）更加注重解决实际问题。新型电力系统建设正在加快步伐，能源技术创新进入“无人区”，迫切需要通过科技创新攻克关键“卡脖子”技术，破解电网发展难题。前期，设备管理数字化重点聚焦数字技术实现和信息系统支撑应用，随着数字化转型纵深推进，数字化已经不再是简单的数字技术应用，而是融合技术、业务、管理、机制等要素的综合性工作，需要站在企业全局高度，把握公司战略落地、业务发展和管理提升的实质内涵，推动设备管理数字化转型，促进高质量发展。

（2）更加注重基层一线体验。国网江苏省电力有限公司、国网浙江省电力有限公司、国网山东省电力公司已初步建成 PMS 3.0 数字化架构，打造了一批现场作业应用，基层单位也感受到了数字化转型的福利。要聚焦班组核心业务数字化，在实施设备管理智能化升级的基础上，推进设备管理工作方式转变，实现设备运检作业由人工为主向人机协同转变。面向电网设备运行维护、检修试验等作业，通过数字化技术，推进移动作业代替传统纸质作业方式，简化繁重的数据录入工作，实现作业移动化。精确掌握设备实时状态，强化决策指令、现场信息在决策管理和作业现场实时交互，实现管控智能化。

（3）更加注重数据价值创造。随着电网资源业务中台的建设，有效解决了业务穿墙打洞、数据分散维护、用户体验不佳等问题，对内促进质效提升，对外支撑融通发展。要以 PMS 3.0 建设为抓手，激活数据作为核心生产要素的重要作用，打造数据驱动业务的设备管理模式。贯通网上电网、财务多维精益、现代智慧供应链等企业级应用，深入挖掘数据价值，促进管理提质、业务提效、服务提升，以数据驱动业务，优化业务流程，促进业务提效。

2. 明确数字化转型策略

设备管理数字化转型是一个不断完善、不断积累、持续优化的长期过程，要系统思维、科学谋划，围绕既定目标反复迭代、探索前行，强化转型策略落地，实现“电网一张图、数据一个源、业务一条线”，具体要做到“四个坚持”：

（1）坚持中台战略。中台理念已深入人心，建设思路已达成共识，并已经发挥了重要与积极的作用，但我们依然“在路上”，必须向纵深推进。要坚定路线，确保电网资源业务中台建设方向和路径不偏差，共性能力和数据服务要由中台统一提供，新增业务应用要基于中台构建，存量应用要逐步完成中台化改造。要开放能力，中台的核心理念就是企业级服务提供者，其关键是数据和服务共享共用，要明确规范数据源头、抓紧开展业务验证，沉淀一批共性服务，大幅提升基于中台快速构建业务应用的能力。

（2）坚持赋能赋智。要以需求和问题为导向，加快推进数字化赋能专业管理和基层作业，统筹总部统推与基层创新的关系，充分满足各专业需求，解决基层实际问题。要在 PMS3.0 业务应用建设上持续发力，做到需求精准、架构稳定、功能实用，加快推进数字技术与实际业务深度融合，助力业务优化和流程再造。要深化各专业领域人工智能应用，鼓励自主创新，依托 i 国网，基于企业中台打造体验好、互动性高的移动共享服务，开发适用、实用的小功能来解决实际问题，服务基层减负提效。

（3）坚持迭代演进。PMS 3.0 是设备管理数字化支撑架构，内涵丰富、要素众多、关系复杂，打造过硬的业务支撑能力不可能一蹴而就，要本着“建设中应用、应用中建设”的管理理念，在保持数据不乱、业务不断的基础上，持续迭代数据模型、中台服务，全面提升 PMS3.0 技术架构适应性、服务提供规范性、业务响应及时性。要坚持“继承、发展”的原则，在统筹实施、规范演进上下功夫，全面梳理分析现有系统运行情况，提炼成熟应用，完善中台化设计，有效对接并演进至 PMS3.0“三区四层”架构，确保取得预期成效。

（4）坚持创新驱动。能源转型和公司高质量发展都必须发挥创新第一生产力的作用。要加快关键技术突破，加强新型电力系统基础理论、核心技术研究，加强数字技术与电网技术融合应用，积累创新技术，鼓励自主创新，实现更多“从 0 到 1”原创性、引领性技术突破。要发挥示范建设优势，各单位积极开展创新试点，充分发挥地域、政策等优势，密切联系管理实践，不断完善数字化转型基础理论、实施策略，迭代提升中台能力，优化应用场景，为新型电力系统构建提供更多技术支撑。

1.2 配电网数字化总体思路及架构

1.2.1 配电网数字化总体思路

以推进配电网管理体系高质量运转为目标，以配电管理的在线化、透明化、移动化、智能化为主线，以新型数字化基础设施建设的云平台、物联管理平台、企业中台等平台为依托，实现配电管理业务与数字化技术的有机融合，构建配电设备数字化管理生态圈，全面提升配电精益化管理、设备资产全寿命周期管理和优质服务能力。

1. 状态全感知（设备数字化）

依托智慧物联体系，利用智能感知装置、视频图像监控、机器人等多源数据的接入，实现设备状态全景感知。设备数字化主要针对配电网高、低压设备进行结构一体化、功能集成化、接口标准化的设计制造。如：环网箱、柱上开关、配电变压器、低压断路器、补偿电容器等。

主要分为中压设备和低压配电网数字化。中压设备数字化主要面向开关设备的一、二次融合、即插即用设计制造等。低压配电网数字化主要包含端设备、边设备的数字化。边设备从硬件上实现平台化、标准化、模块化、插件化，软件上实现 App 化、定制化、规范化、扩展化。主要边设备为智能配电变压器终端。端设备主要实现测量、控制、保护、电量、状态监测、通信及远程升级维护功能。端设备主要有智能塑壳断路器、智能漏保、智能断路器、智能电容器、智能电能表、温度传感器、水浸、烟感、局部放电传感、测温、灯控、门磁、视频等。

2. 业务透明化（业务数字化）

以新型数字化基础设施建设的云平台、物联管理平台、企业中台等平台为依托，构建透明化配电网系统。通过构建一套遵循 IEC 61968《电力企业应用集成配电管理系统接口　第 100 部分：实现框架》（Application integration at electric utilities-system interfaces for distribution management-Part 100：Implementation profiles）/IEC 61970《能源管理系统应用程序接口　第 401 部分：概要框架》（Energy management system application program interface（EMS－API）－Part 401：Profile framework）的统一配电网模型标准，有效支撑智能电网配电环节“两系统、一平台”（配电自动化系统、PMS3.0、智能化供电服务指挥平台）深化建设及应用。通过两系统一平台，逐步实现工作流程化、过程可视化、管控闭环化。业务数字化整体架构如图 1－3 所示。

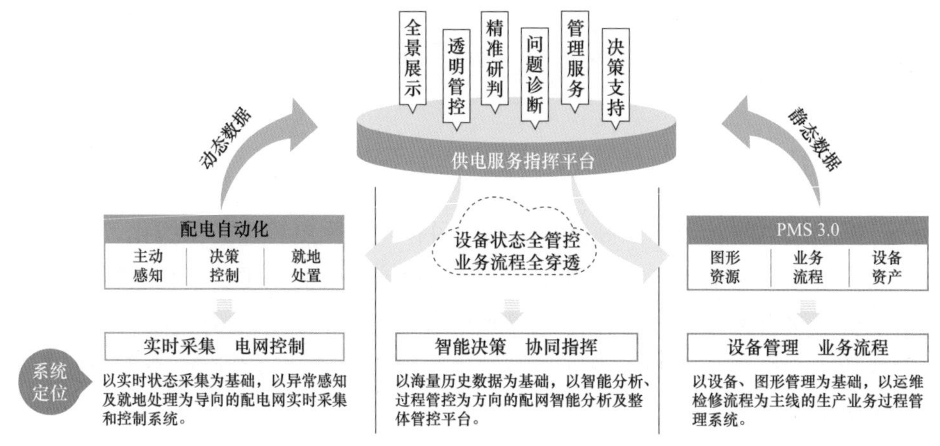

图 1－3　业务数字化整体架构

设备管理数字化转型要实现“电网一张图、数据一个源、业务一条线”，具体要做到“四个坚持”，即坚持中台战略、坚持赋能赋智、坚持迭代演进、坚持创新驱动。要推动 PMS3.0 与营销 2.0、网上电网、新一代应急指挥平台等建立上下贯通、横向协同的协作体系，打破业务和数据壁垒，支撑营配贯通、应急抢修管理等应用推广。业务数字化“两系统、一平台”PMS 系统如图 1－4 所示，业务数字化“两系统、一平台”配电自动化系统如图 1－5 所示。

供电服务指挥平台坚持以客户为中心，以提升供电可靠性和优质服务水平为重点，建设供电服务指挥中心，整合运检、营销、调度等专业指挥资源，集成配电运营、服务指挥、服务监督等业务，以“数据贯通和信息共享”促进“专业协同和业务融合”，全面提升配电网运营效率效益和供电优质服务水平。

PMS3.0系统是配电网图形资源、运检业务流程和设备资产全寿命管理系统，服务于各级配网运检人员，为大数据平台和配电网智能化运维管控平台提供配网资产和业务数据。

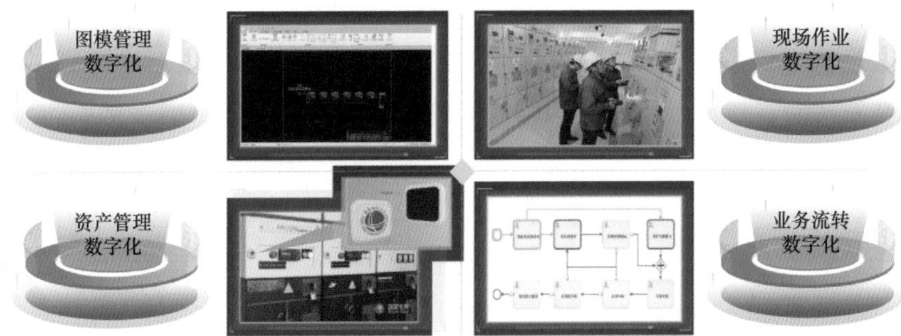

图 1-4 业务数字化“两系统、一平台”PMS 系统

图 1-5 业务数字化“两系统、一平台”配电自动化系统

按照“系统架构统一、信息模型统一、系统接口统一”的原则，开展供电服务指挥系统集中开发工作，形成 4 个典型供电服务指挥系统版本，并在所有单位开展省级集中部署，基本建成“在线化、透明化、移动化、智能化”特征的供电服务指挥系统，如图 1-6 所示。

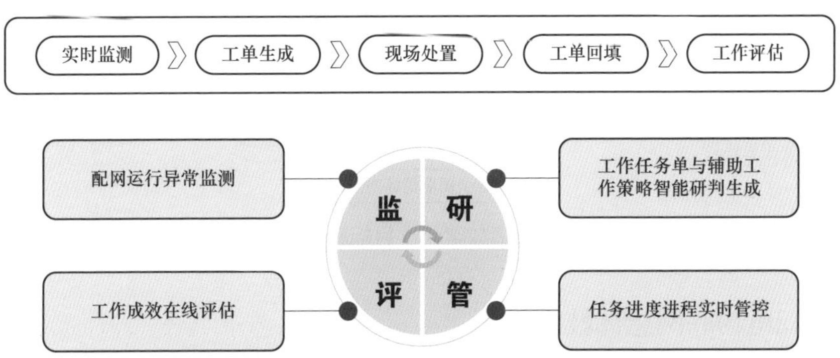

图 1-6 业务数字化“两系统、一平台”供电服务指挥系统（工单驱动）

3. 决策智能化（决策数字化）

依托移动互联技术，打造"互联网+"运检方式，推进人—设备—装备有机互联，实现配电管理业务与数字化技术的有机融合，提升决策智能化水平。通过对决策依据定量化、决策成效预见化、资源效率化，使规划设计更科学、投资建设更精准、目标导向更精确、效率效益更能提升。决策数字化如图 1-7 和图 1-8 所示。

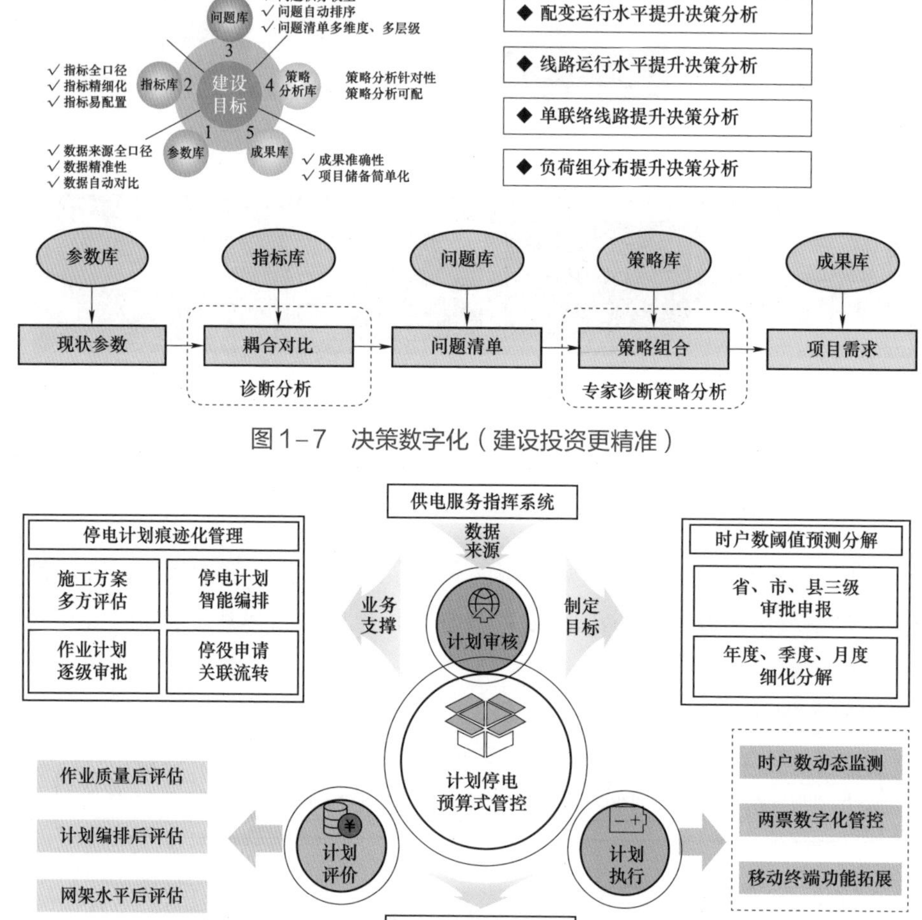

图 1-7　决策数字化（建设投资更精准）

图 1-8　决策数字化（目标导向更精准）

1.2.2　配电物联网总体技术架构

配电物联网的架构包括云、管、边、端一共四个层级。其中云是指云主站，创新组织方法和信息系统，实现了智能决策、协同自治、开放应用与互联；管是指数据传输的通道，传输通道安全、高效且实时；边是指靠近数据源头或物，在网络边缘分布智能代理，其拓展云管理数据和搜集数据能力与范围；端是指配电物联网结构状态感知以及执行控制主体的终端单元。边设备里面包括智能终端，端设备也包括智能终端。从物理层面来看，边设备和端设备可以融为一体，比如智能融合终端软件提供业务和互联，实现了边和端结合；从逻辑架构层面来看，边有着独立性特征，使用软件定义，就能解耦终端侧软硬件，不需要变更硬件条件下，满足配电台区变化要求，能够拓展智能融合终端适用范围；从计算资源层面来看，终端侧增加边缘计算层级可以本地化处理感知数据，实现端层边缘计算和云层大数据高效协同，解决了计算要求。配电物联网架构如图 1–9 所示。

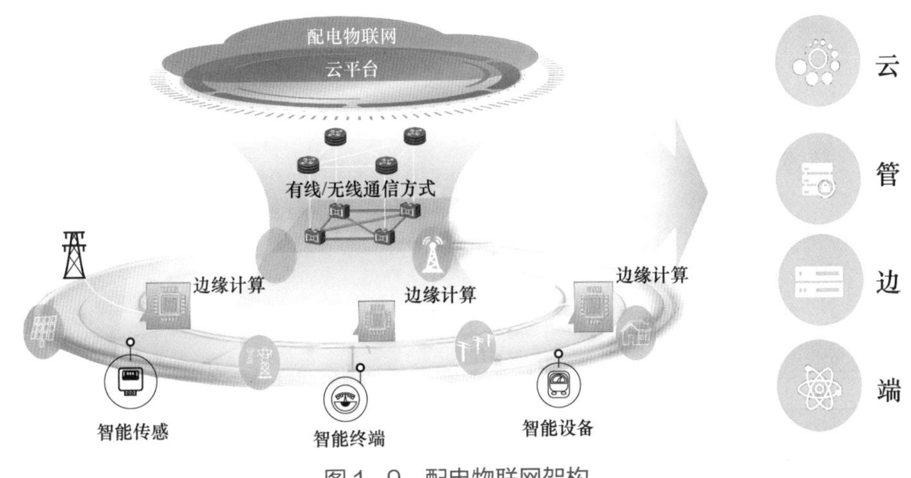

图 1–9　配电物联网架构

1.2.3　建立标准的技术路线

采用“自上而下”和“自下而上”相结合的系统方法构建智能配电与物联网标准体系。其中，“自上而下”的方法是从智能配电与物联网发展总体目标出发，通过往下逐层细化和分类的方法，描述各种应用场景，进行需求分析，并提出所需标准；“自下而上”的方法则是面向实际应用场景，梳理现有相关技术标准（国际、国家、行业、团体、地方、企业标准等），分析需求和现有标准之间的差距，提出标准需求。若有相关标准，则进行适应性分析，其中若标准整体不适应，则需对标准进行大幅度修订，若局部不适应，则进行局部修订，若标准适应性强，则保留或者建议标准升级；若无标准，则提出需要制定的标准。因此，综合“自上而下”和“自下而上”的分析结果，可识别出待制定、修订标准。根据上述分析所得的待制定/修订标准，制定短期（1～2 年）、中长期（3～5 年）标准计划，并向相关标准化委员会提出建议，技术路线如图 1－10 所示。

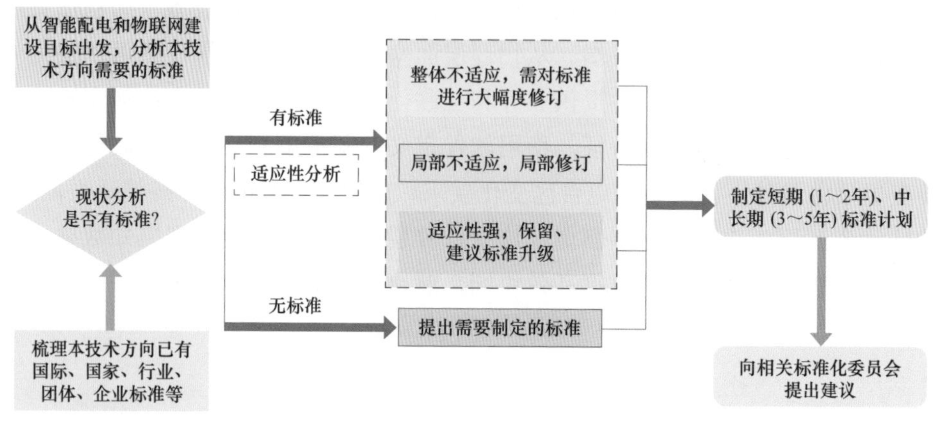

图 1－10　技术路线

1.2.4　技术标准的总体架构

智能配电与物联网标准体系包括 1 个标准体系、6 个专业方向、28 个技术领域，分为 3 个层级，如图 1－11 所示。

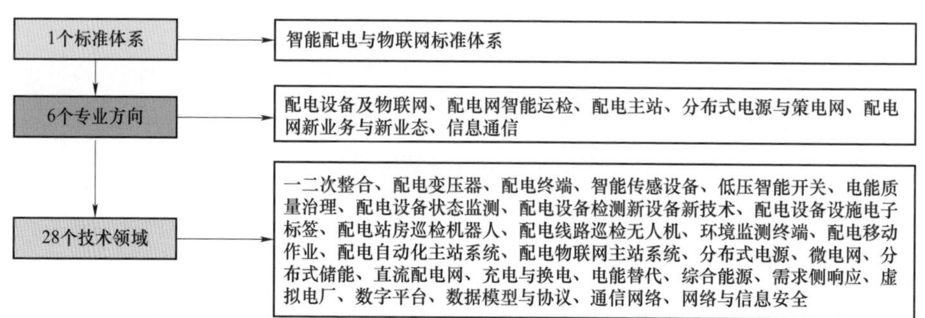

图 1－11　智能配电与物联网标准体系层次结构

第一层级是专业方向。包括配电设备及物联网、配电网智能运检、配电主站、分布式电源与微电网、配电网新业务与新业态、信息通信 6 个专业方向。

第二层级是技术领域。从一次到二次，从设备到系统，从生产制造到运维检修，对智能配电与物联网领域进行多层次、多维度、多方向的划分，共覆盖 28 个技术领域。

第三层级是具体标准。包括各知名标准组织、研究机构已发布和在编的相关可继承的技术标准，以及结合智能配电与物联网发展需要制定/修订的技术标准。

具体标准将持续动态更新和完善。

1.2.5 相关标准及行业规范建设

配电数字化的建设核心是利用智能化的配电网设备，通过设备间的互联、互通、互操作，实现配电网的全面感知、数据融合和智能应用，满足配电网精益化管理需求，支撑能源互联网快速发展。2016 年 11 月国家发展和改革委员会、国家能源局正式发布《电力发展“十三五”规划》，将“升级改造配电网，推进智能电网建设”作为重要任务，以及 2021 年 3 月，国务院《政府工作报告》提出扎实做好“碳达峰、碳中和”各项工作，制定 2030 年前碳排放达峰行动方案以后，国家电网公司、南方电网针对智能配电与物联网建设需要出台了一系列的发展规划与政策。

国家电网公司提出打造坚强智能电网口号，近年来一直致力于全面建设数字化电网，实现业务协同和数据贯通。在国家新型城镇化建设的背景下，国家电网公司提出建设“世界一流配电网”的目标，基本内容是开展配电网标准化和配电自动化建设，为我国重点城市配电网建设提供了新机遇，同时也带来了新挑战。国家电网公司公布的系列政策文件及标准见表 1－1。

表 1－1　　国家电网公司公布的系列政策文件及标准

时间	文件/标准名称	主要内容
2021 年 3 月	《“碳达峰、碳中和”行动方案》	加强配电网互联互通和智能控制，加强“大云物移智链”等技术在能源电力领域的融合创新和应用，加快信息采集、感知、处理、应用等环节建设，推进各能源品种的数据共享和价值挖掘。强调研究推广有源配电网、分布式能源、终端能效提升和能源综合利用等技术装备研制
2020 年 1 月	国家电网公司 2020 年 1 号文件《关于全面深化改革奋力攻坚突破的意见》	加快建设“三型两网”世界一流能源互联网企业，突出主营业务，全力推进泛在电力物联网、坚强智能电网建设
2019 年 1 月	国家电网公司 2019 年 1 号文件《国家电网有限公司关于新时代改革“再出发”加快建设世界一流能源互联网企	充分应用移动互联、人工智能等现代信息技术和先进通信技术，实现电力系统各个环节万物互联、人机交互，打造状态全面感知、信息高效处理、应用便捷灵活的泛在电力物联网
2014 年 9 月	Q/GDW 1850—2013《配电自动化系统信息集成规范》	用于国家电网公司配电自动化系统与相关专业系统的信息集成，推动营销、配电业务领域应用系统数据整合，提升我国电网运行效率

随着物联网相关技术渗入智能电网的各个环节，物联网成为南方电网公司信息化规划的重要组成部分。为了全方位提高智能电网各环节的信息感知深度

和广度，物联网技术作为南方电网信息化建设的一种手段，与信息化“6+1”系统等相结合，作为信息化系统的延伸发展，用以提高系统信息收集的效率、自动化和准确度。南方电网公司近年来发布的关于配电物联网规划与政策见表1-2。

表1-2　　南方电网公司关于配电物联网的规划与政策

时间	政策名称	主要内容
2021年6月	《公司中低压配电网管理优化提升总体方案（2021年）》	明确了中低压配电网管理优化提升的路径方向，具体部署了6个方面39项重点举措。该方案内容可归纳为3个优化（制度标准、组织模式、管理指标）、4个体系（统一规划管理体系、统一建设管理体系、生产管理与技术支撑、客服服务支撑体系）、1个协同和支撑（业务协同和基础技能支撑），多措并举推动中低压配电网管理落地见效
2021年4月	《数字电网推动构建以新能源为主体的新型电力系统白皮书》	利用数字技术构建坚强主网架和柔性配电网，因地制宜建设交直流混合配电网和智能微电网，持续加强配电网数字化和柔性化水平，提升对分布式电源的承载力
2021年3月	服务碳达峰、碳中和工作方案	支持分布式电源和微电网发展，加强配电网互联互通和智能控制，做好并网型微电网接入服务，加强“大云物移智链”等技术在能源电力领域的融合创新和应用，支撑新能源发电、多元化储能、新型负荷大规模友好接入。加快信息采集、感知、处理、应用等环节建设，推进各能源品种的数据共享和价值挖掘
2020年11月	《数字电网白皮书》	已建成南方电网公司云平台和具备千万台智能终端接入能力的物联网平台等基础平台体系，形成了统一电网数据模型并建成了首个数字孪生变电站；5G智能共享配电房、南方区域电力市场AI应用生态平台等一大批数字电网成果和创意项目也已成型
2019年5月	《数字化转型和数字南网建设行动方案（2019年版）》	建设南方电网公司云平台、数字电网和物联网三大基础平台，实现与国家工业互联网、数字政府及粤港澳大湾区利益相关方的两个对接，建设完善公司统一的数据中心，最终实现“电网状态全感知、企业管理全在线、运营数据全管控、客户服务全新体验、能源发展合作共赢”的数字南方电网公司

1.3　配电数字化设备技术

1.3.1　关键应用技术

1. 配电自动化技术

配电自动化是配电网智能运维管控、检修、抢修作业以及配电数字化转型应用的关键抓手，在供电企业的电力生产、配给、规划、安全、经营效能等方面具有不可替代的作用和价值。同时，也是其他相关业务的基本技术保障，是供电服务体系中的前哨，既与调控也与用电服务的技术和管理体系贯通一体。

2. 柔性负荷调控技术

柔性负荷调控技术利用用电客户的海量柔性负荷，通过虚拟汇聚、策略引导和集中调控，形成规模化柔性负荷调控资源参与电网平衡调节及需求响应，提升电网平衡能力，降低电网峰谷差，提高综合能源服务水平。

3. 智能配电装备

智能配电装备主要有一、二次融合设备，智能配电房，配电变压器，智能融合终端，低压智能开关等。

4. 智能配电运维技术

智能配电运维技术主要有配电设备状态监测、配电设备检测、配电设备设施电子标签、配电站房巡检机器人、配电线路巡检无人机、环境监测终端、配电移动作业。

5. 直流配电技术

直流配电技术设备主要有能量路由器、直流断路器。

1.3.2 配电物联技术

1. 智能传感和物联网通信技术

智能传感和物联网通信技术主要有配电传感技术、配电通信技术。

2. 云计算技术

云计算是分布式计算的一种特殊形式，它引入效用模型来远程供给可扩展和可测量的资源。云计算的主要思路是对基础资源虚拟化形成的资源池进行统一的调度和管理，云计算平台可以分为 3 个逻辑层次和 1 个云管理平台，即基础资源层、平台层、应用层和云管理平台。

云计算已广泛应用于电网企业的多种业务平台，国家电网公司从 2019 年启开始建设“三台”，即云平台、中台、物管平台三大平台，具体如图 1－12 所示，其中平台层展示了云计算的应用场景和应用案例。

3. 区块链技术

区块链本质上是一个去中心化的数据库，从狭义上讲，区块链是一种按照时间顺序将数据区块以顺序相连的方式组合成的一种链式数据结构，并以密码学方式保证的不可篡改和不可伪造的分布式账本。从广义上讲，区块链技术是利用块链式数据结构来验证与存储数据、利用分布式节点共识算法来生成和更新数据、利用密码学的方式保证数据传输和访问的安全、利用由自动化脚本代码组成的智能合约来编程和操作数据的一种全新的分布式基础架构与计算范式。

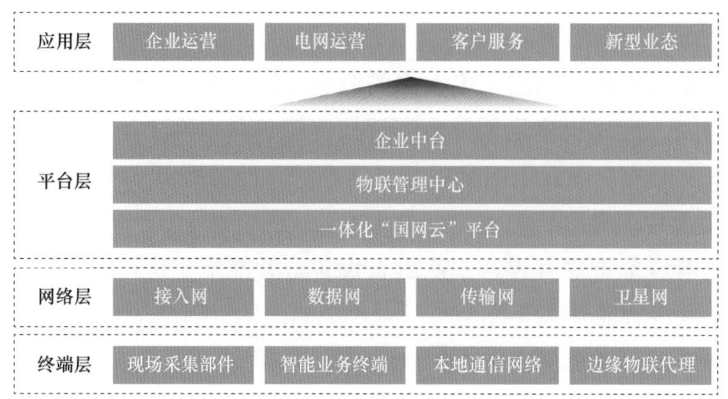

图 1–12　国家电网公司云计算平台

区块链技术在配电领域的典型应用主要使用分布式能源交易，用以解决分布式能源交易数据量繁多、无信任中心的问题。基于 Hyperledger Fabric 的区块链联盟链，以超级账本的形式将其应用在分布式能源交易当中，设计交易匹配机制和信誉积分制度，实现一种新的分布式能源交易平台。综合双边拍卖机制及市场供求关系双向撮合交易，并将交易信息盖上时间戳上链进行全网公示，使整个交易无须信任中心，透明、安全、全自动化运行。同时引入信誉积分制度，对用户的交易执行情况做出监管，以便有利于约束平台用户的诚信交易。

4. 人工智能技术

人工智能是利用数字计算机或者数字计算机控制的机器模拟、延伸和扩展人的智能，感知环境、获取知识并使用知识获得最佳结果的理论、方法、技术及应用系统。人工智能（artificial intelligence，AI）可划分为基础层、技术层与应用层三部分。基础层可以按照算法、算力与数据进行再次划分。算法层面包括监督学习、非监督学习、强化学习、迁移学习、深度学习等内容；算力层面包括 AI 芯片和 AI 计算架构；数据层面包括数据处理、数据储存、数据挖掘等内容。技术层根据算法用途可划分为计算机视觉、语音交互、自然语言处理。计算机视觉包括图像识别、视觉识别、视频识别等内容；语音交互包括语音合成、声音识别、声纹识别等内容；自然语言处理包括信息理解、文字校对、机器翻译、自然语言生成等内容。应用层主要包括 AI 在各个领域的具体应用场景，比如自动驾驶、智慧安防、新零售等领域。

基于人工智能方法的分类、拟合、降维、聚类等功能，再结合强化学习、迁移学习等方法，对其在新型电力系统运行调控、安全分析、柔性设备故障诊断及保护、电力信息物理系统的安全防护等方面正在开展研究和应用。举例如下：可再生能源互补的多能源系统运行调控、电力电子化新能源电力系统安全稳定分析、配电柔性设备的故障诊断及保护、分布式信息物理融合系统的网络安全防护。

5. 数字孪生技术

数字孪生是充分利用物理模型、传感器更新、运行历史等数据，集成多学科、多物理量、多尺度、多概率的仿真过程，在虚拟空间中完成映射，从而反映相对应的实体装备的全生命周期过程。数字孪生是一种超越现实的概念，可以被视为一个或多个重要的、彼此依赖的装备系统的数字映射系统。其主要目标及价值体现如下：配电网运营管理及优化运行、新能源预测及消纳、数字化代运维。

6. 信息安全技术

网络信息安全技术在配电领域应用主要体现在系统二次安全防护方面，如图 1－13 所示，在云管边端分别部署安全接入服务，安全接入网关/安全加密等组件，实现分层隔离保护，以实现安全防护。

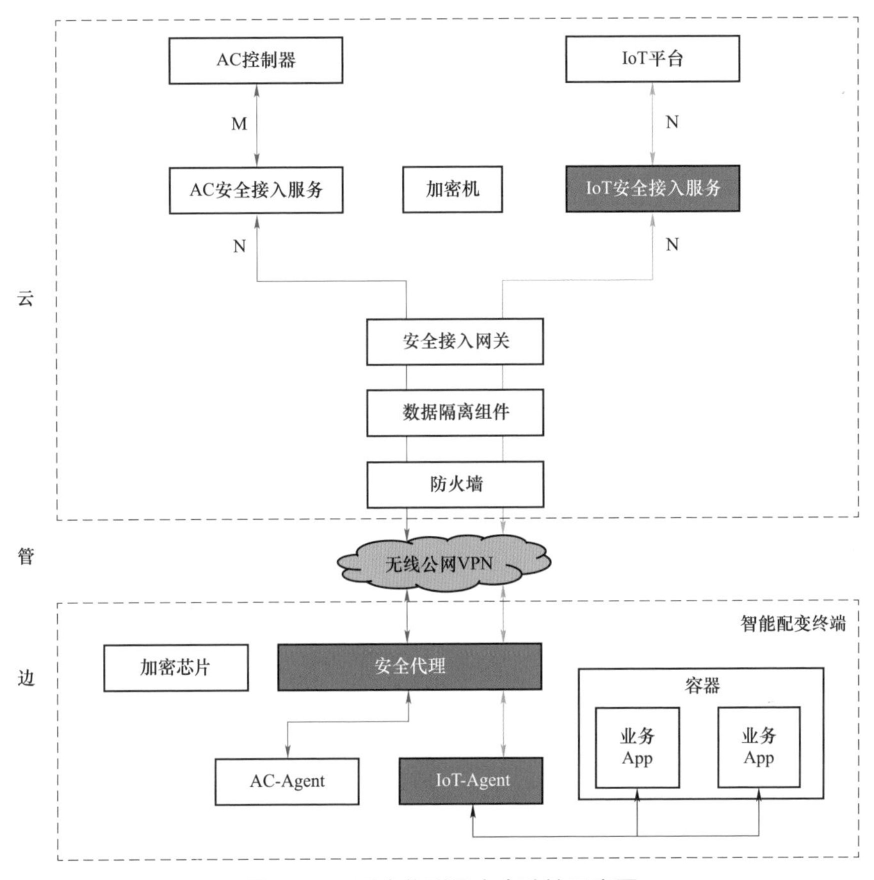

图 1－13　配电物联网安全防护示意图

设备数据分业务和管理两个通道，业务（数据）通道采用配电物联网（message queuing telemetry transport，MQTT）协议，接入主站物联网（internet of things，IoT）平台，管理通道采用Netconf协议接入主站访问控制（access control，AC）控制器。

边侧智能融合终端的“安全代理”模块与主站侧的“IoT安全接入服务”“AC安全接入服务”配合，并经过防火墙、数据隔离组件和安全接入网关的防护，实现业务数据和管理数据的安全传输。

“安全接入网关” 负责智能融合终端接入通道的认证，禁止非法终端的接入；“IoT 安全接入服务”负责智能融合终端业务通道的接入，实现业务数据的应用层认证和数据加解密，并将接入连接1:1转换为MQTT协议后接入IoT平台；“AC 安全接入服务”负责智能融合终端管理通道的接入，实现管理数据的应用层认证和数据加解密，并将接入连接转换为Netconf协议后接入AC控制器；“IoT－Agent”将MQTT协议报文封装后，传输至“安全代理”。

7. 电力定制化芯片技术

在电力定制芯片技术研究领域，通过开展创新性、自主性的芯片技术研发，已经突破了低功耗嵌入式处理器架构、操作系统轻量级虚拟化技术、人工智能芯片“内存墙”、高速多级组网和抗干扰、安全芯片防高阶侧信道和多点故障攻击等技术难题，建立起了从算法级、电路级到系统级的多层次芯片设计与应用技术体系。

2 配电网设备数字化技术分类

国家“十四五”规划和2035年远景目标纲要指出，要迎接数字时代，加快建设数字经济。智能感知技术是数字化的关键技术之一，是配电物联网建设与发展的基础技术和数字引擎。智能配电网由自动化向数字化转型过程中，配电网设备数字化技术发挥着极其重要的作用。配电网设备数字化技术是电力物联网技术的一种，是将传统配电电气设备开发技术与计算机技术、传感器技术、数据处理技术、网络通信技术、控制技术、电力电子技术等相结合的产物。应用具备边缘计算能力的台区智能终端、智能配电终端、智慧开关、智能传感等智能化设备，结合综合数据应用平台，以无线传感器网络、高速电力线载波、4G/5G、光纤等先进通信技术为通道，实现配电网（包括分布式电源、微电网等）的运行监视和控制的自动化与智能化，通过数字化管理平台，对配电网设备进行统一的管理，从而提升设备效率，大幅降低运维成本，减少定期巡检频率，实现设备的维护、维修可预测功能，以提高配电网业务智能服务水平。

2.1 配电设备数字化通用技术

2.1.1 数字传感技术

能源数字化转型已上升为国家战略高度，智能感知是数字化建设的基础，是物理与信息有效融合的重要媒介，是实现“碳达峰、碳中和”目标的重要技术支撑。随着大量分布式能源和电力电子器件接入电力系统，新型电力系统在电源结构、负荷特性、电网形态等方面呈现多样性，电网的关键特性将发生深刻变化，迫切需要实现对各种参量的实时测量反馈与动态调整，提升电力系统的可观、可测、可控能力，构建数字孪生电网，保障电网在复杂网络互联条件下稳定运行。数字传感技术的应用，应充分考虑系统“点多面广、业务庞杂”

的特点，针对性地对各个环节进行部署，在实时监测系统相关设备运行状态的同时，为系统日常运维、检修等工作提供有效数据支撑，保证系统的安全稳定运行。

数字传感技术的核心主要包括先进的传感技术、微源取能技术与数据应用技术。在先进传感技术方面，开展了微机电系统（micro electro mechanical systems，MEMS）传感、磁场传感、光传感、传感器融合集成关键技术等方面的研究。在 MEMS 方面，开展了电、磁、机械、声、热、微量气体等参量 MEMS 感知技术的基础性研究、结构设计、传感器封装测试等。探索了电气工程领域电压场传感、电流场传感、磁场传感、输电线路状态传感、电气设备振动传感、可听噪声、环境传感等特征参量的传感研究。受限于绝缘性能、供能方式及信号传输，目前 MEMS 传感还主要在集中在弱电磁环境下进行。在光传感研究方面，开展了光纤电场感知、光纤磁场感知、光纤局部放电感知、光纤气体感知、光纤分布式温度感知、光纤分布式应变感知、多光谱感知等方面的基础理论及关键技术问题研究。探索了变压器、气体绝缘开关等关键电力能源装备内部光学状态检测方法，及输电线路、电缆等运行不良工况的分布式检测手段。微源取能技术主要用于解决传感器可靠供电问题，主要包括温差、电磁、振动、光照、热电等技术，通过“就地取能”增加续航能力，降低传感器功耗。基于数字传感技术，搭载不同量级的边缘计算能力或者云计算能力，通过基于软硬件的终端侧的边缘计算技术与基于云端的大数据融合分析技术，结合人工智能算法、数据孪生技术、通信技术，能够实现设备故障诊断与状态评估、故障研判等高级应用，进一步实现设备、系统的自我诊断、自我识别与自适应决策。

数字传感技术主要涉及数字传感器、传感器网络、数据智能分析等方面。

1. 数字传感器

配电物联网“云管边端”架构中，“端”是感知层，是构建配电物联网海量数据的基础，主要利用终端设备的数字传感技术和智能化芯片技术，实现对电力数据的采集、感知与监测，包含各种环境传感设备、局部放电传感器、电气量监测设备、联动控制设备等基于数字传感器的采集（控制）终端。数字传感器是指在传统电阻应变式传感器基础上，结合现代微电子技术，经过加装或改造 A/D 转换模块，使之输出信号为数字量（或数字编码）的传感器，由模拟传感器（电阻应变式）和数字化转换模块两部分组成，主要包括放大器、A/D 转换器、微处理器（micro processor）、存储器、通信接口电路等。数字传感器结合了传感技术、模数转换技术、无线通信技术、网络技术等多方面的技术，近年来国内外对其通信过程开展了相关研究，但在许多领域和关键技术上仍有待进一步深入，主要包括网络协议、数据融合技术和数据安全传输、时间同步等技术，目前从材料、器件、系统到网络我国已形成较为完整的传感器产业链。在网络接口、传感器与网络通信融合、物联网体系架构等方面取得了较大进展。

数字传感技术助力传感器在硬件上实现感知层与“边”设备的融合，在软件层面将不同传感器的通信接口和通信协议标准进行统一，组成传感器套件，具备与“边”设备直接无线通信能力，延长其使用寿命、降低了全生命周期维护成本，为大规模推广应用奠定基础。数字传感器作为电力物联网重要的数据采集设备，与广泛互联、高度智能、开放互动的智能电网实际需求紧密结合，可应用于发、输、变、配、用等各环节，实现环境参数的全息感知与数据采集，提供智能、开放、交互式的服务。

配电侧结合台区融合终端，可以实现对配电设备及环境状态感知、主动预测预警、辅助诊断决策功能，可以提高运检业务信息化、数据分析智能化、运检管理精益化水平，从而适应配电网发展需求，为配电网智能巡检工作提供技术支撑。典型的配电设备用感知终端包括：门磁传感器、电缆接头温度传感器等配电室用传感器；电缆室局部放电传感器、温湿度传感器等环网箱用传感器；冷凝除湿传感器、接线桩头温度传感器等；杆塔倾斜传感器等柱上开关用传感器；接线电缆温度传感器、微气象传感器等柱上变压器台区用传感器；杆塔倾斜传感器、电缆沟内部水位传感器等线路用传感器。

数字传感器具有如下特征：

（1）具备先进的 A/D 转换技术和智能滤波算法，在满量程的情况下仍可保证输出码的稳定。

（2）采用可行的数据存储技术，保证模块参数不会丢失。

（3）具有良好的电磁兼容性能。

（4）采用数字化误差补偿技术和高度集成化电子元件，用软件实现传感器的线性、零点、温漂、蠕变等性能参数的综合补偿，消除了人为因素对补偿的影响，大大提高了传感器综合精度和可靠性。

（5）输出一致性误差可以达到 0.02%以内甚至更高，具有良好的互换性。

（6）采用 A/D 转换电路、数字化信号传输和数字滤波技术，传感器的抗干扰能力增加，信号传输距离远，稳定性强。

（7）能自动采集数据并可预处理、存储和记忆，具有唯一标记，便于故障诊断。

（8）采用标准的数字通信接口，可直接连入计算机，也可与标准工业控制总线连接，方便灵活。

数字传感器主要解决模拟式传感器信号差、射频干扰、防潮防腐、防雷击和偏载/温度影响、时间效应蠕变等问题，而且数字传感器精度、可靠性和稳定性更高，减少模拟式传感器经常引起的误差，具备自诊断功能。

总之，数字传感器测量精度和分辨率更高，抗干扰能力强，稳定性强；易于微机接口，便于信号处理和实现自动化测量；具有防作弊功能，能有效防止遥控器作弊，一旦发现就会自动采取出错报警，有力保障了数据的安全性与准确性。

2. 传感器网络

在数字传感器应用的过程中，最主要的特点是网络接口的集成，将物联网设备作为主体，在传输的过程中可通过有线 CANopen、Modus、PROFIBUS、HART 以及无线蓝牙、ZigBee、WiFi、无线局域网、RFID、无线 HART、WIA－PA、10ISA100 等方式与汇聚节点或智能配电终端通信。

数字传感器至汇聚节点的接入层可分为无线接入和有线接入。无线接入可包括电力无线专网、无线虚拟专网、近程通信、射频等；有线接入可包括现场总线接入、电力线接入、局域网接入等。

传感设备无线网络包含节点设备和数字传感器，网络采用星形网络模型，多个传感器与一个节点设备直接相连。支持单向传输和双向传输两种传输模式。

（1）单向传输：节点设备和传感器在一个单独的信道上直接相连，由传感器发起、通过上行链路上传数据，节点设备负责接收，如图 2－1 所示。

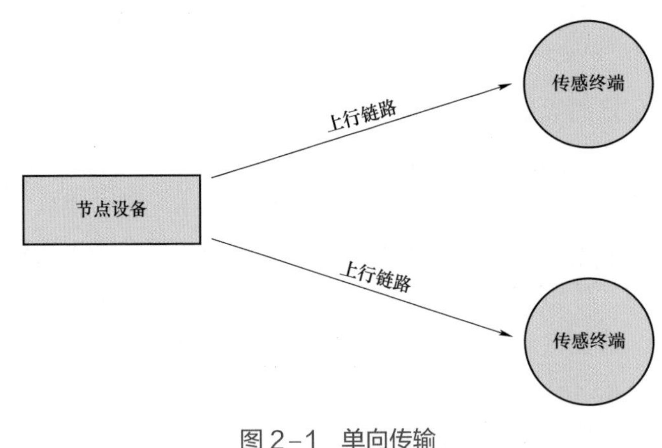

图 2－1　单向传输

（2）双向传输：传感器和节点设备通过给定信道的上行链路和下行链路传输数据传输，多个传感终端有序接入同一个节点设备时，双向传输由传感终端在上行链路发起，节点设备在下行链路上进行应答，如图 2－2 所示。

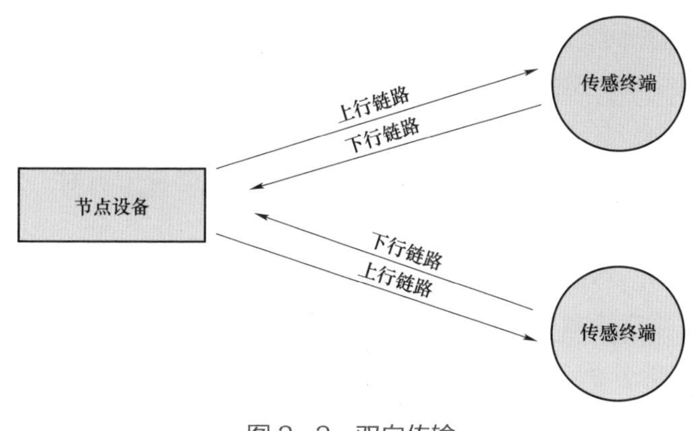

图 2-2 双向传输

典型的传感器组网有如下三种类型：

（1）微功率无线传感器通用接入方案。针对电池供电、自取能的微功率传感器，采用双层组网方式，传感器通过微功率无线传感网与汇聚节点连接，汇聚节点、智能配电终端间采用低功耗无线传感网组网，最终通过智能配电终端对接网络层。

微功率传感器与汇聚节点之间的低功耗通信方式，采用《电力设备传感器微功率无线接入网通信协议》；汇聚节点、智能配电终端间采用《电力设备无线传感器网络节点组网协议》。

（2）低功耗无线传感器通用接入方案。针对局部放电、泄漏电流等采样频率低、单次采集功耗大的低功耗传感器，采用低功耗传感网进行组网。低功耗传感器直接与智能配电终端连接，或经由一个或多个汇聚节点与智能配电终端连接，通过智能配电终端对接网络层。

低功耗传感器与汇聚节点、智能配电终端间均采用《电力设备无线传感器网络节点组网协议》。节点间支持多形态组网，可根据现场实际情况多形态组网。

（3）节点设备间有线组网接入方案。针对具备有线网络布线条件的室内环境等情况，将汇聚节点采用有线方式与智能配电终端连接，降低无线网络结构复杂度。汇聚节点向下可接入有线传感器、低功耗传感器、微功率传感器。

智能配电终端负责下层网络和设备管理、数据的汇集和处理，并将汇集数据进行边缘计算后接入物联管理平台。应支持无线 APN、4G/5G、光纤等传输方式，可以执行复杂的边缘计算任务，如多路同步计算、复杂诊断算法等。

进行组网通信时，应满足如下组网通信原则：

1）传感器至汇聚节点通信方式可分为蓝牙、ZigBee、LoRa、NB-IoT 等无线方式和 MODBUS、CANopen 等有线方式。

2）汇聚节点间、汇聚节点与智能配电终端采用低功耗无线传感网组网，数据经智能配电终端上送物联管理平台。

3）汇聚节点对下应同时兼容RS485、RS232、蓝牙、ZigBee、LoRa等各类通信方式，用于接收各类采集（控制）终端数据；汇聚节点对上对上通过自组网，将数据传输至相应的智能配电终端。

4）智能配电终端应兼容无线APN、4G/5G及光纤通信方式，并采用统一物联管理协议与物联管理平台进行数据交互。

3. 数据智能分析

所谓数字化就是将自然界中各种物理数据，从不可度量的主观感受转化为更为精确的数字，并通过一定的技术，进一步构建出数学模型，从而真实明了地反映出来。而传感器的有效应用就是实现信息采集以及传输的关键。以前，面对这些不可测量的事物，我们束手无策。随着数字传感器技术的普及，大多数无法进行度量的感知对象得以表现出来。现阶段，在对数据进行提取的过程中，数据的精度，数量以及维度等方面都取得了长足进步。而数字传感器的发展会进一步推动数字化精度和维度的提高。

电力系统感知数据主要有：

在电源侧，风电、光伏发电等大量新能源发电设备接入，需要感知温度、光学及位置等信息，监测发电设备运行状态、健康情况等，预防事故发生，提高发电效率并延长设备寿命。

在电网侧，在输电、变电、配电等场景下，需要利用微气象、温湿度、杆塔倾斜、覆冰、舞动、弧垂、风偏、局部放电、振动及压力等感知装置，采集电网运行与设备状态、环境与其他辅助信息，支撑电网生产运行过程中的信息全面感知及智能应用。

在负荷侧，需要利用电能质量、负荷监测等传感量测装置采集智能用电、新能源汽车负荷等信息，支撑需求侧柔性负荷资源利用，提升能源利用率及用户侧用能精细化管理水平。

综上所述，通过传感器网络及节点设备实现信息互联及融合，利用边缘计算实现设备状态的初步诊断及告警，依托设备物联网高级应用实现多源信息数据的融合分析与深化应用；利用大数据、云计算等人工智能手段实现配电设备状态主动评估、智能预警及精准运维，提高电网运检效率和效益。

2.1.2 数字安全技术

智能电网是以现代电力能源网络与新一代数字信息网络为基础，以新一代信息技术为核心驱动力，以数据为关键生产要素，以信息技术与电网企业业务、管理深度融合为路径的新型的能源生态系统。先进的计算机技术、灵活可靠的电力通信技术以及精确的传感器技术为智能电网建设提供了重要的软硬件技术支持，实现了电网运行数据、设备状态监测数据、安防数据、环境监测数据的实时采集和应用。随着电力系统中综合自动化技术、计算机技术、物联网技术的推广应用，各类信息数据的安全性直接关系到智能电网能否高效稳定、节能经济地运行。

1. 网络安全隔离技术

安全隔离技术是指两个或两个以上的计算机或网络在断开连接的基础上，实现信息交换和资源共享。安全隔离技术的目标是确保隔离有害的攻击，实现内外部网络的隔离和两个网络之间数据的安全交换。在智能电网安全分区的整体防护框架之下，安全隔离技术的应用尤为重要。

（1）技术架构。通过安全隔离方式进行数据交换可以提高安全性能。网络架构的各个层次都可实现隔离，且不同层次实现隔离可采取不同的方法。对于物理层和链路层的安全隔离，可采用两类技术：一类是动态断开技术，也称为动态开关，包括基于 SCSI 的开关技术和基于内存总线的开关技术；另一类是固定断开技术，实现单向传输。

（2）关键技术。基于 SCSI 的安全隔离。小型计算机系统接口（small computer system interface，SCSI）是一种计算机外设的读写技术。SCSI 是一种具有 M/S 结构（即主从结构）的单向控制传输协议，通常用于计算机主机与硬盘之间的数据交换。主机要通过先写入再读出的机制，对比前后数据是否相同，来检查数据的完整性和正确性，保证了读写数据的可靠性。SCSI 自身的控制逻辑禁止两个用户同时对一块硬盘进行操作，达到了物理层和链路层断开的目的。

基于内存总线的安全隔离。采用双端口静态存储器（dual posarm）芯片的应用技术。双端口静态存储器具有两个完全独立的端口，各自均有一套相应的数据总线和地址总线以及读写控制线，允许两个计算机系统总线单独或异步地读写其中任一存储单元。双端口静态存储器设计了防止两个端口同时读写的机制，加上开关电路，共同实现物理层和链路层的断开。

基于单向传输的安全隔离。只允许单向的数据流动。当内网需要传输数据到达外网时，内网服务器即发起对隔离设备的数据连接，将原始数据写入高速数据传输通道。一旦数据完全写入安全隔离设备的单向安全通道，隔离设备内网侧立即中断与内网的连接，将单向安全通道内的数据推向外网侧；外网侧收到数据后发起对外网的数据连接，连接建立成功后，进行 TCP/IP 的封装和应用协议的封装，并交给外网应用系统。

（3）发展趋势。随着新的业务需求和安全要求，安全隔离技术沿着具备更高的隔离传输吞吐率、高安全性特点的方向发展，实现跨安全区隔离设备防护能力、可靠性与并发性能力的整体提升，以保证穿越安全分区时的数据安全。

2. 应用安全网关技术

随着云计算的普遍应用，智能电网在逐步实现云化、服务化、开放式微服务，主要包括企业内网应用、外网应用以及外部合作伙伴应用三类。因所处环境、访问方式的不同，这三种应用架构场景的微服务面临着复杂的安全性挑战。通过应用网关安全技术，可以将业务应用微服务进行统一管理，实现统一认证、鉴权、限流、协议转换、超时、熔断处理、日志记录、服务调用监控等。

（1）技术架构。应用网关安全包含两个安全访问控制点：用户或合作伙伴应用系统访问的前端应用代理网关以及前端应用访问后台服务所调用的应用程序接口（application programming interface，API）安全网关。通过应用代理网关，可以接管所有的应用访问请求，并通过控制引擎进行身份验证及动态授权。通过 API 安全网关可集中实施各类安全策略，提升应用 API 的安全能力。整体技术架构如图 2－3 所示。

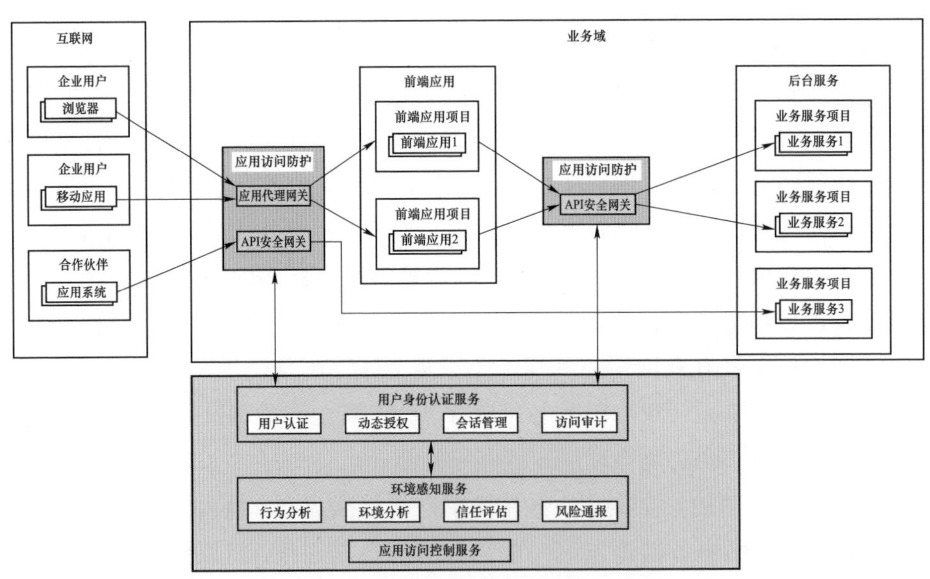

图 2－3　应用安全网关部署架构

（2）关键技术。API 综合治理技术。智能电网系统拥有大量的业务平台及子系统，涵盖成千上万个API，因此针对海量应用的运行资源管控和故障处置极为重要。API运行故障隔离、响应超时管控以及服务熔断处理即为在空间、时间和拒绝服务等多维度上的综合运行管控技术，确保网关对API的综合服务治理，在保证业务顺畅的同时提升微服务的整体安全性能，提升企业应用整体安全运营监控能力和指标管控能力。

动态认证授权技术。智能电网业务应用通过应用程序编号和密钥访问应用代理网关认证接口，接收到请求后，应用代理网关通过与动态访问控制引擎进行对接，对应用的身份认证请求进行动态核验和业务授权令牌。应用在调用微服务时，API安全网关通过动态访问控制引擎认证组件对令牌进行验证，从而实现客户端请求的动态认证授权。

应用数据安全保障技术。将各类数据源访问转化为API服务，API网关可针对性地集中建设各种安全措施并应用到D2A类型的API。此外，还可增加防SQL注入的能力，防止恶意破坏数据和越权访问数据。为了保障应用数据服务的安全性，原则上数据湖对外发布的API服务，都应采取独立的API网关集群进行管理。

（3）发展趋势。应用网关安全技术未来将会朝向风险自主感知，访问安全自适应方向发展。通过对接用户访问终端中的可信环境感知系统或外部风险分析平台进行联动，对环境风险和异常行为数据分析，实现安全风险模型的不断修正以及用户权限的动态管理，提升访问控制的自学习与自适应能力。未来应用安全网关承载智能电网业务系统所有的业务应用服务访问，对所有API可配置统一的安全认证、鉴权、流量限制、黑白名单、数据传输加密、防篡改、防重放攻击等能力，为智能电网应用安全运行保驾护航。

3. 数据安全防护技术

智能电网以数据为核心实现价值赋能，因此数据安全至关重要。数据安全技术是为保障智能电网数据资产的保密性、完整性、可用性，在电网数据的整个生命周期中所应用的安全防护技术。

（1）技术架构。数据安全技术架构针对数据采集、传输、存储、使用、交换、销毁等数据生命周期中每个环节的数据活动，根据安全防护的不同侧重点和技术特征，采用了一系列的安全防护技术，其架构如图2-4所示。

数据采集环节涵盖数据的分级分类与鉴别等技术；数据传输环节涵盖传输保护等技术；数据存储环节涵盖数据加密等技术；数据使用环节涵盖访问控制与审计等技术；数据交换环节涵盖交换共享与脱敏水印等技术；数据销毁环节侧重内容销毁等技术。

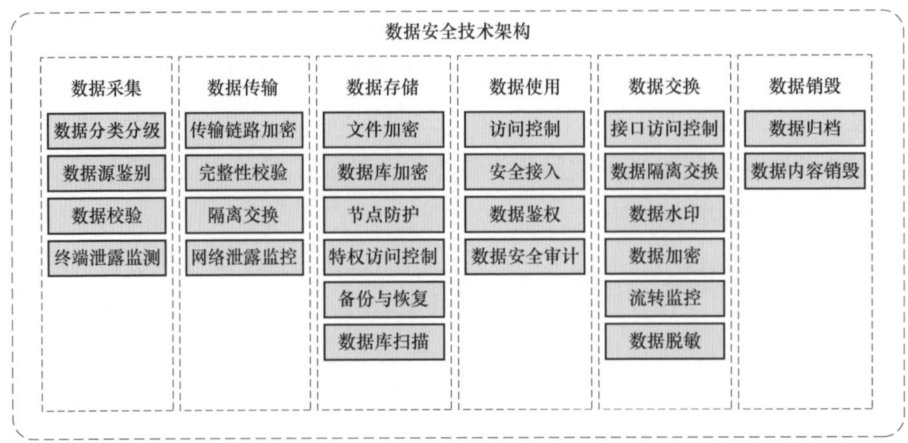

图 2-4　数据安全技术架构图

（2）关键技术。数据分类分级技术。是对数据进行分级管控的前提，智能电网数据分类、分级以数据的科学属性和自然属性为基础，遵循层次性、穷尽性的原则。数据安全分级以数据资产的重要性、敏感性和遭受破坏后的损害程度为依据，遵循分级层次合理、界限清晰、数据安全防护策略合理为原则。数据的分类、分级结果应在数据采集、传输、存储、使用、交换、销毁等全生命周期阶段持续有效，不随数据的所有者、管理者及使用者的变更而改变。

数据脱敏技术。是指根据智能电网数据资产的分级，对某些敏感信息进行识别后，依照脱敏规则进行敏感数据的漂白、变形、遮盖等处理，避免敏感信息泄露，同时保证脱敏后的输出数据能够保持数据的一致性和业务的关联性。比如电网客户数据中涉及身份证号、手机号、卡号、客户号等用户个人信息的数据进行变形处理后再进行流转。

数据加密技术。是指将智能电网数据资产所有者通过密钥及加密函数对数据进行转换，使之变成难以破解还原的密文后再进行传送，而数据接收方则将此密文用解密函数、密钥还原成明文。智能电网数据加密技术以国产密码算法为核心，同时也是链路加密、存储加密等多种场景下加密技术的基础。

（3）发展趋势。为应对网络安全新形势新变化，智能电网应更加强调对数据进行全方位的保护。数据安全技术将向更为融合化，精细化、智能化的方向发展，融合对接多种数据安全技术，实现基于精细化数据权限的全方位数据管控，以及数据安全风险统一采集和智能分析，并以 API 的形式向应用系统提供统一的数据安全服务，逐步提升智能电网体系中数据全生命周期安全防护水平。

4. 人工智能安全技术

人工智能安全技术是一种利用人工智能解决网络安全事件快速识别、实时响应等的技术，其特点是模型更新迅速、依赖训练数据、结果可控，适合于计算重复度高、数据量庞大的场合。结合人工智能在网络安全应用的实践情况，人工智能安全技术在智能电网安全监测、安防监控、现场巡检等领域应用程度较高。

（1）技术架构。根据人工智能关键技术的构成和运用场景，可分为计算机视觉技术、自然语言处理技术和机器学习技术。在计算机视觉领域，运用图像识别算法，精准挖掘、识别图像特征，解决电力系统安全故障问题。在自然语言处理领域，基于句法和语义分析，实现敏感数据的自动识别与发现，保障数据安全。在机器学习领域，运用无监督和有监督学习方法，构建网络安全分析模型，实现网络安全事件的智能分析。

（2）关键技术。计算机视觉处理。针对视频智能监控，基于行人重识别对电力系统人员的视频图像信息进行智能分析和异常行为判断，提供智能主动防御与告警。针对图像识别，通过对采集到的电力设备的故障图像进行识别与分析，完成设备的故障分类。将计算机视觉处理应用于人脸识别，可实现身份安全鉴别的同时隐藏敏感图像信息。

自然语言处理。应用于敏感数据发现，基于句法分析、语义分析对文本数据进行相似度匹配计算，实现敏感数据的精准识别。针对数据分类分级处理，可结合文本关键词提取、神经语言模型等原理，实现对未知数据的智能分类分级。可见，人工智能可以显著提升数据收集管理能力和数据价值挖掘利用水平，实现数据安全治理。

机器学习。基于进程行为训练样本的学习检测，采用长短期记忆网络（long short-term memory，LSTM）提取恶意进程特征，以及卷积神经网络（convolutioal neutral networks，CNN）实现特征分类，对恶意进程进行精准识别，可应用于恶意代码检测。在数据隐藏方面，可采用基于联邦框架的多方安全计算，实现多方数据的协同计算，保障开放共享场景下的数据可用不可见。还可应用于数据安全追溯，采用安全事件全链路关联分析，提供数据泄露的事后快速追溯，还原数据泄露链条，为事后的安全事件调查提供智能支撑。

（3）发展趋势。伴随着云数一体趋势化发展，智能电网云平台和大数据将成为今后的重要建设内容，人工智能安全技术也需要结合云数一体的技术发展趋势不断创新应用。如运用人工智能技术提高云平台的网络安全资源的调度效率，实现资源调度的自适应；运用人工智能技术提高非结构化数据的识别与处理能力，保障非结构化数据的安全。此外，人工智能安全技术以其对网络安全威胁的快速识别、自主学习、实时响应的能力，成为推进网络安全技术创新的重要引擎。

5. 智能终端安全技术

根据智能电网"云－管－边－端"的技术架构，智能终端安全包括智能网关安全和智能传感安全。智能终端安全技术依托密码服务平台、安全网闸、安全芯片、密码服务组件等构建智能网关和智能传感的安全接入和传输加密能力，实现感知层各类传感器终端接入网络的身份认证、访问控制、加密传输和安全监测等功能。

（1）技术架构。针对电力物联网中感知层终端数量庞大、数据多源异构、安全保护能力不高等特点，智能终端安全技术采用认证授权机制、访问控制机制、加密机制、密钥管理和安全路由机制等，依托自主研发的安全可信代理组件、密码服务组件、安全加密芯片等构建涵盖智能网关、终端设备的唯一数字身份管理与认证访问控制能力，实现基于动态访问控制与监测技术的智能终端安全可信防护能力。智能终端安全技术架构如图 2－5 所示。

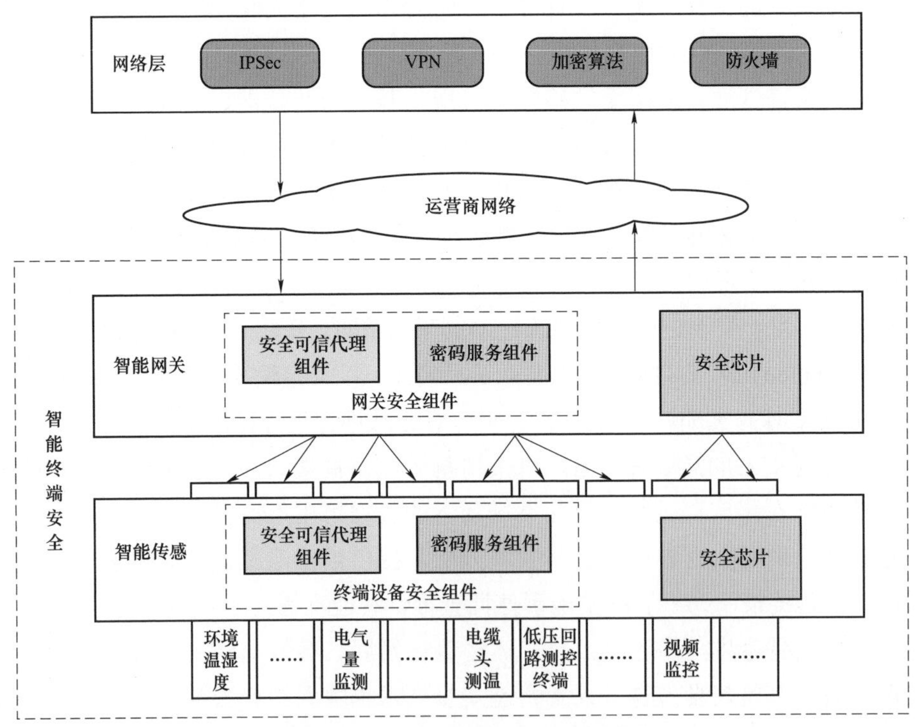

图 2－5　智能终端安全技术架构

（2）关键技术。关键技术具体包括以下内容：

1）认证授权机制。主要用于证实身份的合法性，以及被交换数据的有效性和真实性。主要包括内部节点间的认证授权管理和节点对用户的认证授权管理。在感知层各类传感终端需要通过认证授权机制实现身份认证。

2）访问控制机制。保护体现在用户对于节点自身信息的访问控制和对节点所采集数据信息的访问控制，以防止未授权的用户对感知层进行访问。常见的访问控制机制包括强制访问控制、自主访问控制、基于角色的访问控制和基于属性的访问控制。

3）加密机制和密钥管理。这是所有安全机制的基础，是实现感知信息隐私保护的重要手段之一。密钥管理需要实现密钥的生成、分配以及更新和传播。感知层各类传感终端身份认证机制的成功运行需要加密机制来保证。

4）安全路由机制。保证当网络受到攻击时，仍能正确地进行路由发现、构建，主要包括数据保密和鉴别机制、数据完整性和新鲜性校验机制、设备和身份鉴别机制以及路由消息广播鉴别机制。

（3）发展趋势。为进一步提高对各类异构终端安全风险的监测能力，可在集成应用人工智能安全技术、安全态势感知技术等方面进一步提升智能终端的网络安全风险识别能力，提高安全防护水平。

2.2 终端数字化技术

在智能配电网中，终端设备是关键的硬件设施。国家电网公司研制的智能终端主要包括台区融合终端、新型站所终端（distribution terminal unit，DTU）、新型和馈线终端（feeder terminal unit，FTU）、新型智慧开关等核心装置，终端具备采集、通信、计算和分析的功能，对下实现数据全采集、全管控，对上与云化主站实时交互关键运行数据。为满足实时快速响应需求、减少主站计算压力、弱化对主站的高度依赖，终端采用边缘计算技术，本地化实现所管控区域运行状态的在线监测、智能分析与决策控制，同时支持与云主站的计算共享与数据交互。并应用多核、多容器的终端通用软件平台技术、多源数据处理与融合技术、App 信息交互技术、人工智能技术，实现边缘数据的就地化决策、通过软件定义终端的业务功能。另外，在各种类型的传感节点终端上也取得了一定的成果，如环境监测感知设备、电气量量测保护控制设备，还包括分布式能源、智能电能表、电动汽车充电设备、能效监测终端、智能路灯等各类用电基础设施。

2.2.1 配电自动化终端

1. 基本情况

（1）配电自动化终端分类。配电自动化终端是配电自动化系统的重要组成部分，是安装在配电设备处，与配电自动化主站通信，完成数据采集与控制的自动化装置，简称配电终端。配电终端实时采集并向配电自动化主站上传配电网的运行数据和故障信息，接受其控制命令，实现对配电设备的远程控制，同时能够利用自身量测信息完成就地控制和保护功能。根据监控对象的不同，配电终端可分为 DTU 和 FTU，按照功能可分为“三遥”（遥测、遥信、遥控）终端和“二遥”（遥测、遥信）终端，按照通信方式又可分为有线通信方式和无线通信方式类型终端。

1）站所终端。站所终端是安装在中压配电网开关站、环网室、环网箱、配电室和箱式变电站等处的配电终端，通常有集中式和分散式两种结构形式。集中式站所终端采用插箱式结构，测控单元集中组屏，通过控制电缆（航空接插件或矩形连接器）和各一次间隔内的电压、电流互感器、操作控制回路连接。分散式站所终端由若干个间隔单元和公共单元组成，间隔单元独立安装在各间隔开关柜内，具备就地测控功能。公共单元和电源等安装在公共单元柜内，具备汇聚各间隔单元数据、远程通信等功能。间隔单元和公共单元通过现场通信总线连接，相互配合，共同完成功能。

2）馈线终端。馈线终端是安装在中压配电网架空线路中的分段开关、联络开关、分支开关、用户分界开关等处的配电终端，通常安装在户外柱上，通过航空接插件与开关内的电压/电流互感器（或传感器）、操作控制回路连接。馈线终端按照结构不同可分为罩式终端和箱式终端。

（2）配电自动化终端基本构成。配电自动化终端一般由测控单元、人机接口、通信终端、操作控制回路、电源等部分构成。根据配电终端类型、应用场合不同，配电终端的结构也不同，接下来以集中式站所终端、分散式站所终端、馈线终端为例进行介绍。

1）集中式站所终端。标准化集中式站所终端外观结构如图 2－6 所示。

a. 测控单元。集中式站所终端的测控单元主要完成数据采集和处理、故障检测与故障信号记录、保护、控制、通信等功能，采用平台化、模块化设计，一般由电源插板、CPU 插板、模拟量插板、开关量插板、控制量插板、通信插板以及标准插箱组成，安装在站所终端柜体内，各功能插板数量可根据不同的应用需求灵活配置。

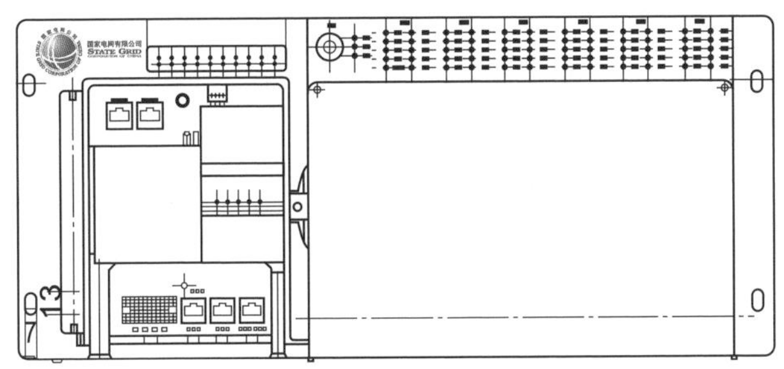

图 2-6 标准化集中式站所终端外观结构图

b. 人机接口。人机接口用于终端配置维护和运行监视，包括状态指示灯、液晶面板、操作键盘。状态指示灯用于指示终端的各种运行状态，包括电源、故障、通信、后备电源、保护动作以及开关分合闸状态指示灯。液晶面板和操作键盘用于显示测量数据、运行参数配置与维护。由于液晶面板和操作键盘受环境温度的影响较大，为简化装置、提高可靠性，一般情况下终端不配备液晶显示面板和操作键盘，通常使用便携式 PC 机，通过维护通信口对其进行配置与维护。

c. 通信终端。通信终端与测控单元的通信接口连接，根据所连接的通信通道类型不同，分为光纤终端、无线终端、载波通信终端。

d. 操作控制回路。操作控制回路用于开关分合闸操作控制，集中式站所终端的操作功能与间隔柜二次回路操作功能融合，统一在一次间隔柜侧完成操作功能。

间隔操作模块包含遥控合闸、遥控分闸、保护合闸、保护分闸 4 个连接片，以及分合闸按钮、分合闸状态指示灯、转换开关。集中式间隔柜整体外观图如图 2-7 所示，操控面板外观如图 2-8 所示。

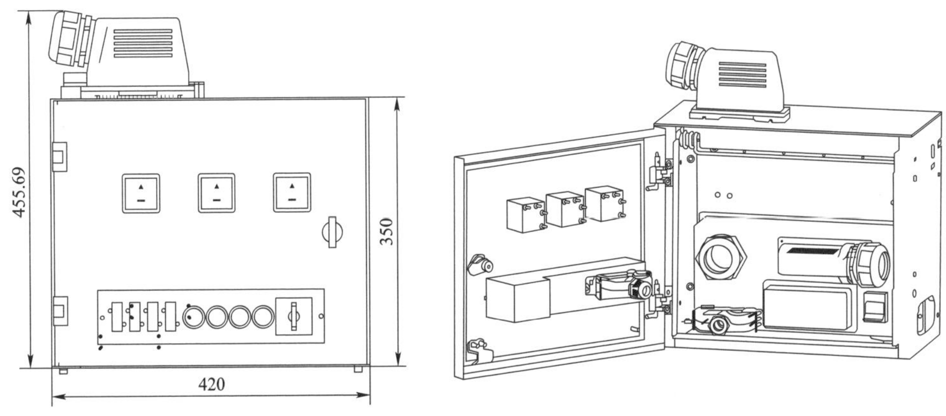

图 2-7 集中式间隔柜整体外观（单位：mm）

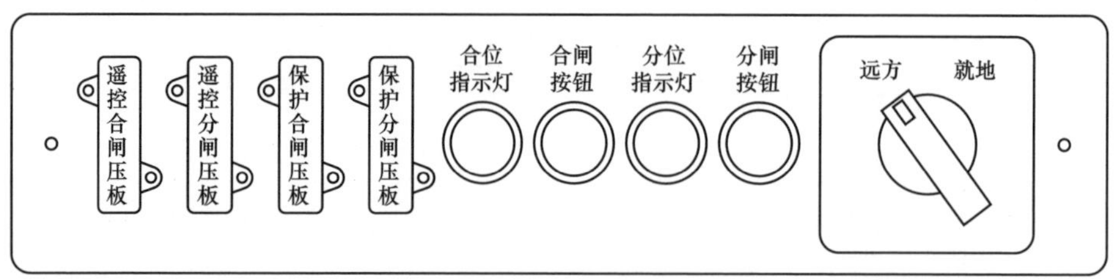

图 2-8　操控面板外观

操作方式转换开关有选择就地和远方 2 种开关操作方式，当选择就地时，可通过面板上的分合闸按钮进行开关分合闸操作，当选择远方时，可通过远方遥控方式进行开关分合闸操作。遥控和保护分合闸连接片为操作开关提供明显断开点，在检修、调试时打开以防止信号进入分合闸回路，避免误操作。

e. 电源。配电终端的主供电源通常为 TV 二次侧的交流输入电源，根据不同的应用场景，也可选就近市电或配电室、箱式变电站低压侧交流供电等外部交流电源。通过电源模块为终端核心单元、通信设备、开关分合闸提供正常工作电源，通常提供直流 24V 或 48V 电压等级。后备电源一般采用免维护阀控铅酸蓄电池或超级电容，或采用其他新能源电池，如电容电池、钛酸锂电池等。电源模块和电池组安装在站所终端屏柜内。

f. 计量模块。站所终端具备电能计量功能，常用独立的计量模块内置于 DTU 屏柜内，采用 RS232/RS485 与 DTU 进行通信，实现计量数据上传。

2）分散式站所终端。

a. 间隔单元。分散式站所终端间隔单元采用模块化、可扩展、低功耗、免维护的设计，嵌入安装在开关柜的二次室面板，采用线束与间隔柜二次模块连接，线束两侧采用矩形连接器连接。主要完成数据采集、故障处理、控制、保护、通信、线损测量等功能。分散式间隔单元外形布局如图 2-9 所示。

间隔单元柜内除间隔单元和二次模块外，还包括操作模块，通过矩形连接器和二次模块连接，实现终端操作控制功能。分散式间隔柜整体外观如图 2-10 所示。

b. 公共单元。分散式站所终端公共单元由无线通信模块、人机接口等组成，安装在公共单元柜内部，采用多端口机制实现各间隔单元实时数据、历史数据的上送，以及参数的调阅和配置，包括各个间隔单元遥信、遥测数据、保护事件、录波数据、运行状态、电能量数据等相关信息。通过通信设备将公共单元和各间隔单元的通信状态信息远传至配电主站，获取主站下发的遥控命令，实现对每个间隔单元的遥控操作。通信管理机外观布局图如图 2-11 所示。

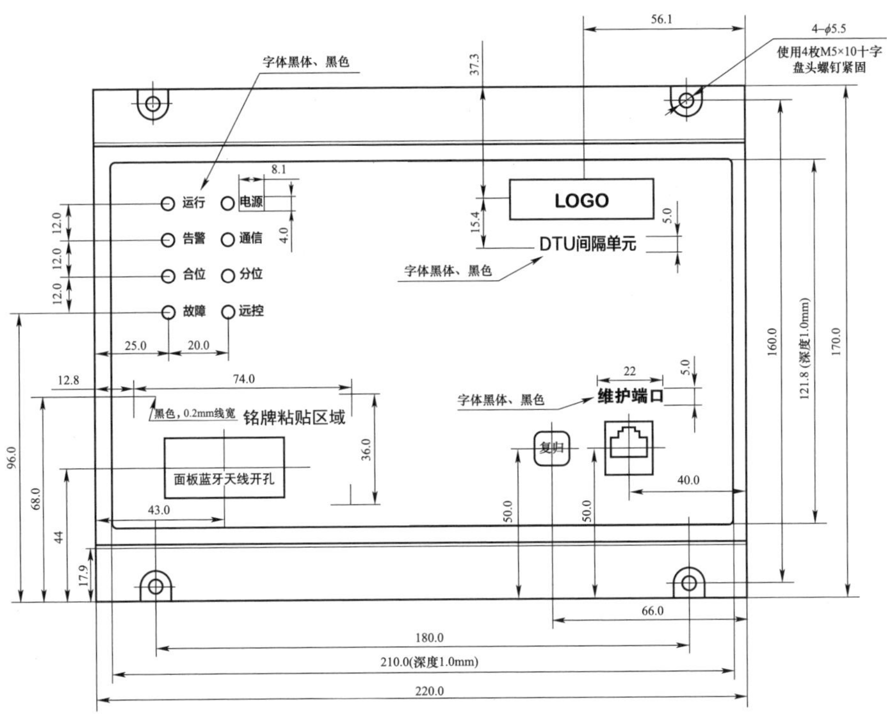

图 2-9　分散式间隔单元外形布局（单位：mm）

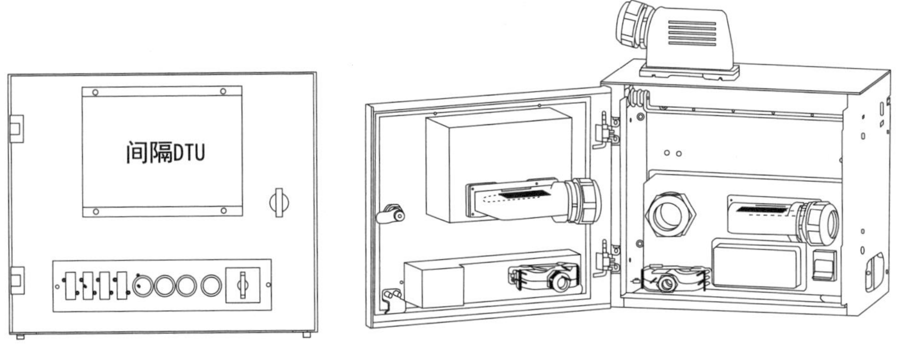

图 2-10　分散式间隔柜整体外观

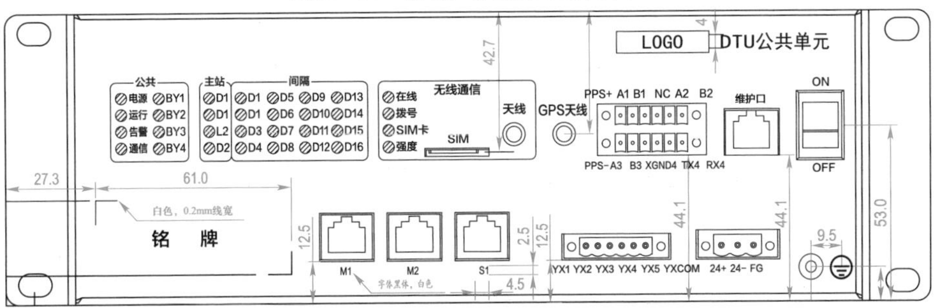

图 2-11　通信管理机外观布局（单位：mm）

c. 电源和通信。除公共单元外，公共单元柜还包括后备电源、电源管理模块、交换机和矩形连接器，光纤通信箱安装在公共单元柜上方。公共单元柜通过矩形连接器和 TV 柜连接，为终端提供 220V 的三相交流电源，通过电源管理模块同时为公共单元、若干个间隔单元、通信设备、开关分合闸提供电源，一般提供直流 24V 或 48V 电压等级。后备电源可采用免维护阀控铅酸蓄电池、超级电容或其他新能源电池，如电容电池、钛酸锂电池等，后备电源额定电压一般为 48V。交换机主要有 DTU 用交换机和分布式馈线自动化（feeder automation，FA）用交换机，分别实现公共单元和间隔之间的通信以及分布式馈线自动化组网。

3）馈线终端。箱式 FTU 与 DTU 结构类似，下面以罩式 FTU 为例介绍馈线终端结构。罩式 FTU 的后备电源一般采用超级电容内置或外接后备电源形式，并配置无线通信模块。

馈线终端和开关本体采用专用电缆连接，连接电缆双端预制，采用航空插头形式，开关本体和 FTU 安装航空插座。根据柱上开关互感器/传感器配置的不同，馈线终端分为电磁式和电子式馈线终端、数字式馈线终端，三者配置的航空接插件有所不同。

a. 电磁式。针对电磁式互感器组合模式一、二次融合成套柱上开关配套的终端，采用统一的操作面板定义和航空接插件，包括：电源/电压接口、电流接口、后备电源接口、控制信号接口、以太网通信接口，电磁式 FTU 的航插接口包括 6 芯电源电压接口、14 芯控制信号接口和 6 芯电流接口；面板布局和航插接口设计参见图 2－12。

b. 电子式。针对采用电压/电流互感器组合模拟量输出模式开关配套的终端，采用统一的操作面板定义和统一的航空接插件，包括电源接口、电压电流接口、控制信号接口、后备电源接口、以太网通信接口、开关侧航插接口，电子式 FTU 的航插接口包括 6 芯电源接口、10 芯控制信号接口和 14 芯电压电流接口；面板布局和航插接口设计参见图 2－13。

c. 数字式。针对采用电压/电流互感器组合数字量输出模式开关配套的终端，接口统一采用航空接插件，包括：电源接口、控制信号接口、后备电源接口、以太网通信接口，数字式 FTU 的航插接口包括 6 芯电源接口、10 芯控制信号和电子式传感器数字化单元转换输出模块通信接口。面板布局和航插接口设计见图 2－14。

罩式 FTU 的接口界面除了和一次侧开关连接的各类航插接口外，还包括外接式后备电源接口、以太网通信接口、告警指示灯、分合闸按钮和操作面板。操作面板由状态指示灯、维护通信口、分合闸连接片和远方就地拨码等，有液晶面板和非液晶面板两种配置。液晶面板布局图如图 2－15 所示。

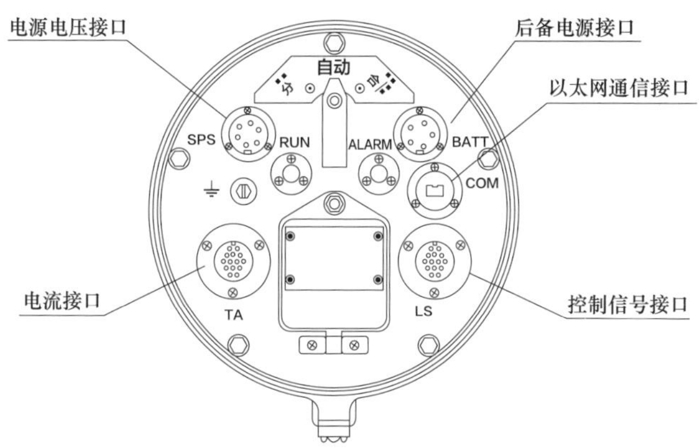

图 2-12 终端（电磁式）底盖布局示意图

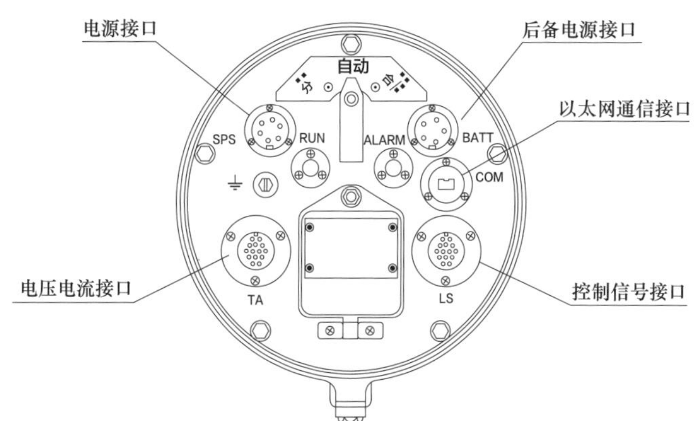

图 2-13 终端（电子式）底盖布局示意图

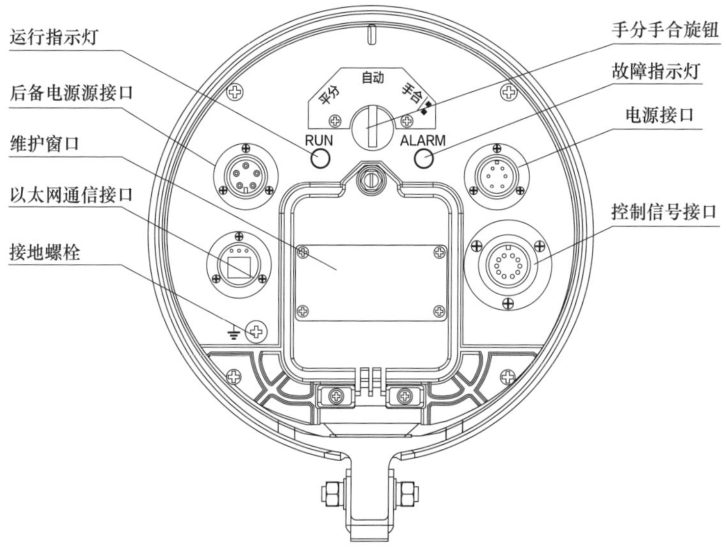

图 2-14 终端（数字式）底盖布局示意图

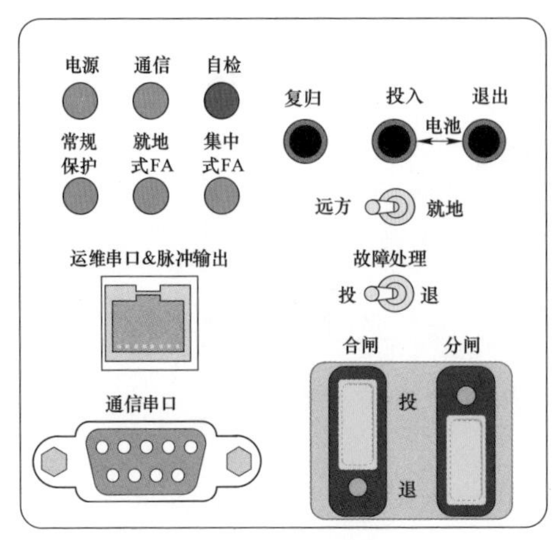

(a) 非液晶面板布局图

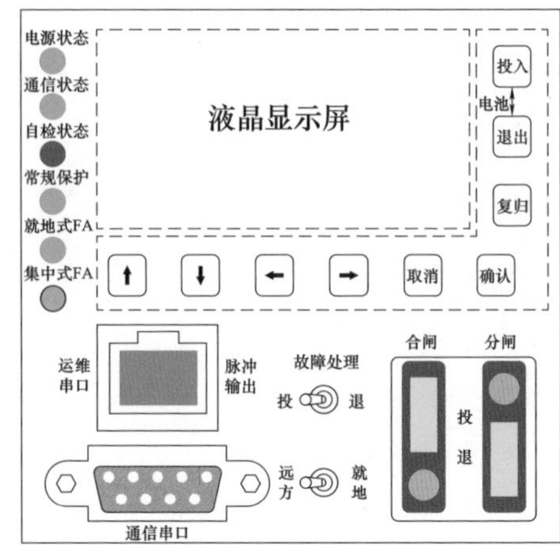

(b) 液晶面板布局图

图 2-15　非液晶、液晶面板布局图

2. 功能

配电自动化终端类型多样，按照功能可分为“三遥”终端和“二遥”终端，其功能大体相同，总体设计如下：

（1）终端采用可扩展设计，电源模块的结构和功能应满足本文档的要求。

（2）终端具备网络通信功能与串口通信功能，以太网口、串口应满足本文档的设计要求，保证终端快速、准确、可靠的通信；终端可通过无线通信模块进行远程数据交互，无线通信模块应满足本文档设计的要求；终端与主站通信的遥信、遥测、遥控、电能量数据传输规约应采用符合 DL/T 634《远动设备及系统》系列标准的 104/101 通信规约。

（3）终端采用平台化硬件设计并适应边缘计算架构。

（4）终端应支持内嵌国密算法的安全芯片，实现终端与主站之间的数据交互的完整性、机密性、可用性保护，并实现对本地存储数据的机密性、完整性保护。安全芯片应满足本文档设计的要求。

下面以“三遥”终端为例进行介绍。

（1）测量功能。

1）数据采集。终端具备模拟量、状态量就地采集和远传功能。模拟量包括电压、电流、频率、有功/无功功率、视在功率、功率因数、零序电压/电流、后备电源电压、装置温度、经纬度和信号强度等。状态量包括开关分/合、远方/就地、过电流Ⅰ段/过电流Ⅱ段保护动作、电压/负荷越线告警、功能软压板状态等。

终端具备遥信防抖功和双位置遥信处理功能，能防止涌流和负荷波动引起误报警，具备 TA 极性反向调整功能。

2）电能量测量。终端具备单独计量每个间隔的正向/反向有功电能量、正向/反向无功电能量和四象限无功电能量的功能，能实现电能量定点冻结、电能量日冻结和功率反向电能量冻结功能，具备电度清零功能。

（2）控制功能。终端接受配电自动化主站的控制命令，完成开关分合闸和电池活化启停等开关量输出控制。具备远方/就地切换开关和控制/保护出口硬压板，支持控制出口软压板功能。终端保护出口和控制出口独立，具备就地维护时就地切除故障能力。

（3）保护功能。终端具备相间短路和不同中性点接地方式下接地故障的故障检测、判断与录波功能，且接地故障可在现场不具备零压和零流测量条件下实现。终端支持上送故障事件，包括故障遥信信息及故障发生时刻开关电压、电流值，支持录波数据循环存储并上传至主站。具备故障就地动作功能，可直接切除相间短路故障和不同中性点接地方式下接地故障，故障就地动作功能支持按间隔投退。

终端具备自动重合闸和过电流、零序过电流、小电流接地保护后加速功能，具备励磁涌流防误动作、非遮断电流闭锁、失电压告警、零序过电压告警、TV断线告警等功能。远方/就地转换开关不限制保护出口。具备故障指示手动复归、自动复归和主站远程复归功能。

相间短路故障检测采用过电流检测原理，具有过电流保护跳闸和告警功能，具备三段保护，可对保护动作时限/告警时限、电流定值进行设定。小电阻接地系统中的单相接地短路故障检测采用零序电流越限原理，具有零序电流保护跳闸和告警功能，具备两段保护，可对保护动作时限/告警时限、电流定值进行设定。

中性点非有效接地系统的单相接地故障（简称小电流接地故障）定位方要有零序电流、注入信号和暂态定位法。

（4）分布式馈线自动化功能。对配电网故障定位、隔离、恢复快速性要求较高的场合，在主干线、母线、首开关、联络开关等配置分布式FA，通过通用面向对象变电站事件（generic object oriented substation event，GOOSE）通信实现信号交互，主干线使用信号量纵联保护。主要适用于单电源辐射状、单环网、双环网、双花瓣、*N*供一备、*N*供多备等典型网架。

分布式馈线自动化处理不依赖主站或子站，主要通过检测故障区段两侧短路电流、接地故障的特征差异，通过相互通信自动实现馈线的故障定位、隔离和非故障区域恢复供电的功能，并将处理过程及结果上报配电自动化主站，上报信息包括但不限于FA投退、FA闭锁、FA跳闸动作、FA合闸动作、转供闭锁、拒动信息、通信异常等。终端支持速动型馈线自动化，模式可通过定值投退。支持主站远方投退分布式馈线自动化软压板。配套分布式馈线自动化维护工具软件。

（5）通信功能。

1）远程通信。终端具备远程通信接口，采用光纤通信时具备通信状态监视及通道端口故障监测功能，采用无线通信时具备监视通信模块状态等功能。无线通信采用公网专网合一（公网 4G/3G/2G 五模自适应、专网 4G）远程通信模块，支持公网 4G/3G/2G 五模自适应、专网 4G，宜支持 5G，支持端口数据监视功能，具备网络中断自动重连功能。无线通信模块应支持本地维护功能，可通过本地维护接口支持调试、参数设置、状态查询和软件升级，具备监测无线信号强度，并记录上传。

2）本地通信。终端具备串口通信功能，用于本地运维和通信扩展。终端通过串口和电源模块通信，终端维护串口采用 RS232 线与维护工具连接。终端应具备 1 路安全加密的蓝牙通信模块，用于终端本地运维，支持蓝牙 4.2 及以上版本。终端核心单元/公共单元支持本地无线通信模块连接。终端本地状态感知数据应支持微功率无线通信方式。终端其他本地通信协议应支持 Modbus、101 等协议，可灵活适应现场要求，具备通信接收电缆接头温度、柜内温湿度等状态监测数据功能，具备通信接收备自投等其他装置数据功能。

（6）电源功能。终端配套电源应能满足终端、配套通信模块同时运行，并为开关电动操动机构提供电源。主供电源具备双路交流电源输入和自动切换功能。配备后备电源，当主供电源供电不足或消失时，能自动无缝投入，当主供电源恢复供电后，终端应自动切回到主供电源供电。终端具备智能电源管理功能，后备电源为蓄电池时，应具备定时、远方活化功能，具备低电压报警和欠压切除等保护功能，可上传电池电压、低电压报警信号、交流掉电信号、电池活化状态信号、主动活化最大放电时长、主动活化当前放电时长等信息。

（7）开关状态监测功能。

1）开关状态检测需求。为验证开关设备是否能够正常工作，一般需要根据开关运行状态下表现出来的特性，或者在一定的周期内对开关进行静态检测，即进行故障诊断后再确定。对于配电网用开关设备来说，故障主要表现在绝缘破坏、开断不良、通电能力不足、不能动作几个方面。

考虑到现有配电终端状态监测功能实现难易程度和技术应用成熟性，表 2－1 是以弹簧操动机构为例，对目前能够通过储能及分合闸电流的录波现象，分析产生原因，提出当前和今后配电通过录波应具有的功能。

表2-1 录波现象原因分析

初始状态		录波现象	产生原因分析	FTU具备功能	
				当前	今后
储能回路电压正常	储能回路接通	电流持续较大；录波完成后未储能遥信没有变位	储能传动部分卡死	▲	
			电机电枢卡死		
		录波启动后15s内；未储能遥信没有变位	行程开关异常	▲	
		储能电流显著变小，储能时间变短	储能弹簧弹性下降		△
		储能电流显著变大，储能时间变长	储能传动部分磨损、润滑不良		△
			储能电机电枢绕组故障		
			储能电机电刷接触不良		
	储能回路未接通	开关持续一段时间内处于未储能状态；有操作电源；未启动录波	储能回路断线	▲	
		目前，不满足录波条件，未录波（对录波启动终止条件无法判断）	储能电机烧损	▲	
分合闸回路电压正常，FTU发出分合闸指令，出口继电器动作		分合闸输出一段时间内；未检测到辅助开关变位；有录波	分合闸电磁铁卡死	▲	
			分合闸擎子卡死		
			分合闸传动部分卡死	▲	
		极大值点电流值显著变大，极大值点和极小值点时间间隔变大	分合闸电磁铁锈蚀、磨损		△
			分合闸电磁铁润滑不良		
			分合闸电磁铁安装松动		
		电流极大值、极小值、最大值及发生时刻未变化，分合闸时间持续变长	分合闸传动部分锈蚀、磨损		△
			分合闸传动部分润滑不良		
		电流极大值及发生时刻不变，最大值显著变大	分合闸擎子运动不良		△
		分合闸输出一段时间内，未检测到辅助开关变位、未启动录波	分合闸回路断线	▲	
			辅助触点故障		
			分合闸电磁体烧损		

需要注意的是，图2-16是分合闸回路电流的大体波形，上面所说的分合闸电流极大值、极小值、最大值分别对应电磁铁吸合、电磁铁接触擎子、擎子脱扣时的电流值。

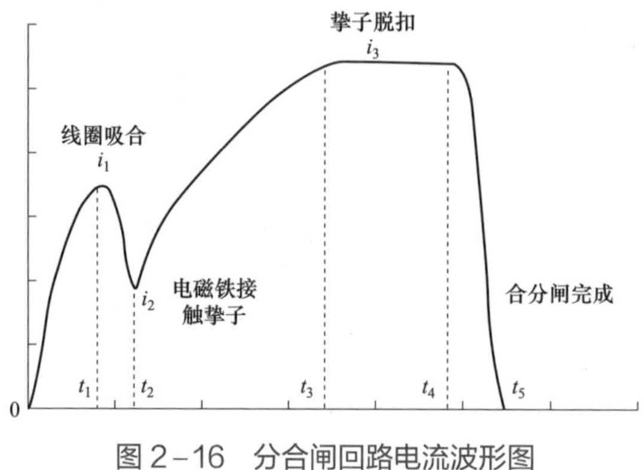

图 2-16　分合闸回路电流波形图

2）开关状态检测技术要求。通过分析储能、分合闸回路电压电流波形，结合开关历史运行状态数据，实现开关状态判别、机械特性及寿命诊断预测。

a. 储能回路状态监测。

a）弹操机构操作时，应具备储能电源录波和储能异常告警功能。

b）“储能电流录波点数不少于每秒 500 点”考虑到储能电机启动电流是瞬时的，为了保证能够采到多数电机的启动电流最大值，推荐采用每秒不少于 500 点。

c）“录波启动条件为超过储能回路电流启动阈值或保护合闸出口，结束条件为启动后 15s”主要是考虑应满足中压开关每次储能时长约在 6～10s，为了完整录波，取 15s。

d）“至少应包含越限前 100ms”，启动前 500ms 范围内，储能电流很长时间内幅值为 0，没有记录价值，但是从确保储能回路波形记录完整性，以及储能前电压和电流波形，可用于分析储能电源是否正常，因此建议将越限前记录时间改为 100ms。

b. 分合闸操作回路状态监测。

a）“具备分合闸动作电流录波功能，可录波分合闸动作时操作电源电压电流波形，录波点数不少于每秒 4000 点，”由于分合闸信号是非平稳信号，根据目前的数据积累发现，合理的信号带宽约为 2kHz。这样为了满足分析计算，应满足香农采样定理，即采样频率 $f_s \geqslant 2f_{max}$。“录波启动条件为操作电源电流启动阈值，或终端发出分合闸操作命令，结束条件为启动后 1s”为了保证一次完整重合闸数据能够保存在一条数据记录。

b）“录波长度启动前不少于 50ms，启动后不少于 200ms”，由于开关的典型分合闸时间小于 60ms，当操作电源电流超过启动门槛值后录 200ms，足以反映开关分合闸的正常过程及异常工况。同时，若录波时间过长会导致录波文件过大引起存终端储资源浪费，也会导致后台调取录波文件的耗时增大。

c）每次动作都应录波。

d）应具有操作回路区分功能，即能区分是经过电源模块，还是后备电池进行操作的；区分操作回路有助于更加合理分析状态监测采集数据。

c. 储能异常告警逻辑说明如图 2－17 所示。

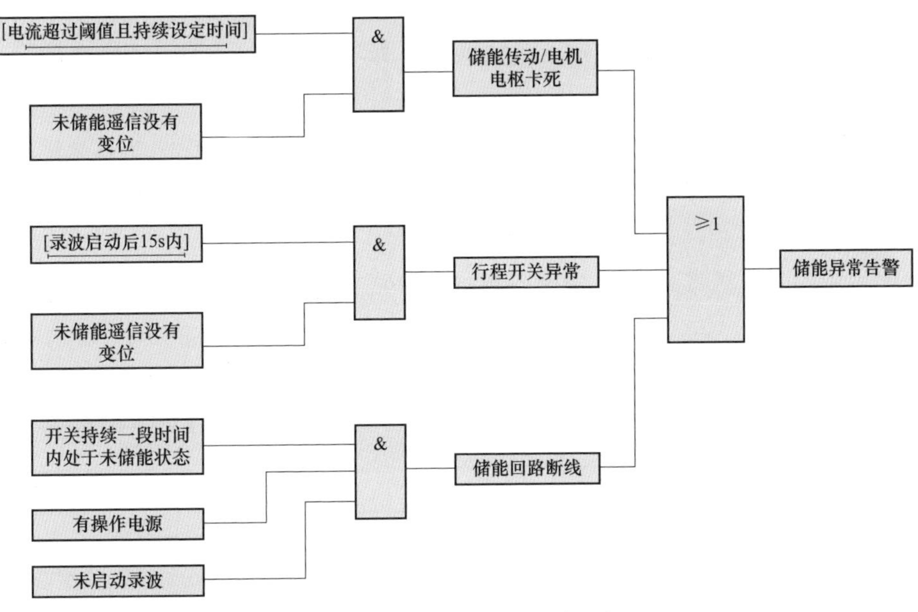

图 2－17 储能异常告警逻辑说明

d. 分合闸操作异常告警逻辑说明如图 2－18 所示。

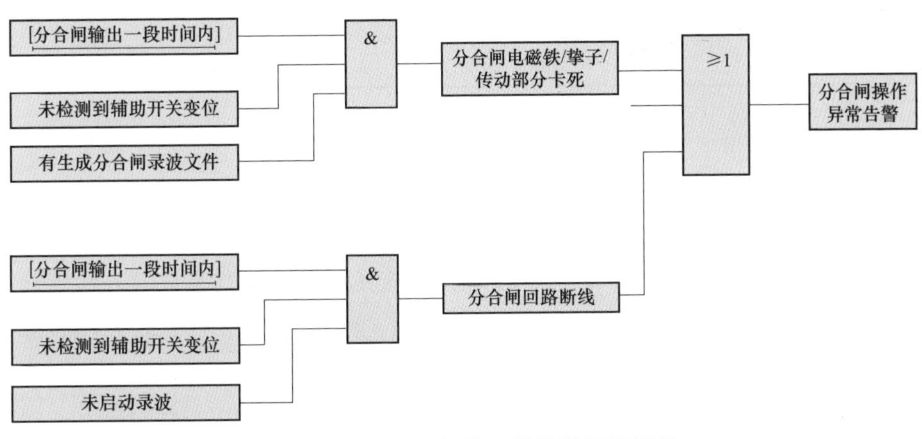

图 2－18 分合闸操作异常告警逻辑说明

（8）终端自诊断说明。配电终端是配电自动化现场检测与控制设备，其可靠性对配电自动化至关重要。配电终端在实际运行过程中，出现故障的原因较多，外部恶劣环境（潮湿多雨）、人为原因（参数配置）、运行时间过久等都可能导致配电终端局部或者整体发生故障，造成设备的不良状态运行，影响到线路的正常。一般来说，只有在配电终端完全离线、遥控未执行、频繁上报遥信或者线路出现故障情况下，运维人员才能会了解到配电终端出线故障，从而降低了配电终端的运行可靠性。配电终端安装在柱上或户外这一特定环境，而且数量大，不可能靠人工维护做到面面俱到，所以要求终端本身具有完备的自诊断、自恢复能力。

配电终端自诊断内容主要包括核心芯片、操作回路、采样回路、操作系统的核心任务等。在自诊断过程中，如果发现异常，通过遥信或指示灯指示异常状态。

自检至少应包含表 2－2 中的内容。

表 2－2　　配电终端自诊断内容

任务或芯片	自检时刻	异常处理
CPU	开机自检	不再启动
内存	开机自检	不再启动
FLASH	开机自检	不再启动
AD 芯片	运行过程自检	闭锁保护功能，并重启设备尝试恢复
遥控回路	运行全过程自检	闭锁控制功能，并重启设备尝试恢复
通信功能	运行全过程自检	仅告警
遥信采样任务	运行全过程自检	闭锁保护功能，并重启设备尝试恢复
遥控任务	运行全过程自检	闭锁控制功能，并重启设备尝试恢复
遥测任务	运行全过程自检	闭锁保护功能，并重启设备尝试恢复

（9）其他功能。

1）管理功能。终端具备当地及远方设定定值功能和运行参数的当地及远方调阅与配置功能，配置参数包括零门槛值（零漂）、变化阈值（死区）、重过载报警限值、短路及接地故障动作参数等。终端具备终端固有参数的当地及远方调阅功能，调阅参数包括终端类型及出厂型号、终端 ID 号、嵌入式系统名称及版本号、硬件版本号、软件版本号、通信参数及二次变比等。终端具备当地及远方设定定值功能，宜遵循统一的查询、调阅软件界面要求，支持程序远程下载，支持安全密钥远程下载，提供当地调试软件或人机接口。具备终端日志记录功能和明显的线路故障、终端状态和通信状态等就地状态指示信号。

2）对时和定位功能。终端具备对时功能，应支持北斗/全球定位系统（global positioning system，GPS）、规约通信等对时方式，接收主站或其他时间同步装置的对时命令，与系统时钟保持同步，优先使用北斗/GPS 对时。终端自带北斗/GPS 双模模块，提供天线接口，通过外接天线实现与北斗/GPS 的连接。终端具备北斗/GPS 定位功能，定位精度不大于 10m，具备将定位数据上送主站功能。

3）安全功能。终端具备基于内嵌安全芯片实现的信息安全防护功能，支持安全密钥管理功能，包括远程下载、更新、恢复等。当采用串口进行本地运维时，终端应基于内嵌安全芯片，实现对运维工具的身份认证，以及交互运维数据的加解密。当采用蓝牙通信方式进行本地运维时，终端应采用支持安全加密功能的蓝牙通信模块，实现与运维工具之间的连接加密，并通过终端内嵌安全芯片，实现终端对运维工具的身份认证和数据加解密。

2.2.2 台区融合终端

台区融合终端依照配电台区信息采集终端融合技术方案设计，是低压配电物联网的核心设备，集台区配用电信息采集于一体，实现设备间即插即用、互联互通，支持营配数据同源采集，通过边缘计算赋能，支撑营配业务应用，提升客户服务水平。台区融合终端的设计应是一体化的，具有性能可靠、功能模块化、接口标准化的特点，因此，台区融合终端是集采集、控制和保护多功能为一体的集成装备。2019 年以来，在配电台区融合终端研发方面，主要有台区融合终端的边缘计算、多容器、微应用管控、业务安全防护等关键技术及应用、低压配电网优质案例解决方案等。基于自主知识产权芯片的配电台区融合终端设备已经实现国产化，并实现了标准化、互操作、即插即用，广泛采用自主可控嵌入式操作系统，能够较好地适应智能配电网结构特点。

从配电系统投入产出、配电网所要达到的供电可靠性、人工故障区域隔离时间、故障修复时间和故障率等指标出发进行智能终端合理配置，具有较高的智能化水平，能够较好地适应智能配电网结构特点，完成测量、保护、控制等功能，满足运行要求。以台区融合终端为核心的配电物联网，打破了传统配电台区管理一个需求、一套设备、一个后台的模式，多种多样的 App 使得我们对低压侧的管理应用有了无限的可能，同时通过软硬件的解耦，最大程度的降低了对低压侧管理的投入。

1. 台区融合终端设计方案

（1）设计思路。台区融合终端采用硬件平台化、功能软件化、软硬件解耦、通信协议自适配设计，满足高性能并发、大容量存储、多采集对象需求，是集配电台区供用电信息采集、各采集终端或电能表数据收集、设备状态监测及通信组网、就地化分析决策、协同计算等功能于一体的智能化融合终端设备。具备信息采集、物联代理及边缘计算功能，支持配电、营销及新兴业务。

台区融合终端基于硬件平台交互接口即插即用技术、高速与低速总线之间数据交互通信机制，对电路功能、硬件驱动、总线接口等进行模块化设计。首先，软硬件功能分配要确定哪些系统功能由硬件模块来实现，哪些系统功能由软件模块来实现；其次，要根据系统描述和软硬件任务划分的结果，分别选择系统的软硬件模块及其接口的具体实现方法，并将其集成，确定系统的体系结构，确定系统将采用哪些硬件模块（如主控、存储、I/O 接口等）、软件模块（嵌入式操作系统、驱动程序、功能模块等）和软硬件模块之间的通信方法（如总线、共享存储器、数据通道等）以及这些模块的具体实现方法；最后，进行验证和软硬件综合并检验系统设计正确性，对设计结果的正确性进行评估，以达到避免在系统实现过程中发现问题时再进行反复修改的目的。

台区融合终端应用工业级 CPU，主频不低于 700MHz，内存不低于 512MB，FLASH 不低于 4GB。核心板作为核心，其结构及功能是整个设计的重点，此外还有主控板、电源模块、通信模块、安全模块、采集模块和扩展功能模块等组成。在本设计中，核心板拟采用 DDR SDRAM、NAND FLASH、“国网芯”主控芯片及晶振等阻容器件构建最小系统，在最小系统的基础上扩展 USB、RS－485、RS－232 接口电路、采集处理电路、开入/开出接口电路等。主控板为整个产品硬件的承载中枢，是数据采集的中转站，在终端内部需要通过以太网、USB、SPI 等接口将采集板接入。

（2）硬件设计方案。核心板硬件基于“国网芯” SCM701 主控芯片设计，该芯片采用 Cortex－A7 架构单芯 4 核处理器，主频 1.2GHz，外围集成 1GB/2GB DDR3 SDRAM 和 8GB FLASH 存储器、两路千兆以太网等外设接口，核心板总体设计如图 2－19 所示。

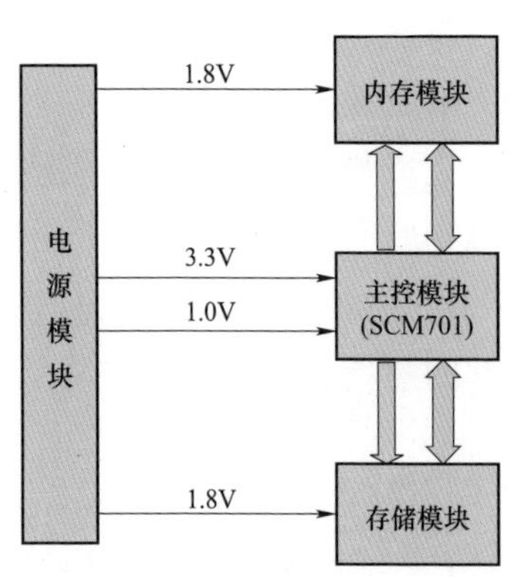

图 2－19　核心板总体设计

核心板包括 1 个电源模块、1 个主控模块、1 个内存模块、1 个存储模块。其中：

1）电源模块。供电来源于外置的主控板，电源模块用于主控板输入的 5.0V 电压转换成 1.0V、1.8V 和 3.3V 电源。其中 1.8V 电源主要是给核心板上的内存模块和存储模块供电，1.0V 和 3.3V 则用于主控模块供电。

2）主控模块。基于“国网芯”主控芯片SCM701设计，该芯片采用Cortex－A7架构、单芯4核、工作主频1.2GHz、芯片最大功耗600mA，核架构，内嵌Mali400MP2 GPU，通过GPU增强芯片的并行运算能力。该芯片具备丰富的外围设备接口，是针对电力行业的多种应用场景的定制化产品。

3）内存模块。采用两片工业级DDR3内存芯片，容量为1CB或者2GB两个版本。与主控模块相连交换数据，其中地址线16位，数据线16位。

4）存储模块。由Skhynix公司的型号为H26M41208HPRA的eMMC存储芯片组成，存储容量为8GB，用于存储相关的程序文件。与主控模块相连交换数据，其中数据线8位。

除核心板外，终端硬件还包含主控板、电源模块、通信模块、安全模块、采集模块和扩展功能模块等，核心板与各模块相连，构成主控板。电源模块满足整机的供电需求，在保证电磁兼容性、高耐压、宽输入范围及具有较高的功率因数的同时，需同其他模块一样从结构及安规的角度对元器件进行合理紧凑的布局。台区融合终端主控板功能原理框图如图2－20所示。

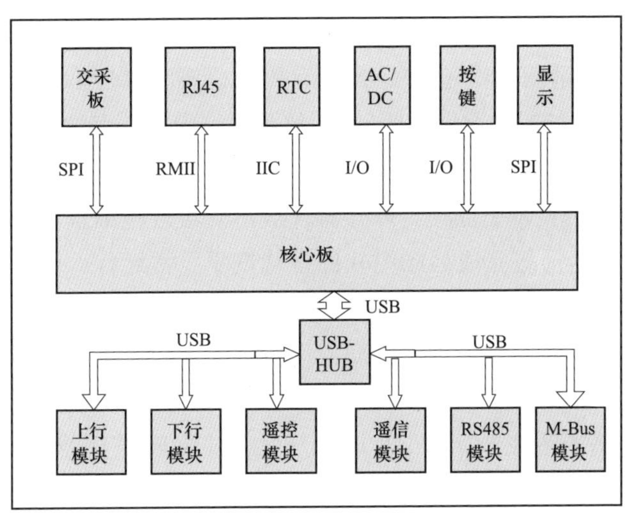

图2－20 台区融合终端主控板功能原理框图

（3）软件设计方案。台区融合终端软件基于自主可控操作系统、Docker容器及自主编排技术，按照安全可控，硬件平台化、软件App化原则，利用边缘计算思想，基于开放式的硬件平台，以轻量级、高性能操作系统为支撑，实现终端软硬件的解耦，通过App、即插即用的方式，实现终端业务功能的灵活升级、扩展终端。台区融合终端软件原理框图如图2－21所示。

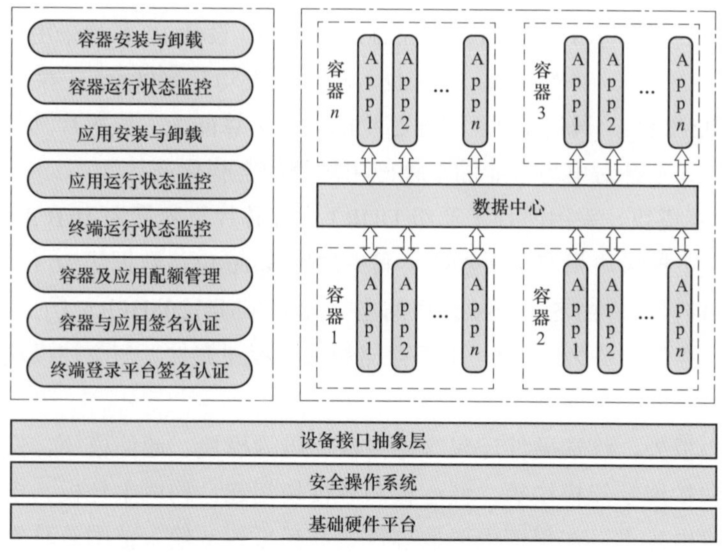

图 2-21　台区融合终端软件原理框图

1）通用软件平台：软件设计基于通用软件平台，采用容器技术。容器运行在操作系统之上，提供 App 所需统一标准的虚拟环境，完成应用 App 与操作系统和硬件平台的解耦，实现对不同容器 App 的隔离。软件平台支持对多个容器的管理，包括但不限于容器创建、启动、停止、删除等，不同容器间应用软件不应相互影响；支持对容器所需的 CPU 核数量、内存、存储、接口等资源的动态调整；支持对容器的监控，包括容器重启、CPU 占用率、内存使用率、存储资源越限等情况。软件平台应支持容器升级，升级过程中自动停止容器中应用软件的运行，容器升级完成后应用软件自动恢复正常运行。同时，软件通用软件平台应利用虚拟化技术和容器技术，形成容器的分布式通信方案，如部署运行、服务发现和动态伸缩、集群管理、可扩展的资源调度以及多颗粒的资源配额管理。

2）App：基于边缘计算框架，应用开发模式包括以下三种：基于软件开发工具包（software development kit，SDK）的开发模式、基于 API 接口的开发模式和基于交互协议的开发模式。基于 SDK 的开发模式，开发人员重点实现与底层设备的交互协议，实现数据转换与控制命令执行等业务逻辑，SDK 中封装与边缘计算框架的交互细节，开发人员不需要关心数据缓存数据转发到物联管理平台等组件提供的功能。在基于 API 接口的开发模式中，开发人员通过调用边缘计算框架各组件提供的 API 方法，采用超文本传输协议超文本传送协议（hypertext transfer protocol，HTTP）方式进行通信，这种模式对框架依赖程度低，具备一定的灵活性。在基于交互协议的开发模式中，业务应用程序独立实现业务应用的数据采集、系统控制逻辑，通过交互协议与物联管理平台通信。

台区融合终端 App 类型按照数据流方向划分，包括基础 App、业务类 App，其中业务类 App 分为采集业务类 App、分析业务类 App 和主站业务类 App。

基础 App 对公共硬件接口资源以及共享数据管理进行管理，避免多 App 并发访问带来的业务冲突，通过消息总线以消息的方式为其他 App 提供服务。包括数据中心、本地通信管理、无线拨号管理、扩展模块管理、串口管理、蓝牙管理、交采计量、遥信脉冲采样、安全管理和安全代理共 10 项。

业务 App 按照业务属性分为三类：采集业务类、主站业务类和分析业务类。采集业务类 App 主要实现电能表、智能开关、各类传感器等的数据采集。主站业务类 App 主要与主站系统间建立通信通道进行数据交互时，遵循一 App 对应一主站原则，不允许一个 App 连接到多个不同的主站类。分析业务类 App 实现边缘计算相关业务，负责对采集数据进行分析，并对外提供公共服务，包括但不限于电能质量分析、拓扑识别、线损分析、故障研判、分布式能源管理、电动汽车有序充电等。

2. 台区融合终端主要应用

台区融合终端是一个集台区配电用电信息采集于一体的边端融合型边缘物联代理装置，基于国产自主芯片研发、“硬件平台化、软件 App 化”的设计理念及可复用软硬件平台，以现代通信、信息和大数据技术为基础，部署自动化、流程化、智能化的数据采集功能，通过系统分析、应用校核和技术创新，将智能电能表、配电网络拓扑、台区信息进行深度融合。终端统一配用电信息模型，结合不同场景边缘计算需求，引入物联网、智能传感等技术，综合低压配电网运行监测需求、用电信息采集频度、本地数据交互安全等因素，考虑智能配电变压器终端、集中器、台区智能终端、智能电能表、各类用电采集终端等设备应用高速载波通信技术的集成方案，明确设备接口、交互协议、频段划分、信道冲突等技术要求，实现传统终端产品的智能化升级改造，实现软件定义。新一代台区融合终端如图 2-22 所示。

图 2-22　新一代台区智能融合终端

台区融合终端能综合实现配电变压器终端设备的电气监测、状态监测、供电质量监测、区域自治各类开放功能。能够实现设备间的即插即用、互联互通，支持营配数据同源采集，支撑营配业务应用。目前全国已规模化应用 100 万台，有力促进配电物联网快速落地，提高供电稳定性。主要应用包括配电变压器监测、智能电能表交互、精益线损分析、电能质量管理、停电研判、分布式光伏管理、台区拓扑识别、充电桩有序接入等，应用架构如图 2-23 所示。

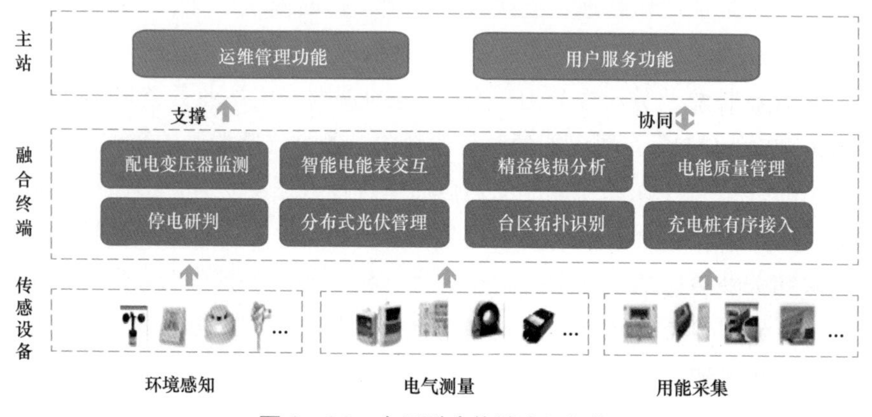

图 2-23　台区融合终端应用架构

（1）配电变压器监测：实时采集相关的非电气量和电气量数据，分析变压器运行的热场数据，对变压器可能发生的故障及时准确地预测。

（2）智能电能表交互：采集末端电能表的电量、事件、工况、电能质量、费控等实时和统计数据，为深化应用、数据分析等功能提供数据支撑。

（3）精益线损分析：可实现台区、分支、表箱、户表 4 级分支线损和分相线损计算。

（4）电能质量管理：无功补偿、三相不平衡治理、末端电压调节、谐波监测。

（5）停电研判：变压器故障/线路异常/配电柜（箱）异常/分支箱开关跌落/表箱停电上报，故障定位。

（6）分布式光伏管理：监测光伏发电量情况；监测光伏逆变器输出的电能质量；监测电力孤岛，保证检修安全，生成各类告警事件上报至主站系统。

（7）台区拓扑识别：基于低压电力线高速通信载波（high power line carrier，HPLC）通信技术的信噪比等关键参数，工频畸变通信技术和碎片融合技术，实现低压台区户变关系识别和台区物理逻辑关系拓扑。

（8）充电桩有序接入：实现负荷预测，充电调控，电能质量监测等功能。

2.2.3 低压配电终端

低压配电网数字化主要包含端设备、边设备的数字化。边设备从硬件上实现平台化、标准化、模块化、插件化，软件上实现 App 化、定制化、规范化、扩展化。主要边设备为智能配电变压器终端。端设备主要实现测量、控制、保护、电量、状态监测、通信及远程升级维护功能。端设备主要有智能塑壳断路器、智能漏保、智能电容器、智能电能表、换相开关等。

1. 智能塑壳断路器

（1）基本情况。智能塑壳断路器适用于交流 50/60Hz，额定工作电压为 AC380V 的配电保护。

具备长延时、短路短延时、瞬时、过欠压及断相保护功能，对线路和电源设备起保护作用。具备给终端设备反馈产品的电流、电压、功率、电能等信息且精度达到电能表级，用于对负载端的检测和监控，降低电网的运维成本，也为将来的能效系统提供必要的数据。

新一代智能塑壳断路器针对电能表失准分析及响应低压配电精品台区的建设，围绕电网优化运行、资产管理、停电上报、线损管理、拓扑识别需求、深度融合计量、通信、保护技术于一体，应用于客户侧电能表箱或配电箱内，具备隔离（检修）、高精度量测、低压感知、拓扑节点功能。

（2）功能。主要技术特点如下：

1）高精度电流、电压、有功功率、有功电量计量功能，支持电能表在线失准分析、支持分相分段线损分析。

2）保护功能齐全，具有完备的三段电流保护；过欠压保护；缺相保护。

3）具有台区拓扑户变识别和分支识别功能，支撑台区拓扑自动识别应用。

4）具有多种通信方式，便于接入既有采集系统。

5）具备遥控、遥信、遥测、遥调。

6）液晶显示，当前运行状态量实时显示，可现场整定保护功能与保护参数。

7）具有开关分、合闸状态监测、停复电异常监测及主动上报功能。

2. 智能漏保

（1）基本情况。智能漏电保护器起着漏电保护装置的选用，随着谐波抑制、无功补偿、瞬变过电压抑制和可再生能源发电系统过电压抑制与保护等，对低压电器也提出了更多更高的要求，传统低压电器将面临延伸和拓展。

（2）功能。新型智能漏电保护器包含以下功能：

1）高精度电流、电压、有功功率、有功电量计量、谐波功能，支持负荷监控、电能质量分析。

2）保护功能齐全，具有三段电流保护；过欠压保护；缺相保护、剩余电流保护重合闸功能。

3）具有台区拓扑户变识别和分支识别功能，支撑台区拓扑自动识别应用。

4）具有多模通信，便于接入既有采集系统。

5）具备遥控、遥信、遥测、遥调。

6）液晶显示，当前运行状态量实时显示，可现场整定保护功能与保护参数。

7）具有开关分、合闸状态监测、接头温度监测、异常监测及故障主动上报功能。

8）模块化结构，易安装易维护。

3. 智能电容器

（1）基本情况。智能组合式低压电力电容器补偿装置是以自愈式低压电力电容器为主体，以智能测控处理器为控制中心，采用微电子软硬件技术对晶闸管实现过零控制，对机械式磁保持继电器的触点延时投切，实现机械式磁保持继电器与可控硅晶闸管复合开关电路对低压电力电容器的过零投切技术，进而对 0.4kV 的低压线路进行无功功率补偿。

具有过电流/过电压/欠电压/欠电流、失电压、缺相、谐波、温度等保护，测量、控制、通信等功能。

智能电容器集电子技术、传感技术、网络技术及电器制造等先进技术，将传统无功补偿产品集成化、网络化、智能化。改变了现有低压无功自动补偿设备的结构模式，大大提高了设备的可靠性及使用寿命，具有结构简洁、生产简易、成本降低、性能提高、维护简便的全面优点。

（2）功能。主要技术特点如下：

1）模块化结构。体积小、现场接线简单、维护方便。只需要增加智能电容器数量即可实现无功补偿系统的扩容。

2）过零投切。采用先进的智能型磁保持过零投切开关，能够可靠地实现电压过零点投入、电流过零点切除。

3）保护功能。具有过电压、欠电压、失电压、短路、电压谐波超限、电流谐波超限、电容器过温保护等功能，有效保障电容器安全，延长设备寿命。

4）控制技术。投切判据为功率因数及无功功率，采用无功潮流预测和延时多点采样技术，根据负荷无功缺额分级差控制投切，确保投切无振荡。

5）智能网络功能。智能电容器自成系统工作，个别智能电容器故障后自动退出，并不影响其余工作。

6）混合补偿功能。可实现分相补偿，在三相负荷不平衡场合，可采用三相与分相相结合方式，智能电容器可根据每相无功缺额大小，对三相分别投切，达到无功最优化。

7）人机联系。采用数码管、状态指示灯和按键实现人机联系。具有运行工况提示、故障提示，指示灯具备投运、退运和故障三种指示状态。

4. 智能电能表

（1）单相智能物联电能表。

1）基本情况。单相智能物联网电能表由计量模组、管理模组、扩展模组组成，具备电能计量、数据处理、实时监测、自动控制、环境感知、信息交互和能源路由等功能，同时能适应电力市场化改革需求的智能电能表。

适用于电力市场化改革和智能互动的居民用户，具有精准可靠计量、精准运维、安全用电等功能。

2）功能。主要技术特点如下：

a. 计量功能：有功计量，谐波测量功能。

b. 监测功能：多芯模组化运行监测、端子排温度监测。

c. 通信功能：支持蓝牙通信，蓝牙通信支持两主三从的主从共存模式。

d. 通信模块接口：支持 1 路上行模组（载波通信模块、微功率无线通信模块等）、2 路扩展模组（介入式负荷感知模块、电能质量模块等）。

e. 大容量数据存储：计量单元可存储 1 年的电能量数据，方便溯源。

f. 谐波监测：具有 2～21 次谐波监测功能。

g. 端子测温：具有相线和中性线 4 个接线端子温度监测功能。

h. 液晶显示：点阵式液晶显示，支持图像显示（如二维码显示）。

i. 数据安全：数据传输采用加密方式，保证数据安全可靠；计量数据采用多重备份和校验机制。

j. 远程升级：计量模组与管理模组分离，管理模组支持软件远程升级。

（2）三相智能物联电能表。

1）基本情况。三相智能物联电能表由计量模组、管理模组、扩展模组组成，具备电能计量、数据处理、实时监测、自动控制、环境感知、信息交互和能源路由等功能，具备可观、可测、可控功能的智能电能表。

主要应用于发电厂、大用户、配电变压器、台变以及各类企事业单位的各种电力数据测量和计量场合，具备谐波监测、安全用电、精准运算等功能。

2）功能。主要技术特点如下：

a. 计量功能：有无功计量，谐波测量功能。

b. 监测功能：多芯模组化运行监测、端子排温度监测。

c. 全生命周期管理：提供全生命周期准确度监测数据，对电能表使用年限进行预测，实现精细化寿命管理。

d. 通信功能：支持蓝牙通信，蓝牙通信支持两主三从的主从共存模式。

e. 通信模块接口：支持 1 路上行模组（载波通信模块、4G 通信模块、微功率无线通信模块等）、2 路扩展模组（非介入式负荷感知模块、电能质量模块等）。

f. 大容量数据存储：计量单元可存储 1 年的电能量数据，方便溯源。

g. 谐波监测：具有 2～41 次谐波监测功能。

h. 端子测温：直接接入式三相智能电能表具有分相和零线接线端子温度监测功能。

i. 液晶显示：点阵式液晶显示，可按需配置显示内容。

j. 数据安全：数据传输采用加密方式，保证数据安全可靠；计量数据采用多重备份和校验机制。

k. 远程升级：计量模组与管理模组分离，管理模组支持软件远程升级。

5. 换相开关

（1）基本情况。换相开关型三相调平衡装置是一款用于治理三相不平衡的产品。它适用于三相四线制的 380V/220V 低压配电系统，能够在不中断用户供电的情况下根据不平衡度自动调节三相负载，克服传统依靠人工改线来调节三相不平衡的缺点。

换相开关型三相平衡装置由智能换相开关控制器和智能换相开关组成。智能换相开关控制器监测、分析低压三相负荷、三相电流不平衡度以及供电相信息，并发出相线切换动作指令。智能换相开关监测、发送供电相信息给智能换相开关控制器，并执行智能换相开关控制器动作指令，实现负荷从一供电相切换到另一供电相。

智能换相开关是一套用于治理低压配电台区三相不平衡的产品，它适用于三线四线制的 380/220V 低压配电系统，能够手动对负荷相别进行换相，也可接受融合终端的换相命令，自动进行负荷相别换相，从而达到调节三相负荷平衡的目的。

（2）功能。其功能特点如下：

1）从负载端实现平衡，基于切换终端负载来实现三相平衡的方式，实现由负载端至变压器整个台区的平衡。

2）切换过程不掉电，采用独特的“极速换相＋相角追踪”换相方法，换相时间小于 20ms，配合相角追踪的、换相策略，最大限度地保证了用电设备再切换过程中不掉电。

3）三重闭锁防短路，“机械互锁＋控制电源闭锁＋控制信号闭锁”，经数千次的实验证明，可以保障不会出现相间短路现象。

4）智能过零防冲击，过零投切技术基于“电流过零切除，电压过零投入”的原则，可以达到冲击小，电弧极小的效果。

5）节能降损效益显著，有效降低线路损耗及变压器损耗，提高电能质量，改善因三相不平衡引起的末端低电压，延长设备使用寿命，降低人力、管理成本。

2.2.4 分布式能源并网终端

2017 年 5 月，我国发布了 GB/T 33593—2017《分布式电源并网运行控制规范》和 GB/T 33592—2017《分布式电源并网运行控制规范》，并于 2017 年 12 月 1 日实施。GB/T 33593—2017 与 GB/T 33592—2017 适用于通过 35kV 及以下电压等级接入电网的新建、改建和扩建分布式电源。其中，GB/T 33593—2017 规定了分布式电源接入电网设计、建设和运行应遵循的一般原则和技术要求，内容涵盖电能质量、功率控制和电压调节、启停、运行适应性、安全、继电保护与安全自动装置、通信与信息、电能计量、并网检测等。GB/T 33592—2017 规定了并网分布式电源在并网/离网控制、有功功率控制、无功电压调节、电网异常响应、电能质量监测、通信与自动化、继电保护及安全自动装置、防雷接地方面的运行控制要求，其并网技术要求相关条款和指标，均采用了 GB/T 33593—2017 的相关内容。

分布式电源并网终端应用于分布式电源环境下，作为并网接口装置，实现分布式电源并网信息的采集和运行控制。该装置一般安装在 10kV/380V 并网点，对于 10kV 及以上电压等级用户内部通过 380V 并网的分布式电源系统，一般安装在用户进线开关处。该装置不仅集成了保护、故障解列、测控、反孤岛功能，还具备规约转换、远动、信息加密功能，为运行监控主站或调度主站与分布式电源设备之间的建立了通信桥梁，起到“承上启下”的作用，一方面对上（运行监控主站、调度）上送遥信、遥测、电度等信息，并接受主站的遥控、遥调等命令；另一方面对下（分布式电源控制器）转发遥调、启停等命令并接收分布式电源控制器上送的相关遥信信号。

根据电压等级，可分为中压配电网并网终端和低压配电网并网终端。常见的中压配电网并网终端为 10kV 网源分界开关控制器，低压配电网为光伏并网智能断路器。

1. 10kV 网源分界开关控制器

（1）基本情况。10kV 网源分界开关成套装置主要用于分布式电源（distributed generation，DG）与 10kV 公网的并离网，安装于公共连接点（point of common coupling，PCC），实时监测分布式电源和公网，具备孤岛检测和防孤岛保护、方向相间保护、方向接地保护、电压和频率异常保护、同期并网、双向通信等功能，接受主站调度控制，实现 DG 在满足条件下并网，故障时自动切除。10kV 网源分界开关成套装置是 10kV 配电网与 DG 间的责任分界点，使含分布式发电的配电网系统网架层次更分明，产权更清晰，更加符合控制管理规范要求。10kV 网源分界开关示意图如图 2－24 所示。

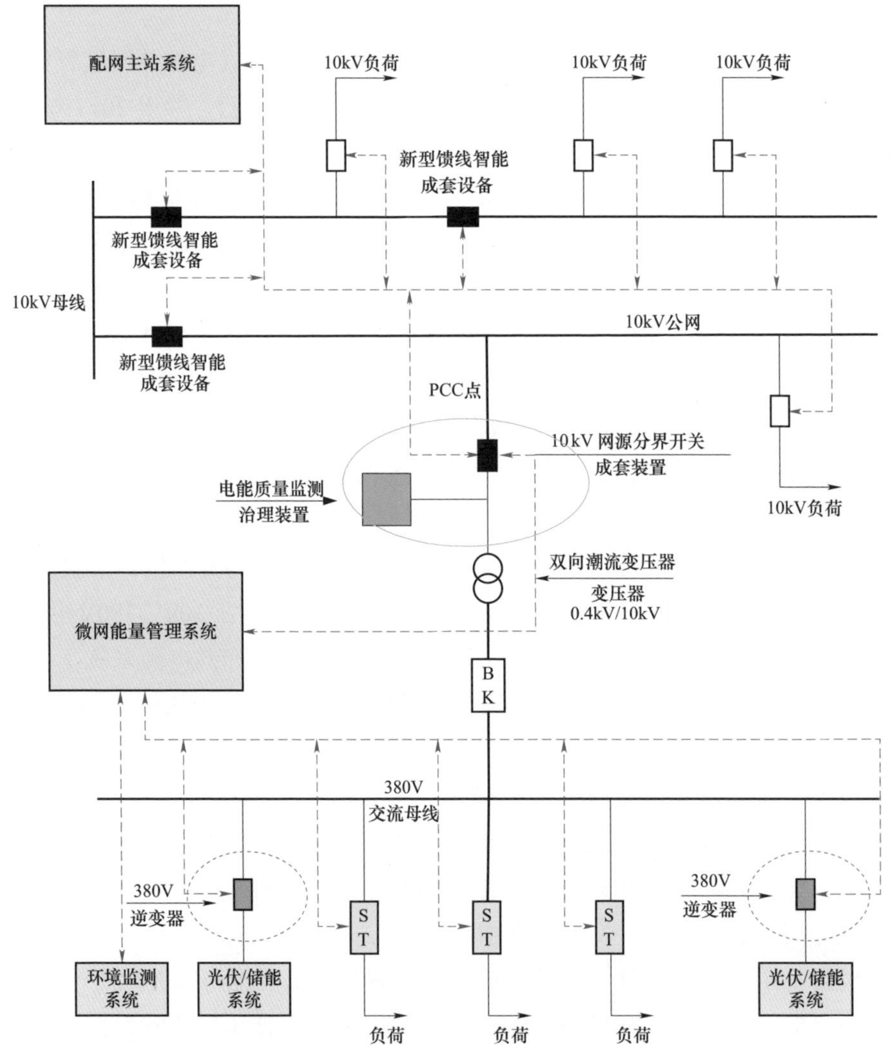

图 2－24　10kV 网源分界开关示意图

10kV 网源分界开关成套装置主要由开关部分和控制器部分两大部分组成，开关部分采用断路器，控制器部分有 CPU 模块、交流采样模块、输入输出模块、通信和电源等模块。

一、二次融合网源分界开关主要用于 10kV 并网分布式电源（简称源侧）与 10kV 电网（简称网侧）的并离网，安装于公共连接点；一、二次融合网源分界开关由开关本体，电源电压互感器，双侧电子式电压互感器，电子式电流互感器，数字接口转换单元，馈线终端及连接线缆等组成；具备采集三相电流、零序电流、双侧（网侧、源侧）三相相电压、零序电压的能力，满足计算有功功率、无功功率、功率因数、频率、电能量的功能，电流正方向为网侧流向源侧。

（2）功能。10kV 网源分界开关控制器除需满足中压配电网终端的基本要求外，还需有功能如下：

1）电能质量监测。具备电能质量监测功能，包括电压偏差、电压波动和闪变、电压直流分量、频率偏差、电压电流三相不平衡度、电压电流畸变率、电压电流谐波（2～25 次谐波分量）等。

终端一方面采用高性能算法，对直流注入量、电压偏差、谐波、频率偏差、波动和闪变以及三相电压不平衡进行计算，满足监测和遥测的功能；另一方面，需要在精确检测的基础上，依据相关标准对电能质量作出分析、判断，超出一定的标准限值时，要告警或跳闸。实现电能质量监测与处理功能。终端电能质量点号定义见表 2－3。

电能质量的监测和判断参考标准主要有：GB/T 12325《电能质量供电电压偏差》、GB/T 12326《电能质量电压波动和闪变》、GB/T 14549《电能质量公用电网谐波》、GB/T 15543《电能质量三相电压不平衡》、GB/T 15945《电能质量电力系统频率偏差》。

表 2－3　　终端电能质量点号定义

	序号	名称	说明	统一标识	备注
遥测[①]	1	ImbV	电压不平衡度（%）	MSQI_ImbV	公共遥测 165 个
	2	ImbA	电流不平衡度（%）	MSQI_ImbA	
	3	FreDev	频率偏差（Hz）	MMXU_FreDev	
	4	PhvDevA	A 相电压偏差（%）	MMXU_PhvDev_PhsA	
	5	PhvDevB	B 相电压偏差（%）	MMXU_PhvDev_PhsB	

续表

	序号	名称	说明	统一标识	备注
遥测[①]	6	PhvDevC	C 相电压偏差（%）	MMXU_PhvDev_PhsC	公共遥测165个
	7	ThdPhvA	A 相电压畸变率（%）	MHAI_ThdPhv_PhsA	
	8	ThdPhvB	B 相电压畸变率（%）	MHAI_ThdPhv_PhsB	
	9	ThdPhvC	C 相电压畸变率（%）	MHAI_ThdPhv_PhsC	
	10	ThdAA	A 相电流畸变率（%）	MHAI_ThdA_PhsA	
	11	ThdAB	B 相电流畸变率（%）	MHAI_ThdA_PhsB	
	12	ThdAC	C 相电流畸变率（%）	MHAI_ThdA_PhsC	
	13	FlucPhsA	A 相电压波动率（%）	MFLK_Fluc_PhsA	
	14	FlucPhsB	B 相电压波动率（%）	MFLK_Fluc_PhsB	
	15	FlucPhsC	C 相电压波动率（%）	MFLK_Fluc_PhsC	
	16	PstPhvA	A 相电压闪变值	MFLK_Pst_PhsA	
	17	PstPhvB	B 相电压闪变值	MFLK_Pst_PhsB	
	18	PstPhvC	C 相电压闪变值	MFLK_Pst_PhsC	
	19	HPhvPhsA0	A 相电压直流分量（%）	MHAI_HPhv_0_PhsA	
	20	HPhvPhsB0	B 相电压直流分量（%）	MHAI_HPhv_0_PhsB	
	21	HPhvPhsC0	C 相电压直流分量（%）	MHAI_HPhv_0_PhsC	
	22	HPhvPhsA2	A 相电压 2 次谐波分量（%）	MHAI_HPhv_2_PhsA	
	23	HPhvPhsA3	A 相电压 3 次谐波分量（%）	MHAI_HPhv_3_PhsA	
	24	HPhvPhsA4	A 相电压 4 次谐波分量（%）	MHAI_HPhv_4_PhsA	
	⋮	⋮	⋮	⋮	
	45	HPhvPhsA25	A 相电压 25 次谐波分量（%）	MHAI_HPhv_25_PhsA	
	46	HPhvPhsB2	B 相电压 2 次谐波分量（%）	MHAI_HPhv_2_PhsB	
	47	HPhvPhsB3	B 相电压 3 次谐波分量（%）	MHAI_HPhv_3_PhsB	
	48	HPhvPhsB4	B 相电压 4 次谐波分量（%）	MHAI_HPhv_4_PhsB	
	⋮	⋮	⋮	⋮	
	69	HPhvPhsB25	B 相电压 25 次谐波分量（%）	MHAI_HPhv_25_PhsB	
	70	HPhvPhsC2	C 相电压 2 次谐波分量（%）	MHAI_HPhv_2_PhsC	
	71	HPhvPhsC3	C 相电压 3 次谐波分量（%）	MHAI_HPhv_3_PhsC	
	72	HPhvPhsC4	C 相电压 4 次谐波分量（%）	MHAI_HPhv_4_PhsC	
	⋮	⋮	⋮	⋮	
	93	HPhvPhsC25	C 相电压 25 次谐波分量（%）	MHAI_HPhv_25_PhsC	
	94	HAPhsA2	A 相电流 2 次谐波分量（A）	MHAI_HA_2_PhsA	
	95	HAPhsA3	A 相电流 3 次谐波分量（A）	MHAI_HA_3_PhsA	
	96	HAPhsA4	A 相电流 4 次谐波分量（A）	MHAI_HA_4_PhsA	
	⋮	⋮	⋮	⋮	
	117	HAPhsA25	A 相电流 25 次谐波分量（A）	MHAI_HA_25_PhsA	
	118	HAPhsB2	B 相电流 2 次谐波分量（A）	MHAI_HA_2_PhsB	
	119	HAPhsB3	B 相电流 3 次谐波分量（A）	MHAI_HA_3_PhsB	

续表

	序号	名称	说明	统一标识	备注
遥测①	120	HAPhsB4	B 相电流 4 次谐波分量（A）	MHAI_HA_4_PhsB	公共遥测 165 个
	⋮	⋮	⋮	⋮	
	141	HAPhsB25	B 相电流 25 次谐波分量（A）	MHAI_HA_25_PhsB	
	142	HAPhsC2	C 相电流 2 次谐波分量（A）	MHAI_HA_2_PhsC	
	143	HAPhsC3	C 相电流 3 次谐波分量（A）	MHAI_HA_3_PhsC	
	144	HAPhsC4	C 相电流 4 次谐波分量（A）	MHAI_HA_4_PhsC	
	⋮	⋮	⋮	⋮	
	165	HAPhsC25	C 相电流 25 次谐波分量（A）	MHAI_HA_25_PhsC	
遥信	1	PQAlm	电能质量越限告警	PQ_Alm	
	2	VolUnbalAlm	电压不平衡越限告警	Vol_Unbal_Alm	
	3	CurUnbalAlm	电流不平衡越限告警	Cur_Unbal_Alm	
	4	VolDevAlm	电压偏差越限告警	Vol_Dev_Alm	
	5	VolFliAlm	电压闪变告警	Vol_Fli_Alm	
	6	DCBiasAlm	电压直流分量越限告警	DC_Bias_Alm	

① 根据数据类型不同进行区分，整形数显示到个位；功率显示到十分位；电压浮点数显示到百分位；经纬度浮点数显示到万分位；频率、功率因数、电流浮点数显示到千分位。

2）并网保护功能。

a. 馈线终端具备双向过电流故障保护跳闸功能，具备三段保护，可对双向保护动作时限、电流定值进行设定。

b. 馈线终端具备双向过电流故障告警功能，可对两个方向的短路故障告警时限、电流定值进行整定。

c. 具备小电流接地系统单相接地故障检测与处理功能。

d. 具备小电阻接地系统单相接地故障的检测与保护功能，满足零序两段式保护功能，两段定值和时间都应可设。

e. 电压保护：具备过电压和欠电压保护功能，当并网点处电压超出或低于规定的电压范围时，应在相应的时间内停止向电网线路送电，可对保护动作时限和动作定值进行设定。

f. 频率保护：具备电压过频率和低频率保护功能，当并网点频率超过或低于规定的运行范围时，应在相应的时间内停止向电网线路送电，可对保护动作时限和动作定值进行设定。

g. 防孤岛保护：具备监测孤岛且立即断开与电网连接的能力，可对防孤岛保护动作时间和动作定值进行设定。

h. 具备低电压穿越能力，当分布式电源具备低电压穿越能力时，应启用低电压穿越功能，并禁用欠压保护；当分布式电源不具备低电压穿越能力时，应禁用低电压穿越功能，并启用欠压保护；低电压穿越幅值和时间应满足 GB/T 33593—2017 的要求。

i. 具备逆功率保护功能，可对逆功率保护动作时限和动作定值进行设定。

j. 具备网侧来电延时自动合闸功能，该功能可根据需要投入或退出。

k. 具备并网保护事件上送功能，故障事件包括故障遥信信息及故障发生时刻电压、电流、频率等相关模拟量和开关状态等数字量。

2. 双向通信功能

具备与主站、分布式电源/微电网能量管理系统双向通信功能。

3. 低压配电网光伏并网智能断路器

（1）基本情况。以前的并网断路器多为普通型断路器，不具备保护、通信等功能，随着国家“双碳”的政策推行，分布式光伏建设并网规模的迅速增长，并网断路器也要求具备智能化功能，能够实现对现场分布式光伏系统的保护和监控。

新型的光伏并网智能断路器，其采用剩余电流重合闸塑壳断路器作为主体，增加光伏专用的保护功能，是针对低压分布式光伏电源接入场景研制的新一代模块化断路器，具有高精度计量、防孤岛保护、多模通信、电能质量分析、物联感知、拓扑识别等功能，具有高可靠、长寿命、使用范围广、易维护的特点。有效支撑低压配电网的分布式电源安全接入、源网互动、有序管理、智能运维等需求。

（2）功能。主要功能如下：

1）保护功能。

a. 具备完全选择性的三段电流保护功能：过载长延时保护、短路短延时保护、短路瞬时保护；

b. 过、欠电压保护功能，缺相保护功能；

c. 剩余电流保护功能，并具备重合闸功能；

d. 被动式孤岛保护功能；

e. 出线端带电禁止合闸保护功能。

2）信息采集、输出功能。

a. 具备采集开关实时位置状态信息，并具有变位上报及时间记录功能；

b. 具备采集开关高精度电流、电压、有功功率、有功电量计量、谐波功能，支持负荷监控、电能质量分析；并具有上报和记录功能；

c. 具备接线端子温度采集功能，并具有超温报警和记录功能。

3）数据处理及传送功能。

a. 具备将遥测数据记录存储的功能；
b. 具备检测遥测极值并生成历史记录的功能；
c. 根据参数设置可进行数据主动或召唤方式上报；
d. 支持主站召唤全数据（当前遥测值、遥信状态）；
e. 支持主站召唤历史数据；
f. 识别故障，并上报故障告警信息。
4）遥控功能。
a. 支持远程控制断路器分、合闸功能；
b. 支持通过无源接点端子控制断路器分、合闸功能。
5）事件记录及上报功能。
a. 记录开关状态变化的时间并上报；
b. 记录故障的时间并上报；
c. 记录设备自身故障的时间并上报。
6）通信功能。
a. 与上级站进行通信，将采集和处理的信息向上发送并接受上级站的命令；
b. 具有多模通信，便于接入既有采集系统。
7）显示功能。
a. 实时显示电流、电压、频率、剩余电流等电参量信息；
b. 显示断路器运行参数信息；
c. 显示断路器历史运行信息和故障信息记录；
d. 配合按键实现断路器运行参数的本地设置；
e. 具备运行状态指示、告警指示、手/自动工作模式指示。
8）设置功能。
a. 支持通过 RS485 进行远程参数设置；
b. 接收上级的校时命令，实现时间设置；
c. 可进行断路器的保护定值参数设置；
d. 可进行断路器各项运行参数设置。
9）自诊断、自恢复。
a. 具有丰富的自诊断功能，支持自检及自恢复功能；
b. 具有上电软件及配置参数自检、自恢复功能；
c. 具有故障告警及上报功能。
10）具有台区拓扑户变识别和分支识别功能，支撑台区拓扑自动识别应用。
低压光伏并网智能断路器如图 2–25 所示，断路器外形布局如图 2–26 所示。

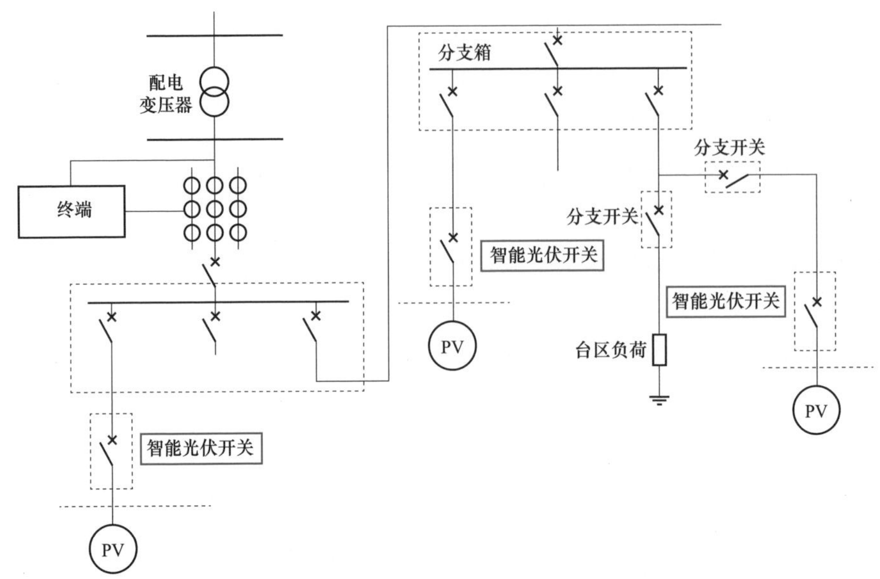

图 2-25 低压光伏并网智能断路器示意图

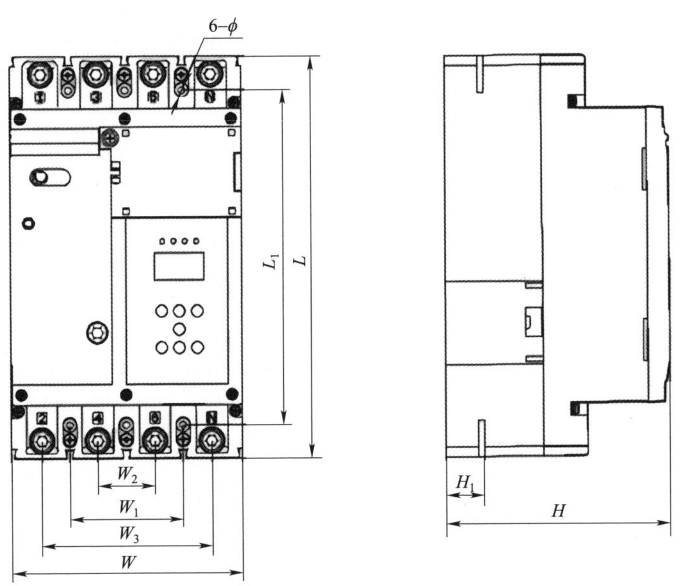

图 2-26 断路器外形布局图

2.3 通信模块数字化技术

配电通信网是电力系统骨干通信网的延伸，其应遵循“因地制宜、适度超前、统一规划、分步实施”的原则，与配电网规划同步规划、同步建设、同步投产，有效支撑智能电网泛在通信接入需求。配电通信网规划建设应统筹考虑配电自动化、计量自动化、全域物联网、分布式电源、电动汽车充换电站、微电网及储能装置站点等各类业务对通道的带宽、时延、安全性和可靠性等性能方面的需求。以经济、灵活、适用、先进、成熟、标准为技术原则，根据实施区域的具体情况选择合适的通信方式（光纤、无线、载波通信等），充分利用公网通信、卫星等现有资源。

A+、A、B和C类供电区建设与改造电缆沟管时，应同步建设通信光缆或预留通信专用管孔。在强雷地区试点架设10kV架空避雷线，可考虑采用光纤复合架空地线（optical fiber composite overhead ground wires，OPGW）模式。

配电通信网本地通信网络因地制宜选择低压电力线载波、有线通信、本地无线通信（微功率无线、NB－IoT、LoRa等），或多种方式混合使用，满足配用电业务本地通信要求。计量自动化采用低压宽带载波为主，根据场景需要，增配无线通信方式实现双模通信，提升通信可靠性，无线通信方式包含微功率无线、NB－IoT、LoRa等。

2.3.1 电力光纤通信

目前，智能配电网光纤组网主要采用工业以太网交换机或以太网无源光网络（Ethernet passive optical network，EPON）等技术。

（1）工业以太网交换机网络。工业以太网交换机，即应用于工业控制领域的以太网交换机设备，能适应低温高温，抗电磁干扰强，防盐雾，抗震性强。主要是应用于复杂的工业环境中的实时以太网数据传输。以太网在设计时，由于其采用载波侦听多路复用冲突检测（CSMA/CD 机制），在复杂的工业环境中应用，其可靠性大大降低，从而导致以太网不能使用。工业以太网交换机采用存储转换交换方式，同时提高以太网通信速度，并且内置智能报警设计监控网络运行状况，使得在恶劣危险的工业环境中保证以太网可靠稳定地运行。由于一般配电房或环网箱环境会比较恶劣，工业以太网交换机正好满足了智能配电网的要求。一般在配电房或环网箱中配置工业以太网交换机，相邻站点之间通过光纤互联，最终汇聚到变电站里的汇聚层设备，通过主网光纤或是传输网络传送至配电主站，实现业务上传。这也是目前配电网中采用最多的光纤通信方式。

（2）EPON。EPON是基于以太网的无源光网络（passive optical network，PON）技术。它采用点到多点结构、无源光纤传输，在以太网之上提供多种业务。它综合了PON技术和以太网技术的优点：低成本、高带宽、扩展性强、与现有以太网兼容、方便管理等。EPON系统由局端设备（optical line terminal，OLT）、用户端设备（optical network unit，ONU）以及光分配电网（optical distribution network，ODN）组成。在配电自动化系统应用中，EPON组网采用OLT和ONU两级通信网方式，每个自动化子站接入的终端数量大致相似，主站与子站之间通过MSTP/SDH传输网络互联，子站一般设置在变电站，安装OLT设备，ONU安装在环网柜、柱上开关或配电房中。EPON业务一般为点对多点模式，业务通过ONU汇聚到OLT设备，再上传至主站。

2.3.2 无线公网技术

无线公网通信是指使用由电信部门建设、维护和管理，面向社会开放的通信系统和设备所提供的公共通信服务。公共通信网具有地域覆盖面广，技术成熟可靠，通信质量高，建设和维护质量高等优点，主要包括GPRS、CDMA、4G、5G等。目前无线公网在配电网中得到广泛应用，用来传输配电网自动化、低压集抄、配电变压器监测、负控终端等业务。

随着大规模新能源接入、用电负荷需求侧响应等业务快速发展，各类电力终端、用电客户的通信需求呈现爆发式增长。海量设备需实时监测或控制，信息双向交互频繁，迫切需要构建经济灵活、双向实时、安全可靠、全方位覆盖的“泛在化、全覆盖”终端通信无线接入网，而5G低时延、大带宽的特点正好能够解决以上问题。新型电力5G组网技术，通过5G切片，建设覆盖接入侧、核心网与传输网的全通道电力业务高可靠网络，包括电力切片管理及业务支撑平台功能及运营管理系统，实现连接管理、终端管理、切片管理、AI辅助决策、定制性管理、开放管理及统计分析等主要功能，支撑融合5G的无线接入业务统一管控及典型业务的统一展示，进一步提升对智能配电网保护与控制、配电网同步相量测量装置（phasor measurement unit，PMU）、作业机器人等各项业务的可观、可管、可控能力。

2.3.3 电力无线专网技术

电力无线专网采用TD－LTE宽带技术体制，可选用的频率包括230MHz电力频率和1.8GHz（1785～1805MHz）频段，主要由核心网、网管系统、基站和无线终端四部分组成，其中基站包括基带处理单元（baseband unit，BBU）、远端射频单元（remote radio unit，RRU）和天馈线等，无线终端类型主要包括客户终端设备（customer premise equipment，CPE）（含室内型、室外型）、嵌入式终端模块、数据卡和手持终端等。可用于承载配电自动化、远程抄表、视频监控等业务。相比光纤通信，无线专网具有组网灵活、施工简易等优势，其相对无线公网又具有传输资源可控、服务质量保障高等优势。

2.3.4 载波通信

电力线载波通信（power line carrier communication）是一种以电力线为传输媒介，利用电力线传输模拟或数字信号的技术，是电力系统独有的通信方式。电力线覆盖的区域都可以利用这一通信技术，实现高效利用电力线路的运行资源，且专有通信通道确保数据安全。根据电压等级的不同，电力线载波可分为：低压 PLC（220/380V）、中压 PLC（10/35kV）、高压 PLC（35kV 以上）。根据其工作频段，又可分为窄带 PLC 与宽带 PLC。窄带载波数据传输速率较低，传输距离长，因电力线信道具有信号衰减大、噪声源多且干扰强、受负载特性影响大的特性，导致窄带载波通信的可靠性一般。宽带载波占用频带宽，数据传输速率高，数据量大，稳定性好，但载波信号采用较高的频率，导致电力线中信号衰减较快，传输距离有限，有效传输距离约 1km。

2.4 配电主设备数字化技术

10kV 配电网设备主要包括架空（电缆）线路、站房、公共设施、电气设备等大类，主要电气设备有变压器、断路器、负荷开关、隔离开关、熔断器等。

配电主设备的数字化是配电网数字化的基础，它包括配电网主设备的地理位置、资产信息的数字化描述，运行情况的数字化描述，设备健康状态的数字化描述，影响设备安全运行的自然环境的数字化描述等。

配电设备数字化技术，是通过智能传感器或智能终端等设备，将传感器获得的实时信息转换成数字信号用于对设备进行数字化描述的技术。

随着配电网智能化技术的发展，降低配电设备成本，缩小体积，简化内部结构，提高设备的兼容性和互换性，提高安装、运行、维护的效率是配电设备发展的趋势。通过对产品功能的优化组合，采用小型化、长寿命的配电设备电气量监测传感器、设备状态监测传感器、对配电开关、电压互感器、电流互感器与二次控制单元等进行优化设计，生产出基于一、二次融合的配电柱上开关成套设备、配电环网箱成套设备和室内配电开关柜成套设备，为配电设备数字化提供了基础保障。

2.4.1 配电架空线路数字化技术

中压架空线路数字化技术除包括地理位置、资产信息的数字化描述外，还包括重要线路段的可视化在线监测（视频、图像）、外力破坏、杆塔倾斜、弧垂、分布式故障定位等监测信息的数字化描述。通过配电线路状态监测系统进行信息采集和信息的数字化。

在配电线路故障定位方面，采用最多的是配电架空线路故障指示器。暂态录波型故障指示器是近些年来出现的新产品，它是综合利用智能传感器技术、信号处理技术、人工智能技术和信息通信技术，高精度实时在线监测中压配电网线路电流、对地电场，在线路状态发生异常改变时触发高采样录波，根据录波数据可实现小电流接地系统接地故障准确定位、复杂故障过程回溯反演、线路异常状态提前预警等功能。

对于中压配电架空线路小电流接地系统的接地选线问题，人们进行了长期的研究，提出了多种选线的方法并开发了相应的装置。大致可将选线方法分成以下几大类：基于稳态量的故障选线方法、基于暂态量的故障选线方法和基于现代信息融合技术的选线方法等。

2.4.2 配电电缆线路数字化技术

配电电缆线路数字化技术除包括地理位置、资产信息的数字化描述外，还包括接头温度、局部放电、护层环流、分布式故障定位等信息的数字化描述。

在配电电缆线路中，电缆接头是故障率比较高的部位。为了监测电缆的运行状态，通常在电缆接头处安装温度传感器、在电缆终端接头的屏蔽层接地线上安装高频传感器，在电缆终端接头的金属屏蔽层接地线上安装护层环流传感器。通过配电网电缆监测系统，可实现接头测温、电缆局部放电监测、护层环流监测，故障选线、故障测距等功能。

2.4.3 配电站房数字化技术

配电站房的数字化技术除包括地理位置、资产信息的数字化描述外，还包括站房的动力环境监控、可视化在线监测（视频、图像）、火灾报警、门禁、辅助生产系统等监测信息数字化描述。

配电站房数字化通常通过配电站房动力环境监控系统实现。主要监控站房内的空调、通风、除湿、UPS 等设备，通过联动控制空调、通风、除湿等设备，对环境进行调节。监测水浸、配电房的温湿度、门禁系统、消防系统工作状态。

2.4.4 电气主设备数字化技术

1. 配电变压器单元

配电变压器单元的数字化技术，除了配电变压器的地理位置、资产信息的数字化描述外，还包括配电变压器运行情况的数字化描述，设备健康状态的数字化描述，影响设备安全运行的自然环境的数字化描述。

由于配电变压器可分为干式变压器、油浸式变压器、有载调压变压器、调容变压器等；根据安装地点的不同可分为柱上、箱式和户内变压器。不同类型的变压器由于自身本体的不同或应用场景的不同，需要监测的状态量有所不同。

配电变压器的运行参数，通常通过配电变压器终端（transformer terminal unit，TTU）来采集，以实现配电自动化功能。除此之外，还有用电信息采集装置，电能质量、运行环境、局部放电、声纹数据采集装置，三相不平衡调节装置，变压器调容装置，无功电压调节装置，低压断路器、剩余电流动作保护器的控制等。

配电变压器单元的数字化是通过配电变压器智能终端（融合终端）来实现的。它具有供用电信息采集、设备运行状态监测、智能控制与通信等功能。

2. 配电开关成套设备

配电开关成套设备的数字化技术，除了配电开关成套设备的地理位置、资产信息的数字化描述外，还包括配电开关成套设备运行情况的数字化描述，设备健康状态的数字化描述，影响设备安全运行的自然环境的数字化描述。

配电开关成套设备根据应用环境的不同可分为配电柱上开关成套设备、配电环网箱成套设备和室内配电开关柜成套设备等。不同开关成套设备，需要监测的状态量有所不同。

配电开关成套设备包含了断路器、隔离开关等一次设备，也包含了环境状态监测传感器、设备状态监测传感器、电压互感器、电流互感器、继电保护自动装置和二次控制单元等。基于一、二次融合的配电开关成套设备可以简化系统内部结构，实现配电开关的模块化、集成化、智能化。

配电开关成套设备的数字化是通过开关智能控制装置实现的。应用于配电柱上开关成套设备、配电环网箱成套设备和室内配电开关柜成套设备的开关智能控制装置，因应用环境或功能要求不同而略有不同。主要功能包括继电保护、自动化监控、环境状态、设备状态监测，与其他智能传感器或功能单元连接和通信等功能。

2.5 配电设备数字处理技术

2.5.1 设备状态数据处理

配电设备在运行中经受电的、热的、机械的负荷作用，以及自然环境（气温、气压、湿度以及污秽等）的影响，长期工作会引起老化、疲劳、磨损，以致性能逐渐下降，可靠性逐渐降低。设备的绝缘材料在高电压、高温度的长期作用下，成分、结构发生变化，介质损耗增大，绝缘性能下降，最终导致绝缘性能的破坏；工作在大气中的绝缘子还受环境污秽的影响，表面绝缘性能下降，从而引起沿面放电故障。设备的导电材料在长期热负荷作用下，会被氧化、腐蚀，使电阻、接触电阻增大，或机械强度下降，逐渐丧失原有工作性能。设备的机械结构部件受长期负荷作用或操作，引起锈蚀、磨损而造成动作失灵、漏气漏液，或其他结构性破坏。这些变化（称为劣化）的过程一般是缓慢的渐变的过程。随着设备运行期增长，性能逐渐下降，可靠性逐渐下降，设备故障率逐渐增大。

配电设备状态数据包含各种传感器检测到的电量、非电量（热学、力学、化学、声学参量等）数据，利用这些数据可以判断设备的健康状态。如利用辐射传感检测的设备发热、放电（发光），可判断过热与局部放电现象；利用声与振动传感，可检测设备机械结构系统及间隙放电的故障；利用表面电位变化或感应电流的检测可判断内部绝缘的完好程度等。

由于配电设备状态监测获取的数据量很大，常规的数据处理方法会遇到极大的困难。搭建设备状态全景感知的“云、管、边、端”配电网物联平台是实现配电设备状态监测与评估的有效途径。

在“云”端，通过物联网平台，采用微服务架构解耦业务和数据，消除数据孤岛，实现配电设备状态数据统一管理。同时基于边缘计算架构引进云编排技术，进行 App 可视化开发，降低业务定制开发和维护难度，提升配电设备状态检测与评估的效率。

在“管”侧，满足不同场景接入需求，构建高质量可靠通信网络。

在“边”层，基于开放的边缘计算物联架构，打造硬件平台化、软件 App 化的新一代台区智能融合终端，支持业务 App 按需部署，同时配套 Agile Controller 控制器实现对设备、容器、App 的远程管理和控制。同时配合边云协同，实现配电设备运行状态的精准研判。

在“端”侧，为末端传感设备植入通信和计算能力，使传感器智能化，实现海量设备统一接入和管理，状态全面感知。

2.5.2 继电保护数据

配电设备终端是安装在配电网的各类远方监测、控制单元的总称，其中一个最基本的功能是完成数据采集，即可以实现实时的数据采集，高性能的数据处理，完整的数据记录功能。

数据采集系统包括硬件和软件两部分。

1. 硬件部分

（1）组成及功能。配电终端的数据采集和数据处理系统的硬件一般包括以下四大部分：

1）模拟量输入系统（或称数据采集系统）包括电压形成、模拟滤波（ALF）、采样保持（S/H）、多路转换（MPX）以及模数转换（A/D）等功能块，完成将模拟输入摄准确地转换为所需的数字量。

在配电终端中最常见的模拟量包括电压、电流、后备电源电压、装置温度等。

2）开关量（或数字量）输入/输出系统由若干并行接口、光电隔离器件及有接点的中间继电器等组成，以完成各种保护的出口跳闸、信号告警、外部接点输人及人机对话等功能。

3）通信接口。一些数据可能不是由配电终端直接获得，而是其他元件或终端产生的，通过通信通道，将数据传输给配电终端。

如数字式馈线终端获取的电压电流数据，不是由配电终端直接采集，而是通过安装在开关本体侧的数字化单元将采集的相序/零序的电压/电流信号通过数字化模块就地转换为数字信号传输至馈线终端。另外在智能分布式馈线自动化中，配电终端在处理馈线自动化逻辑时，需要获取线路上相邻配电终端的故障信息，也是通过通信通道获取的。

4）CPU 主系统。执行数据采集和数据处理的程序。

（2）性能。

1）高低温。硬件系统需保证配电终端采集数据的高、低温性能要求：

a. 低温设定值 –40℃时，终端应能正常工作，状态输入量、控制输出量、直流输入模拟量、交流输入模拟量和事件记录站内分辨率等技术指标应满足使用的技术要求，低温引起的交流工频电量误差改变量应满足使用的技术要求。

b. 高温设定值 +70℃时，终端应能正常工作，状态输入量、控制输出量、直流输入模拟量、交流输入模拟量和事件记录站内分辨率等技术指标应满足使用的技术要求，高温引起的交流工频电量误差改变量应满足使用的技术要求。

2）电磁兼容。

a. 电压暂降和短时中断适应能力；

b. 振荡波抗扰度能力；

c. 电快速瞬变脉冲群抗扰度能力；

d. 静电放电抗扰度能力；

e. 工频磁场抗扰度能力；

f. 阻尼振荡磁场抗扰度能力；

g. 脉冲磁场抗扰度能力；

h. 射频电磁场辐射抗扰度能力。

以上按 GB/T 17626《电磁兼容》系列标准中的有关规定执行。试验时终端应能正常工作，各项功能、性能指标满足相关要求，交流电压、电流输入回路测量误差的改变量满足相关要求。

2. 软件部分

获得原始的采集数据之后，对数据进行处理是必须的，软件进行数据处理的主要任务如下：

（1）采样频率控制。交流模拟信号的采样方式可以分为异步采样和同步采样两大类：

1）异步采样。也称定时采样。AD 采样周期保持固定不变，电网设备中的采样频率通常取电网工频（50/60Hz）的整倍数，但是实际运行中，基频不可能完全等于工频，多少都会有一些偏离，特别是故障状态下偏离有可能很严重，这时采样频率不再是基频的整倍数，即采样脉冲次数和模拟量输入信号时间的位置发生异步，这种情况如不做特殊处理，会给许多算法带来误差，甚至引起一些继电保护设备误动作。

2）同步采样。采样周期不再固定，而是使采样频率跟踪系统基频的变化，始终保持采样频率与系统基频的比值为固定整数。通过硬件或软件得到当前的基频值，然后动态调整采样频率，从而保持比值的固定。采用跟随采样技术后，能在基频偏离工频很大时准确地计算出当时系统的基频分量、谐波分量、或序分量，这是模拟保护装置难以做到的。

必须指出，对于跟随采样，其采样频率不再是一个常数。定义当信号基频为工频时的采样频率为中心采样频率，当系统频率发生变化时，采样频率自动在中心采样频率上下波动。

目前常用的采样方式为同步采样下的跟随采样方式。

（2）预处理。在数据的采集、传送和转换过程中，会受到干扰和噪声的影响，所采集的数据中会含有干扰信号，需要采用各种方法最大限度地消除数据中的干扰成分，保证数据的精确度。

针对模拟信号软件处理干扰信号的常用的方法是进行数字滤波，例如软件中值滤波算法、惯性滤波、低通滤波、带通滤波等。

针对开关量（或数字量）软件处理干扰信号的常用的方法是进行遥信防抖。避免终端初始化、运行中、断电等情况下产生误报遥信；防抖动时间可设。

（3）物理特征量计算。比如电压、电流等被采集量经传感器转换为小信号电压，该小信号电压在经过采样、量化和编码等环节之后，送入计算机中变为一组代码，无明确的物理意义。数据处理时要将其还原成原来对应的物理量，如计算出电压、电流的幅值、相位等。

（4）分析数据的内在特征。对采集的数据进行处理（如傅里叶变换），或在关联的数据之间进行某种运算（如计算相关函数），从而得到能表达数据内在特征的二次数据，获取有用的信息。如防励磁涌流误动功能，通常采用二次谐波制动判据，就需要通过计算相电流二次谐波的含量来判断是否是合闸励磁涌流产生的过电流。

（5）数据存储。对关键时刻或定点时刻产生的数据进行存储。

如 10kV 配电自动化终端就要求具备历史数据循环存储功能，电源失电后保存数据不丢失，支持远程调阅，历史数据包括事件顺序记录（sequence of event，SOE）、遥控操作记录、极值数据、定点记录数据、日冻结电能、功率反向电能量冻结值、终端日志等；具备电能量采集和存储功能，包括正反向有功电量和四象限无功电量，具备电能量数据冻结功能，包括定点冻结、日冻结、功率方向改变时的冻结数据。

（6）录波。对故障发生时刻的原始采样数据进行记录和存储，方便事后对故障进行分析和研究。

如 10kV 配电自动化终端对录波功能要求如下。

1）具备故障录波功能，支持录波数据循环存储至少 64 组，支持录波数据上传至主站。

2）录波功能启动条件包括过电流故障、线路失电压、零序电压突变、零序电流突变等，可远方及就地设定启动条件参数。

3）录波文件格式遵循 ANSI/IEEE C37.111《电力系统用瞬态数据交换

（COMTRADE）通用格式》（Common Format for Transient Data Exchange（COMTRADE）for Power Systems）标准中定义的格式，只采用 CFG（配置文件，ASCII 文本）和 DAT（数据文件，二进制格式）两文件。

4）录波应包括故障发生时刻前不少于 4 个周波和故障发生时刻后不少于 8 个周波的波形数据，录波点数为不少于 80 点/周波，录波数据应包含电压、电流、开关位置等。

5）应具备储能回路录波功能，可录波储能时储能回路电压电流波形，录波点数不少于每秒 500 点，录波启动条件为超过储能回路电流启动阈值或合闸出口，结束条件为启动后 15s，且至少应包含越限前 100ms。录波数据应包括储能电压、电流，至少保存 4 组储能录波文件。

6）具备分合闸动作录波功能，可录波分合闸动作时操作回路电压电流波形，录波点数不少于每秒 4000 点，录波启动条件包括超过操作电源电流启动阈值，或终端发出分合闸操作命令，结束条件为启动后 200ms，且至少应包含越限前 50ms，录波数据应包括分合闸动作时操作电压、电流，至少保存 8 组储能录波文件。

2.5.3 系统运行数据

1. 系统平台及功能

能源互联网信息架构平台层中最为核心的四个部分为业务中台和数据中台所组成的企业中台、物联管理平台、云平台及基础服务组件。

（1）企业中台。企业中台是一种实现公司核心资源共享化、服务化的理念和模式，从管理视角上强调“企业级”，站在企业级视角，破除系统建设的“部门级”壁垒，将资源、系统和数据上升为“企业级”，建立公司信息系统建设“企业级”统筹建设机制；从技术视角上强调“服务化”，将企业共性的业务和数据进行服务化处理，沉淀至企业中台，形成灵活、强大的共享服务能力，以微服务技术为基础，供前端业务应用构建或数据分析直接调用。企业中台包括业务中台和数据中台，其架构如图 2－27 所示，业务中台主要是沉淀和聚合业务共性资源，实现业务资源的共享和复用；数据中台主要是汇聚企业全局数据资源，为前端应用提供统一的数据共享分析服务。

电网资源业务中台主要是整合分散在各专业的电网设备、拓扑等数据，对输、变、配、用“物理一张网”进行数字建模，构建基于 SG－CIM 电网统一信息模型的“电网一张图”，融合数据中台“数据一个源”，将共性业务沉淀形成电网设备资源管理、资产（实物）管理、拓扑分析等共享服务，形成以电网拓扑为核心的“一图、多层、多态”的一站式共享服务，支撑调度、运检、营销等“业务一条线”，实现规划、建设、运行多态图形一源维护与应用。

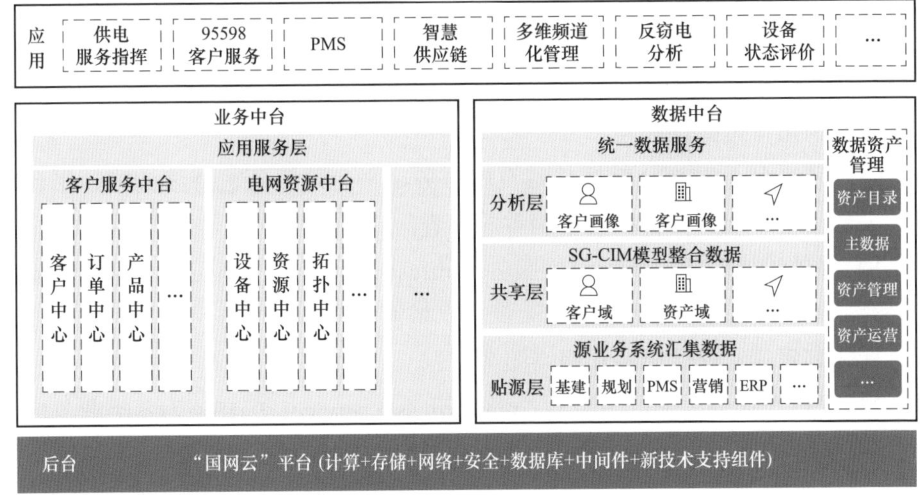

图 2-27 企业中台总体架构

数据中台定位于为各专业提供数据共享和分析应用服务，以全业务统一数据中心为基础，根据数据共享和分析应用的需求，沉淀共性数据服务能力，通过数据服务满足横向跨专业间、纵向不同层级间数据共享、分析挖掘和融通需求，支撑前端应用和业务中台服务构建。

（2）物联管理平台。物联管理平台实现对各型边缘物联代理、采集（控制）终端等设备的统一在线管理和远程运维，主要包括设备管理、连接管理、应用管理、模型管理、数据处理等功能，并通过开放接口向企业中台、业务系统等提供标准化数据。物联管理平台部署架构如图 2-28 所示。

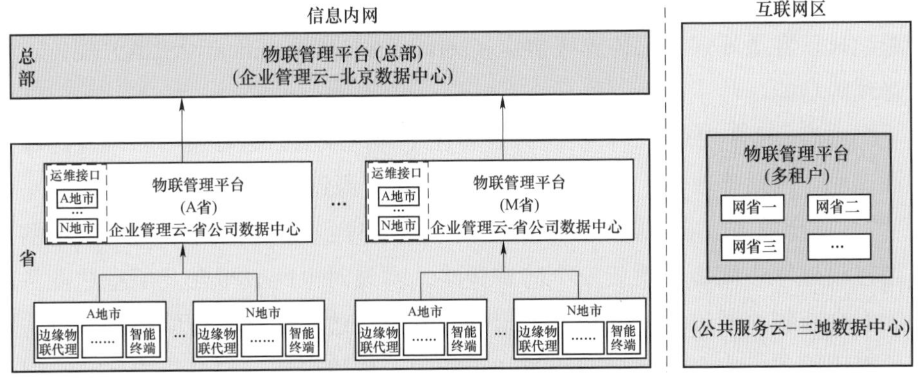

图 2-28 物联管理平台部署架构

物联管理平台采用“成熟产品＋定制开发”技术路线，基于成熟、可靠的产品和组件，结合电力行业特性开展定制化开发。

互联网企业物联管理平台功能相对完整、可靠性相对较高，但需结合电力行业特性与超大规模体量、复杂网络管理与运维要求，在边缘计算框架、设备管理、应用管理、模型管理、安全管理、兼容验证、协议适配、系统集成等方面进行定制化与适配性开发。

（3）云平台。云平台包括基础设施服务、平台即服务、持续构建、平台支撑、平台运营、统一云管和安全服务等内容。

1）基础设施服务。基础设施服务（infrastructure as a service，IaaS）是整个云平台的“底座”，提供通用的资源管理、资源调度和资源交付功能。其主要内容包括计算服务、存储服务和网络服务。

2）平台即服务。平台即服务（platform as a service，PaaS）为各类业务应用提供通用软件类支撑。PaaS 包括：

a. 中间件服务；

b. 数据库服务；

c. 人工智能服务。

3）持续构造。持续构建提供覆盖应用开发、测试、交付等全生命周期过程支持，支撑持续集成与持续部署，实现开发运行一体化，包括开发平台、自动集成、自动测试、自动化发布、云研发协同等服务。

4）平台支撑。平台支撑实现对电网云平台及所承载的业务应用的监控和运维能力，包括配置管理、统一日志服务、资源监控、服务监控、业务监控、调用链监控、事件处理等服务。

5）平台运营。平台运营实现建立电网云平台的运营门户，统一用户使用电网云的服务入口，包括服务目录、账户管理、服务开通、计量计费、租户管理、资源编排、容量规划、服务等级协定（service level agreement，SLA）配置、配额管理等功能。

6）统一云管。统一云管实现对部署在不同地域的云进行统一管理及跨域的资源调配，包括管理员入口、资源视图、跨域资源调度等功能。

7）安全服务。安全服务按照满足国家及电网公司相关要求构建，在电网云规划建设过程中同步落实云安全防护策略，实现对电网云平台及所承载业务应用的安全防护，通过主机安全、虚拟网络安全、边界安全、访问控制、日志审计、密码服务、安全基线、态势感知等能力，构建可控云安全防护体系，保障能源互联网各类业务和数据安全稳定运行。

（4）基础服务组件。基础服务组件包括电网地理信息系统（geographic information system，GIS）组件、视频流服务组件、数字身份服务组件与移动平台门户组件等内容。

1）电网 GIS 组件。电网 GIS 组件是构建在电网云之上的企业级公共服务平台。平台为公司提供统一地图服务和电网资源的结构化管理服务，通过二三维技术实现企业数字资源可视化，基于统一技术体系支撑公司各类业务应用对地图、位置服务、可视化数据资源管理需求。平台通过组件和应用框架实现基础地理信息数据和电网资源数据的服务发布，分别构建“统一地图服务”“电网 GIS 服务”支撑电网资源维护管理、电网资源可视化、基础地图服务三类业务应用。平台统一管理电网资源空间数据、拓扑数据及基础地理资源数据，支撑 8 个业务部门的 40 套业务应用。

2）视频流服务组件。视频流服务组件定位为公司级视频图像公共服务能力支撑组件，目标为提升公司视频图像数据整合汇聚、价值挖掘及共享应用能力。组件可通过内网、专网、互联网等方式接入前端视频采集设备，并提供桌面、大屏、移动多端展示能力，具备视频调阅、录像回放、图像采集、音视频互动、设备管理、平台管理、设备运维管理、存储管理、告警管理、告警联动等应用功能，支持通过典型应用控件、应用程序接口（API）等形式面向业务应用提供视频服务。

3）数字身份服务组件。数字身份服务组件是面向电网内、外部用户及用电企业，在开展线上与线下数字化业务时，提供身份识别、认证与鉴权、数据加密与保护、电子签名与签章等服务能力，它不仅是一个技术平，而且是以“身份安全”为核心构建的一套运营服务组织，对内提升能力，对外培育生态，通过持续的能力输出，助力公司构建能源行业的行业级身份服务体系。

4）移动平台门户组件。移动平台门户组件是内外网移动应用汇聚的统一平台，为员工提供统一的移动门户入口，拥有即时通信、应用商店、统一待办和新闻资讯等核心组件，为各部门、各专项活动提供宣传互动的渠道，承载通用办公、各业务域移动应用和基础增值服务，为应用提供统一安全防护、统一管控和统一评价的体系，推进办公、作业移动化，提高工作效率，是公司“大平台、微应用”的典型实践。

（5）应用层。

1）电网运行。聚焦提升电网规划、建设、检修等环节的生产安全及精益高效，重点包括深化营配贯通支撑、网上电网、同期线损管理基建全过程综合数字化管理，电网资产统一身份编码管理，安全生产风险管控、抽水蓄能全业务一体化管理等方面的应用。电网运行包括：

a. 营配贯通优化提升；

b. 网上电网；

c. 同期线损管理；

d. 基建全过程综合数字化管理；

e. 电网资产统一身份编码管理；

f. 安全生产风险管控；

g. 抽水蓄能全业务一体化管理。

2）优质服务。聚焦提升客户便捷性和获得感，主要包括电力营销 2.0、综合能源服务、新一代电力交易平台等方面的应用。包括：

a. 电力营销 2.0；

b. 综合能源服务；

c. 新一代电力交易平台。

3）管理精益。管理精益包括：

a. 人资 2.0；

b. 多维精益管理；

c. 新一代电费结算体系；

d. 现代（智慧）供应链；

e. 数字化审计；

f. 公司融媒体云；

g. 后勤智能保障管理。

4）新兴业务。聚焦公司业务拓展与创新探索，充分发挥公司电网基础设施、客户、数据、品牌等独特优势资源，大力培育和发展新能源云、多站融合发展、虚拟电厂运营、智慧车联网平台等新兴业务。

a. 新能源云；

b. 多站融合发展；

c. 虚拟电厂；

d. 智慧车联网平台。

支撑智能电网配电环节的是“两系统、一平台”（配电自动化系统、PMS3.0、智能化供电服务指挥平台）。通过业务 PMS3.0（中台）获取设备数据，通过自动化平台（含云平台）获取电网运行实时数据。

2. 配电运行数据采集与监测

依托配电网数据中心，推进省级配电自动化大四区主站（以下简称“云主站”）建设，构建省、地、县三级配电网运行管理功能布局，打造省域配电“全网一张图”的监视、运维、管控和展示管理平台，实现图模信息一体化、指标管控精益化、运行监视情景化、数据分析智能化。

（1）系统架构。

1）主站硬件架构。某配电自动化省级主站部署在管理信息大区，其硬件包括计算节点服务器 6 台、数据库服务器 2 台、磁盘阵列 1 套、配电加密认证装置 2 台、防火墙 4 套、工作站 2 台、新型数据隔离组件 1 套、配电物联安全接入网关 1 台、对时装置 1 套、主干网交换机 2 台、业务交换机 2 台和管理交换机 2 台。

在中台化平台硬件上部署虚拟化资源池，IaaS 层资源池为 PaaS、软件即服务（software as a service，SaaS）层提供云主机服务；关系数据库服务的硬件采用数据库服务器和阵列存储设备，部署国产数据库系统，为 PaaS 层提供基础数据存储服务；云内部组网采用万兆网络。配电自动化省级管控主站硬件架构如图 2－29 所示。

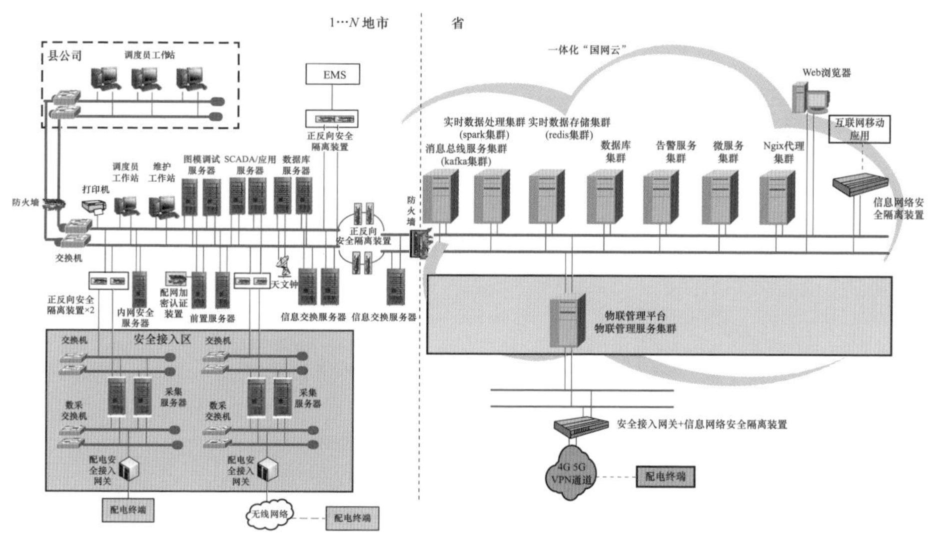

图 2－29 配电自动化省级管控主站硬件架构

2）主站软件架构。平台软件架构分三层，包括 IaaS 层、PaaS 层、SaaS 层。

a. 在 IaaS 层，主要利用平台提供的虚拟化资源管理。

b. 在 PaaS 层，在数据采集方面，提供了传统规约、物联接入以及其他采集等多种数据接入的方式，实现外部数据接入；在数据处理方面，提供了中压分布式数据采集和监视控制系统（supervisory control and data acquisition，SCADA）、低压 SCADA，完成中低压数据处理，并且提供了历史数据归档功能；在电网资源业务中台服务完善方面，主要完善测点管理中心、设备状态中心、电网拓扑中心、电网分析中心等，通过业务中台功能的完善，支撑上层应用功能访问平台数据资源开展相关业务分析以及对设备的管理与操作。

c. 在SaaS层，可以根据业务需要开展相关应用场景搭建以及微应用的研发。

配电自动化省级管控主站软件架构如图2－30所示。

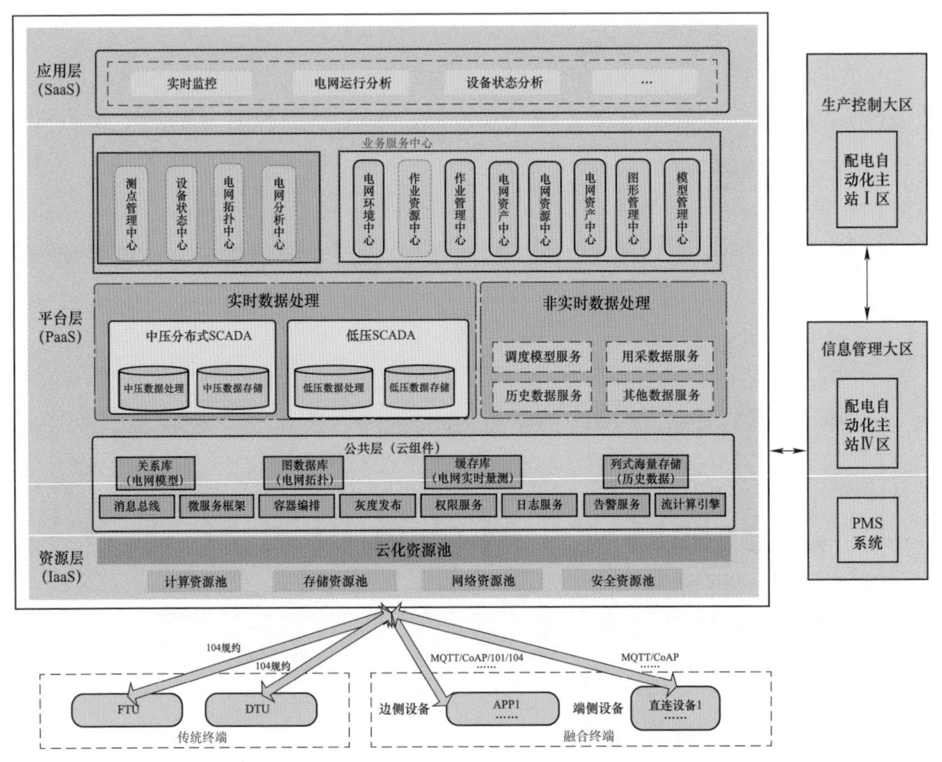

图2－30　配电自动化省级管控主站软件架构

（2）功能架构。系统功能模块部署在SaaS层，采用面向服务架构的微服务架构模式实现应用的服务化部署。功能构架示意图如图2－31所示。

1）云主站软件。

a. 基础平台服务，包括数据组件、大数据服务、云中间件、云服务中心、运维管理等。

b. 平台应用服务，包括模型管理、数据管理、分布式实时处理、数据服务、拓扑服务、权限管理与权限服务、告警服务、报表服务等。

c. 面向物联网的数据采集。实现配电网数据的采集，支持多类型终端的接入，支持环境监测数据的采集，支持大数据量采集。

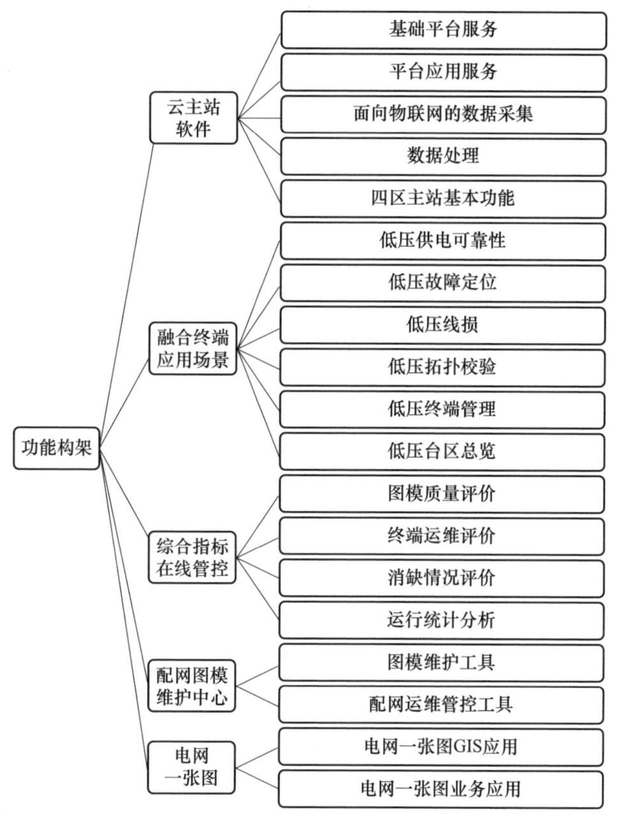

图 2-31 功能构架示意图

支持中低压架空线路、中低压电缆线路、配电变压器、新能源设备、开关与隔离开关等配电网一次设备监测数据采集；支持 DTU、线路监测终端、TTU、智能配电变压器终端［包含配电柜（箱）内智能配电变压器终端］、表箱侧末端采集终端、漏电保护器等配电网二次设备运行数据采集；支持配电网开关站、配电房、环网柜等设备相关环境监测数据采集；大数据量采集，应满足大数据量采集的实时响应需要，支持数据负载均衡采集负载均衡和处理；支持光纤、无线等通信方式。

d. 配电网数据处理，包括低压数据处理、中压数据处理、数据质量校验、画面标识等。

e. 四区主站基本功能。

2）融合终端应用场景。

a. 低压供电可靠性。通过融合终端采集配电网变压器停复电记录、HPLC 智能电能表、表箱采集器的停电事件记录，并将低压停电户数、停复电时间、停复电信息，计算实时的低压供电可靠性，并对可靠性指标进行分类统计和展示。

b. 低压故障定位。低压故障定位功能，基于融合终端结合低压智能断路器/低压智能分路监测单元、分支箱监测设备、用户侧监测装置，并结合从 PMS 获取的低压拓扑关系，在低压台区图上可视化展示停电或故障信号分布，高亮显示故障影响范围和疑似故障区域。

c. 低压线损。低压线损管理应用运用低压拓扑自主识别技术，采用融合终端和一、二次深度融合开关，实现对各节点的供入电量、供出电量、线损和线损率分时统计、日统计和月统计，进行线损分析并形成异常告警。

d. 低压拓扑校验。低压拓扑校验应用是通过部署新型融合终端，一、二次深度融合低压开关，低压故障指示器等物联网感知设备，利用 IP 化 HPLC 技术，实现配电变压器与下属节点的双向识别。遵循国家电网公司泛在配电物联网智能终端模型规范，依托融合终端的边缘计算能力，形成台区拓扑文件并上送至云主站，云主站解析拓扑文件并与 PMS 系统低压拓扑图进行对比校验，核实差异位置，提醒设备主人核实信息准确性。

e. 低压终端管理。低压终端管理应用实现对配电网环境按照低压故障指示器、融合终端等终端进行设备接入、运行监控和数据分析等功能。可实现终端运行工况、终端运行统计（正常、调试、缺陷）、基础信息、终端参数调阅、终端文件召唤、终端软件升级，终端对时、电池状态、通信流量等信息查询。

f. 低压台区总览。全景展示全部台区及单个台区的实时运行情况以及历史统计情况。包括台区台账信息、台区健康状态、台区实时量测、台区运行信息等。

3）综合指标在线管控。

a. 图模质量评价。对设备台账、模型和图形的考核，推进配电主站模型与 PMS 模型的统一。

b. 终端运维评价。包括终端覆盖率、终端接入率、终端月平均在线率等。

c. 消缺情况评价。对缺陷处理进度设定管控周期，依据管控周期评价考核缺陷处理进度。

d. 运行统计分析。将配电网按照省、市、县三级分别统计基础台账，以及对基础台账运行情况进行统计与分析。

4）配电网图模维护中心。

a. 图模维护工具。存量及增量数据同步，配电网图模维护，配电网异动闭环管理、自动成图。

b. 配电网运维管控工具。图模完整性校验、图模规范性校验、图模一致性校验、拓扑连通性校验、数据质量管控。

5）电网一张图。

a. 电网一张图 GIS 应用。基于营配统一模型，构建配电网一张图，提供基于 GIS 平台地图服务，叠加和展示变电站到配电网末端及用户的全网数据，提供图形浏览、地图缩放、图层控制、设备搜索、导航等基础能力。

b. 电网一张图业务应用。根据电网一张图业务应用需求，进行服务聚合和封装，提供基于配电网一张图供电范围分析、供电路径分析等共性业务服务和组件，支撑具体化业务应用。

（3）数据架构。云主站采用两种数据流转方式，数据直采与其他系统信息交互结合的模式。配电自动化省级管控主站系统数据流模式如图 2－32 所示。

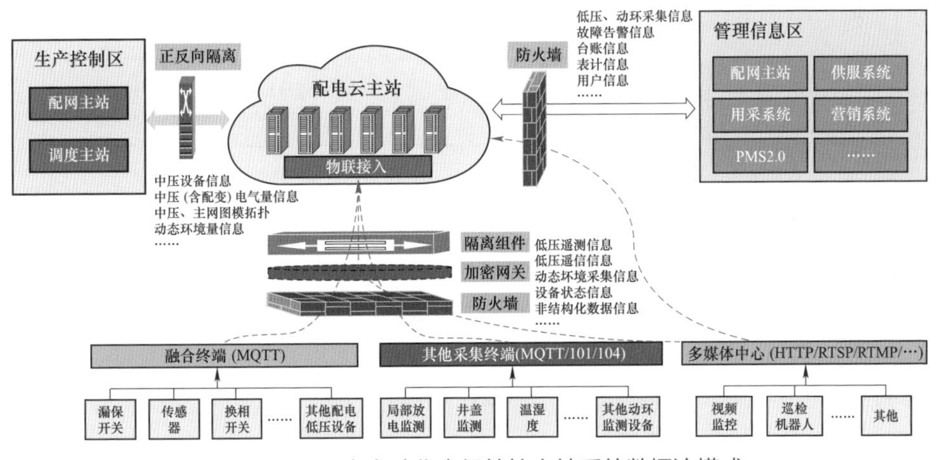

图 2－32　配电自动化省级管控主站系统数据流模式

终端/设备上送数据至配电自动化省级管控主站。主站提供物联接入服务，接入设备开放，支持多类型、多协议、多层级海量终端/设备的接入与管理，实现物联接入。

Ⅰ区系统数据：地市配电自动化主站Ⅰ区，省级和地市级调度系统Ⅰ区。Ⅳ区系统数据：省级和地市级供服系统、用采系统、PMS 系统、营销系统及并列运行期间的配电自动化主站Ⅳ区系统。

（4）部署架构。系统部署在国家电网××电力有限公司智能配电网中心机房内，本系统工作站与系统服务器位于同一空间。各地市Ⅰ区、Ⅳ区系统分别位于地市公司，省级Ⅰ区、Ⅳ区系统一部分位于国家电网××电力有限公司大楼内，一部分位于国家电网××智能配电网中心。

（5）集成架构。省级主站通过综合数据网与其他系统进行交互，如图2-33所示。现省级配电自动化主站与地市配电自动化主站Ⅰ区和Ⅳ区以及PMS系统交互。中、远期省级配电自动化主站与省级和地市级其他Ⅰ区（调度）和Ⅳ区（供服系统，包括营销、用采系统等）系统交互。

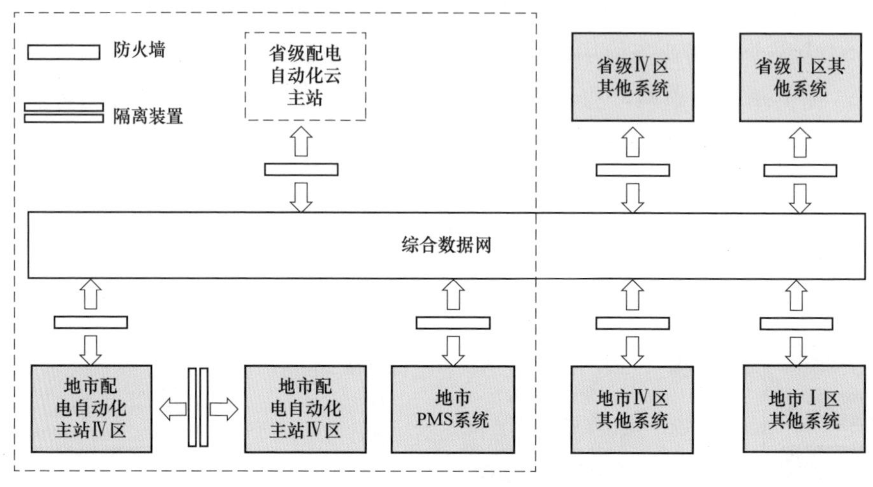

图2-33 集成构架示意图

1）与各地市配电自动化主站接口服务。当前各地市配电自动化主站采用$N-N$的构建模式，可将各地市主站图形、模型、运行数据通过千兆交换机，全部上传到配电自动化省级管控主站，实现中低压图形数据、模型数据、中压配电网数据处理结果、告警、故障、缺陷、负载异常等故障分析数据、配电终端数据及物联网环境信息的接入。

2）与PMS系统接口服务。配电自动化省级主站与省级和地市级PMS系统建立接口，从PMS系统抽取配电网设备台账信息，主要包括：配电变压器、配电开关、配电隔离开关、配电母线等设备类型。

3）与供电服务指挥系统的接口服务。配电自动化省级主站通过与省级和地市级供电服务指挥系统打通接口，将全省的低压运行数据、实时告警数据传递到供电服务指挥系统，在供电服务指挥系统中完成低压故障的主动抢修流程处理。

4）与调度、营销等部门系统接口服务。配电自动化省级主站与省级和地市级调度、营销等业务部门的自有系统建立接口，在营配贯通、调配贯通的条件下实现数据互通，信息共享。

（6）安全架构。系统的安全架构包括基础设施安全、应用系统安全和数据保密安全。

1）基础设施安全。服务器、操作系统都要用正规的高质量的，安装杀毒软件防火墙，使用攻击检测系统。

2）应用系统安全。系统开发过程中，应当事先了解并处理大部分常见的安全问题。

3）数据保密安全。

a. 存储安全，存在可靠的设备，实时、定时备份，机房应采取闭路电视、门禁、消防灭火等安全措施。

b. 保存安全，重要的信息加密保存，选择合适的人员负责保存和检测等。

c. 传输安全，防止数据窃取和数据篡改。

d. 防重放机制。

3　配电网设备数字化建设

配电网设备数字化建设以配电自动化系统和配电物联体系作为两大支撑。其中，对于中压配电网设备以配电自动化系统作为技术支撑，通过 DTU、FTU、故障指示器等配电自动化终端，实现对中压配电网的测量、监视、控制、保护、自愈等功能。对于低压配电网设备以配电物联体系作为技术支撑，通过智能 TTU、低压台区智能融合终端、智能站房辅助设备等低压传感设备，实现低压台区、站房的可观、可测、可控等智能化功能。

配电自动化系统一般由配电自动化主站、相关配电通信系统及配电自动化终端构成。配电自动化终端采集一次设备的状态量和运行数据，通过通信系统将相关信息上送至配电自动化主站；配电自动化主站可通过通信系统将控制命令下达给配电自动化终端，由终端控制一次设备的运行状态，从而实现配电自动化“遥信”“遥测”“遥控”等。

本章将以“云－管－边－端”为主线，从配电网数字化主站建设、通信建设和终端建设三个方向对配电网设备数字化建设情况进行介绍。

3.1　配电网数字化主站建设

配电网数字化主站建设紧扣国家电网公司新一代设备资产精益管理系统（PMS3.0）顶层设计要求和工作推进部署，以“三区四层”架构为主要指导，以数字化创新应用为驱动，结合各省公司实际，实施数字赋能工程，依托企业中台，将数字化充分融入电网业务、融入设备管理、融入基层一线，开展样板间、数字化班组、生产指挥平台等应用建设，有力推动设备管理数字化转型。国家电网公司企业级平台的整体架构如图 3－1 所示。

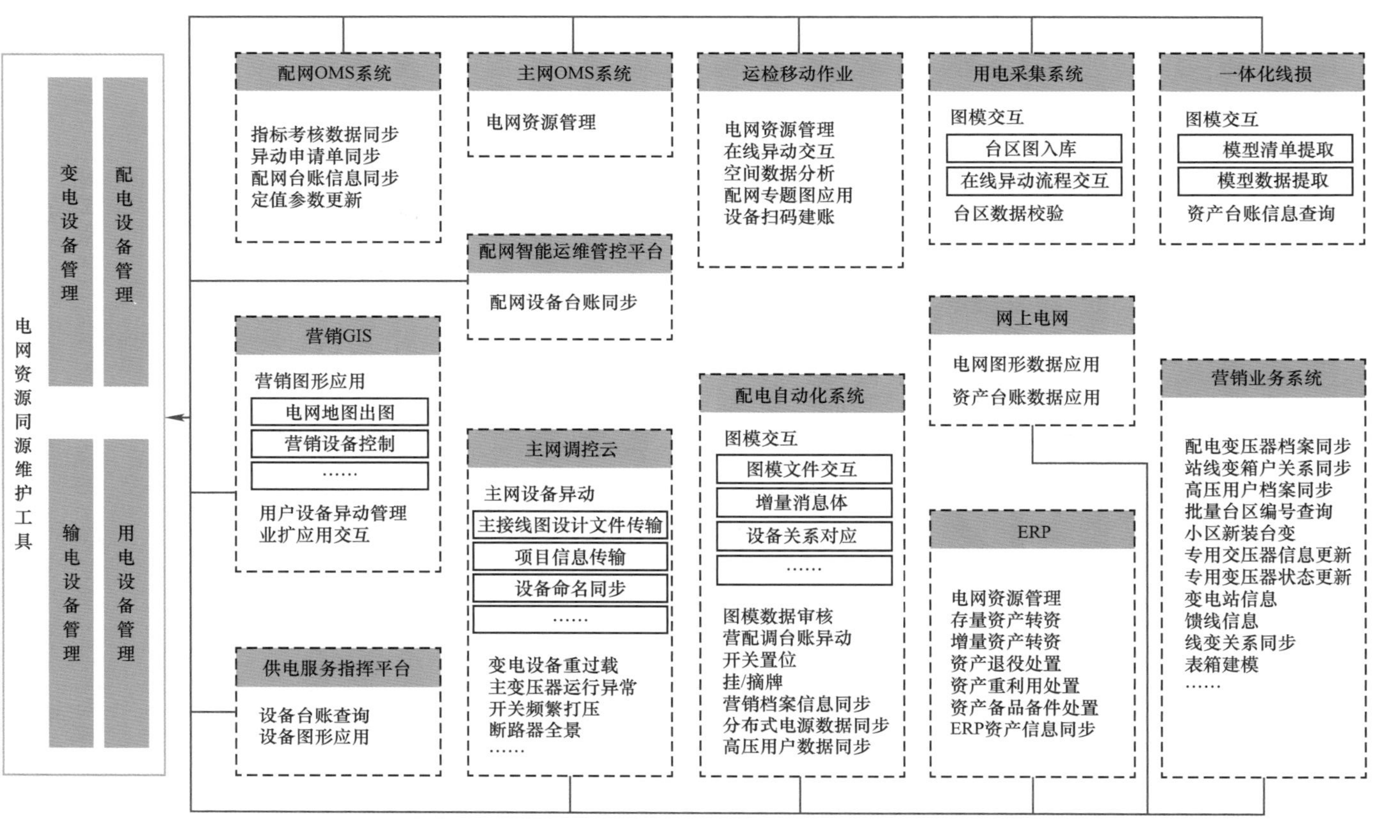

图3-1 企业级平台整体架构

3.1.1 云平台

云平台包括基础设施、平台服务、持续构建、平台运营、平台支撑、统一云管和安全服务等内容。

IaaS 是整个国家电网公司云平台的“底座”，提供通用的资源管理、资源调度和资源交付功能。主要内容包括计算服务、存储服务和网络服务。其中计算服务为各类平台和业务应用提供计算资源，包括裸服务器、虚拟机、容器等通用计算资源服务，并实现计算资源的弹性伸缩；提供高性能计算集群、GPU 服务器、FPGA 服务器等服务，以实现对高性能计算、人工智能等场景的支持；实现对存量虚拟化环境的纳管接入，实现存量资源池的利旧管理。存储服务为数据中台、物联管理平台等平台和各类业务应用提供存储资源，包括分布式文件系统、块存储、对象存储、文件存储、备份等服务；实现对集中存储的统一纳管接入；提供数据迁移上云服务。网络服务为各类平台和业务应用提供网络资源，包括虚拟网络、虚拟路由器、虚拟防火墙、负载均衡、NAT 网关、域名等服务，以实现软件定义网络；提供 IPv6 支持，提供内容分发网络服务。

PaaS 为各类业务应用提供通用软件类支撑。其中中间件服务提供应用通用运行环境或运行框架，包括云应用中间件、分布式服务总线、分布式事务、消息队列等服务。数据库服务提供各类数据存储服务，包括关系型数据库、分布式关系型数据库、时序数据库、内存数据库、文档数据库、图数据库、列式数据库、缓存等服务。人工智能服务提供人工智能算法训练平台和通用算法库，支撑基于场景的人工智能算法设计、训练、发布和调用管理；提供语音识别、语义分析、图像识别、人脸识别等通用服务。

持续构建提供覆盖应用开发、测试、交付等全生命周期过程支持，支撑持续集成与持续部署，实现开发运行一体化，包括开发平台、自动集成、自动化测试、自动化发布、云研发协同等服务。

平台支撑实现对国家电网公司云平台及所承载的业务应用的监控和运维能力，包括配置管理、统一日志服务、资源监控、服务监控、业务监控、调用链监控、事件处理等服务。

平台运营实现建立国家电网公司云平台的运营门户，统一用户使用国家电网公司云的服务入口，包括服务目录、账户管理、服务开通、计量计费、租户管理、资源编排、容量规划、SLA 配置、配额管理等功能。

统一云管实现对部署在不同地域的云进行统一管理及跨域的资源调配，包括管理员入口、资源视图、跨域资源调度等功能。

安全服务按照满足国家及国家电网公司相关要求构建，在国家电网公司云规划建设过程中同步落实云安全防护策略，实现对国家电网公司云平台及所承载业务应用的安全防护，通过主机安全、虚拟网络安全、边界安全、访问控制、日志审计、密码服务、安全基线、态势感知等能力，构建可控云安全防护体系，保障能源互联网各类业务和数据安全稳定运行。

3.1.2 基础服务组件

基础服务组件包括电网 GIS 组件、视频流服务组件、数字身份服务组件与移动平台门户组件等内容。

电网 GIS 组件是构建在国家电网公司云之上的企业级公共服务平台。平台为公司提供统一地图服务和电网资源的结构化管理服务，通过二三维技术实现企业数字资源可视化，基于统一技术体系支撑公司各类业务应用对地图、位置服务、可视化数据资源管理需求。平台通过组件和应用框架实现基础地理信息数据和电网资源数据的服务发布，分别构建“统一地图服务”“电网 GIS 服务”支撑电网资源维护管理、电网资源可视化、基础地图服务三类业务应用。平台统一纳管了电网资源空间数据、拓扑数据及基础地理资源数据，支撑了 8 个业务部门的 40 套业务应用。

视频流服务组件定位为公司级视频图像公共服务能力支撑组件，目标为提升公司视频图像数据整合汇聚、价值挖掘及共享应用能力。组件可通过内网、专网、互联网等方式接入前端视频采集设备，并提供桌面、大屏、移动多端展示能力，具备视频调阅、录像回放、图像采集、音视频互动、设备管理、平台管理、设备运维管理、存储管理、告警管理、告警联动等应用功能，支持通过典型应用控件、API 接口等形式面向业务应用提供视频服务。

数字身份服务组件是面向电网内、外部用户及用电企业，在开展线上与线下数字化业务时，提供身份识别、认证与鉴权、数据加密与保护、电子签名与签章等服务能力，它不仅仅是一个技术平台，而是以“身份安全”为核心构建的一套运营服务组织，对内提升能力，对外培育生态，通过持续的能力输出，助力公司构建能源行业的行业级身份服务体系。

移动平台门户组件是内外网移动应用汇聚的统一平台，为员工提供统一的移动门户入口，拥有即时通信、应用商店、统一待办和新闻资讯等核心组件，为各部门、各专项活动提供宣传互动的渠道，承载通用办公、各业务域移动应用和基础增值服务，为应用提供统一安全防护、统一管控和统一评价的体系，推进办公、作业移动化，提高工作效率，是公司“大平台、微应用”的典型实践。

3.1.3 企业中台

企业中台是一种实现公司核心资源共享化、服务化的理念和模式，从管理视角上强调“企业级”，站在企业级视角，破除系统建设的“部门级”壁垒，将资源、系统和数据上升为“企业级”，建立公司信息系统建设“企业级”统筹建设机制；从技术视角上强调“服务化”，将企业共性的业务和数据进行服务化处理，沉淀至企业中台，形成灵活、强大的共享服务能力，以微服务技术为基础，供前端业务应用构建或数据分析直接调用。企业中台包括业务中台和数据中台，业务中台主要是沉淀和聚合业务共性资源，实现业务资源的共享和复用；数据中台主要是汇聚企业全局数据资源，为前端应用提供统一的数据共享分析服务。企业中台总体架构如图 3－2 所示。

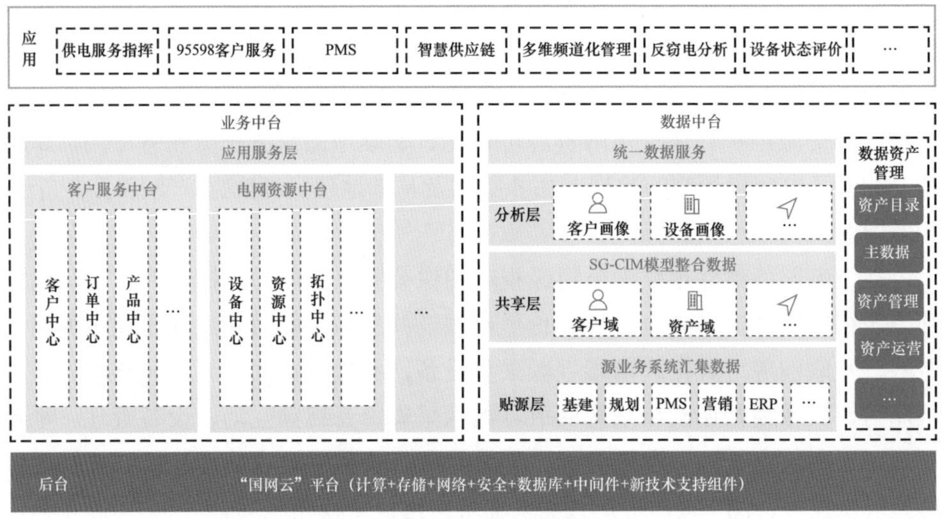

图 3－2 企业中台总体架构

1. 业务中台

业务中台是将具有共性特征的业务沉淀形成企业级共享服务中心，各业务系统不再单独建设共性应用服务，直接调用业务中台服务，实现各业务前端应用快速构建和迭代。业务中台建设是一个逐渐积累、不断丰富的过程，需要持续迭代开展。从管理上看，是跳出单业务条线并站在企业全局开展公司信息系统“企业级”统筹建设，沉淀共性业务能力，实现以客户为中心的快速迭代与创新。从技术和数据角度看，是站在企业整体视角对跨多业务领域、核心、共性、标准、稳态的可共享业务对象、业务数据和业务活动沉淀形成的一系列业务处理服务，是在处理域实现的企业级共享服务中心。基于业务中台开展的“一标准”“三层次”“四清单”生产成本精益化应用建设，以设备维修清册和工作任务单为载体，实现生产成本在设备层的归集与分摊。业务中台如图 3－3～图 3－5 所示。

图 3－3　业务中台—生产成本精益化应用建设—站线层成本量化

运检工单成本量化-设备层分摊量化

序号	维护班组	设备类型	设备名称	年度	月度	资产价值	站线名称	分摊成本(元)	
								自营人工分摊	台账分摊
6	马坡供电所	柱上变压器	上花1#变	2021	12	14425.64	35kV上花变电站111上花线	0.00	25.79
7	秦岭供电所	柱上变压器	10kV大柳树2号配变	2021	12	0.00	35kV秦岭变113牡丹线	0.00	0.00
8	马坡供电所	柱上变压器	槐泥河1#	2021	12	4302.26	35kV王家湾变电站121王水线	0.00	7.69
9	盐官供电所	柱上变压器	大树1#柱上变压器	2021	12	0.00	114盐宽线	0.00	0.00
10	马坡供电所	柱上变压器	二队场变	2021	12	0.00	35KV马坡变电站115马张线	0.00	0.00
11	马坡供电所	柱上变压器	阳山变	2021	12	15869.73	35KV马坡变电站112马上线	0.00	28.38
12	积石山变电运检班	火灾自动报警系统	火灾报警系统	2021	12	0.00	35kV安集变电站	0.00	0.00
13	马坡供电所	柱上变压器	丁家庄变	2021	12	12287.89	35kV银山变电站111银山线	0.00	21.97
14	崆峒变电运维班	变压器保护	1#变压器本体保护	2021	12	0.00	110kV平凉变电站	0.00	0.00
15	庄浪变电运维班	变压器保护	#1主变主保护	2021	12	0.00	35kV朱店变电站	0.00	0.00
16	庄浪变电运维班	隔离开关	112甲隔离开关	2021	12	15766.77	35kV朱店变电站	152.75	0.00

共 331148 条　20条/页　1 2 3 4 5 6 … 16558　前往 1 页

图 3－4　业务中台—生产成本精益化应用建设—运检工单成本量化

客户服务业务中台是公司企业级中台的重要组成，旨在聚合公司客户侧资源，实现营销、交易、产业、金融等多业务板块间资源共享、交叉赋能，牵引各板块业务快速发展；融合跨专业流程，将共性业务沉淀形成客户中心、订单中心、服务中心等共享服务，支撑营销客户服务、综合能源服务、产业金融等前端业务的快速响应、灵活构建，面向客户打造具有互联网生态特征的业务群。

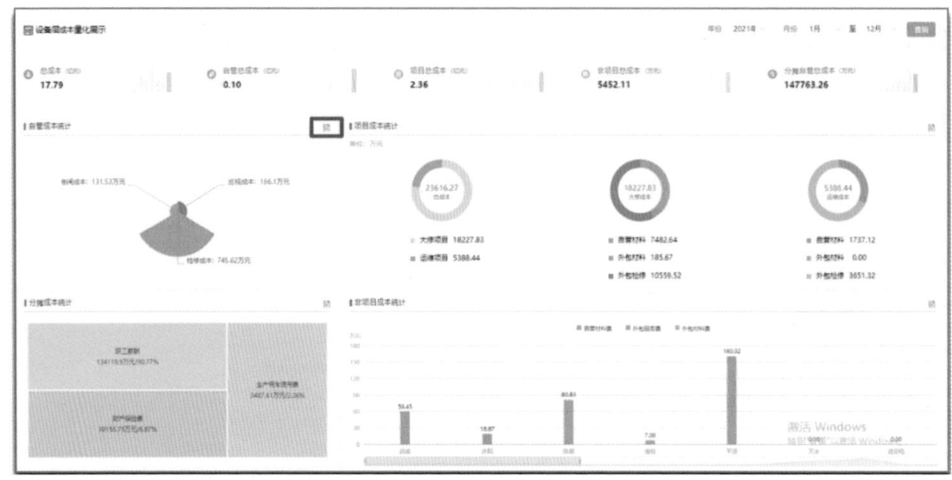

图 3-5　业务中台—生产成本精益化应用建设—设备层成本量化

电网资源业务中台主要是整合分散在各专业的电网设备、拓扑等数据，对输、变、配、用“物理一张网”进行数字建模，构建基于 SG-CIM 电网统一信息模型的“电网一张图”，融合数据中台“数据一个源”，将共性业务沉淀形成电网设备资源管理、资产（实物）管理、拓扑分析等共享服务，形成以电网拓扑为核心的“一图、多层、多态”的一站式共享服务，支撑调度、运检、营销等“业务一条线”，实现规划、建设、运行多态图形一源维护与应用。电网资源业务中台如图 3-6 所示。

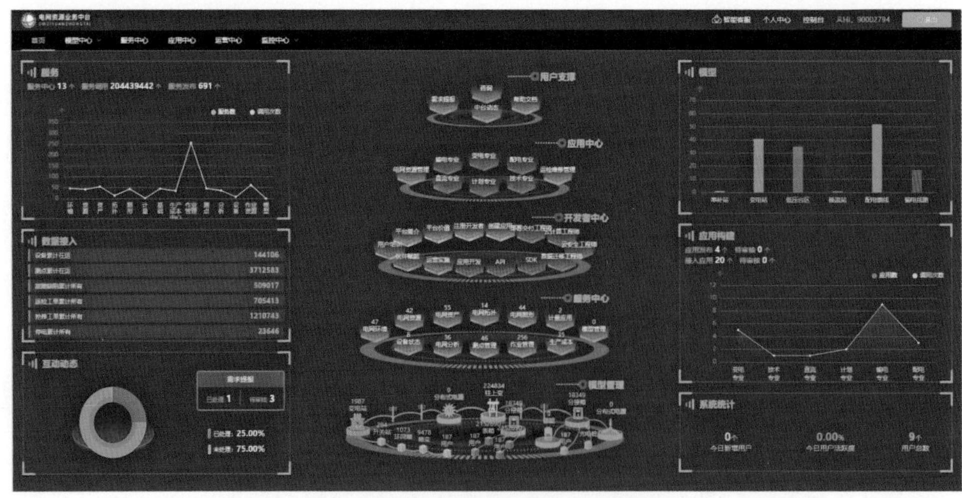

图 3-6　电网资源业务中台

2. 数据中台

数据中台是聚合跨域数据，对数据进行清洗、转换、整合，沉淀共性数据服务能力，以快速响应业务需求，支撑数据融通共享、分析挖掘、数据资产运营。数据中台是在全业务统一数据中心管理域和分析域的基础上，进一步提升数据接入整合、共享分析、资源管理等能力构建而成，主要包括贴源层、共享层、分析层、统一数据服务、数据资产管理、数据安全管理等。通过数据中台实现数据“接存管用”全过程管理，形成数据业务化、业务数据化的动态反馈闭环，创造业务价值。

数据中台定位于为各专业提供数据共享和分析应用服务，以全业务统一数据中心为基础，根据数据共享和分析应用的需求，沉淀共性数据服务能力，通过数据服务满足横向跨专业间、纵向不同层级间数据共享、分析挖掘和融通需求，支撑前端应用和业务中台服务构建。

3.1.4 国家电网公司配电网自动化主站

配电网自动化主站是配电自动化系统的核心，主要实现配电网数据采集与监控等基本功能，对配电网进行分析、计算与决策，并与其他应用信息系统进行信息交互，为配电网生产运行提供技术支撑。国家电网公司福建配电自动化云主站如图 3－7 所示。

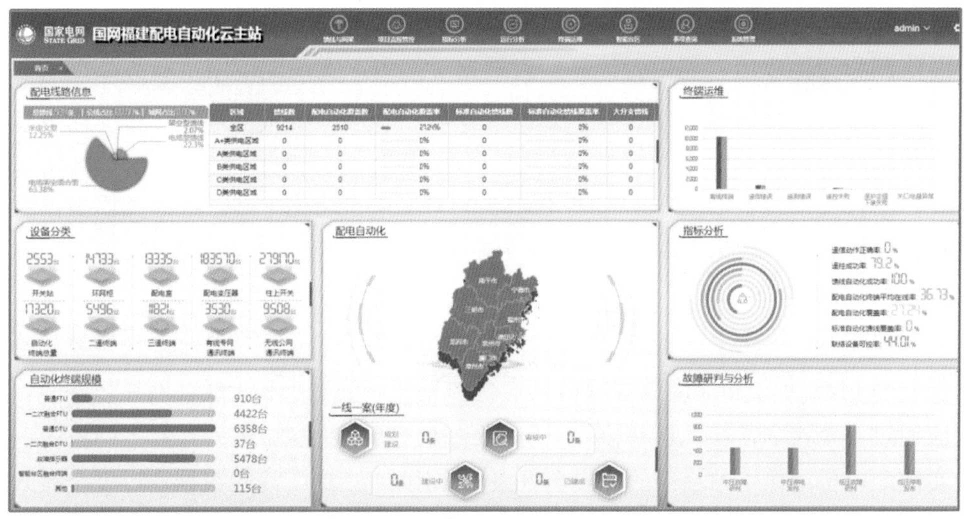

图 3－7 国家电网公司福建配电自动化云主站

1. 明确系统定位

智能配电网建设主要包括“智能感知、数据融合、智能决策”三个方面，配电自动化系统作为配电网智能感知的重要环节，以配电网调度监控和配电网运行状态采集为主要应用方向；PMS2.0 作为运检业务支撑系统，以静态电网数据和配电网运检业务流程为主要应用方向；配电网智能化运维管控系统作为智能决策的一部分，基于统一大数据平台，实现配电网的智能运维管控，以智能分析、辅助决策、智能穿透管控为主要应用方向。

2. 改进系统架构

按照“地县一体化”构建新一代配电自动化主站系统；在遵循主站安全分区原则的前提下，实现“二遥”数据管理信息大区采集应用，满足配电自动化快速覆盖的需要；主站建设模式充分考虑系统维护的便捷性和规范性，做到省公司范围内主站建设“功能应用统一、硬件配置统一、接口方式统一、运维标准统一。”

主站建设分为三种方式：一是生产控制大区分散部署、管理信息大区集中部署方式；二是生产控制大区、管理信息大区系统均分散部署方式；三是生产控制大区、管理信息大区系统集中部署方式。已建配电自动化主站应逐步完成向新一代配电自动化主站的平滑升级工作。

3. 充分共享数据

将配电自动化系统采集的配电网运行数据与 PMS2.0 等业务系统进行共享，建设配电网智能化运维管控系统，实现低电压、重过载、设备故障等信息的全面监测和深化应用。利用云计算、大数据等技术，实现配电网全业务数据的总部、省、市、县四级可视化展示和在线分析，为配电网精益管理和精准投资奠定基础。

结合大馈线整治工作，完成 PMS2.0 与配电自动化主站系统的图模数据共享，确保配电自动化系统与 PMS2.0 图形拓扑保持一致。

4. 完善安全防护

在配电自动化主站系统与主网 EMS 系统之间加装正反向物理隔离装置，确保主网 EMS 系统和调度数据网信息安全；光纤通信站点和无线公网通信站点，应通过安全接入区接入配电自动化系统主站，防止从终端通信入侵主站系统；实现配电自动化主站系统的分安全区采集应用，“三遥”终端数据通过安全接入区接入生产控制大区采集应用部分，“二遥”终端数据通过安全隔离组件接入管理信息大区部分；严格落实公司信息安全相关规定，采用非对称加密、数字签名等技术，进一步加强配电终端接入系统安全防护。

3.1.5 国家电网公司用电信息采集系统

用电信息采集系统（用采 2.0）是通过对配电变压器和终端用户的用电数据的采集和分析，实现用电监控、推行阶梯定价、负荷管理、线损分析，最终达到自动抄表、错峰用电、用电检查（防窃电）、负荷预测和节约用电成本等目的。用采 2.0 系统基于国家电网公司江苏电力统一物联平台构建，兼容现场存量终端，建设客户侧能源物联网，作为物联平台在营销专业的示范应用，建成“云端协同、边缘自治、业务双向”的新一代用采系统。全面建设用电信息采集系统，可以实现对所有电力用户和关口的全面覆盖，实现计量装置在线监测和用户负荷、电量、电压等重要信息的实时采集，及时、完整、准确地为有关系统提供基础数据，为企业经营管理各环节的分析、决策提供支撑，为实现智能双向互动服务提供信息基础。国家电网公司用采 2.0 登录主页如图 3－8 所示。

图 3－8　用采 2.0 登录主页

国家电网公司用电信息采集系统在功能设计时，综合考虑了业务处理、业务管控和软件开发迭代的需求，共划分为运维管理、基础应用、新型应用、共享应用、运行管理和非业务性功能六大类，用采 2.0 功能设计架构如图 3－9 所示。在核心业务方面，用采 2.0 主要有三大功能。

1. 采集运维自动化

在满足现有用采系统采集运维管理业务以及衍生业务应用需求的基础上，适应新形势下营销业务总体发展要求，通过管理创新和采用新的技术手段，通过设备安装业务设计实现“设备全自动化调试、远程自动接入用采系统”，通过运行维护业务设计以实现“设备正常稳定运行、全量数据采集高效、设备交互准确实时”。

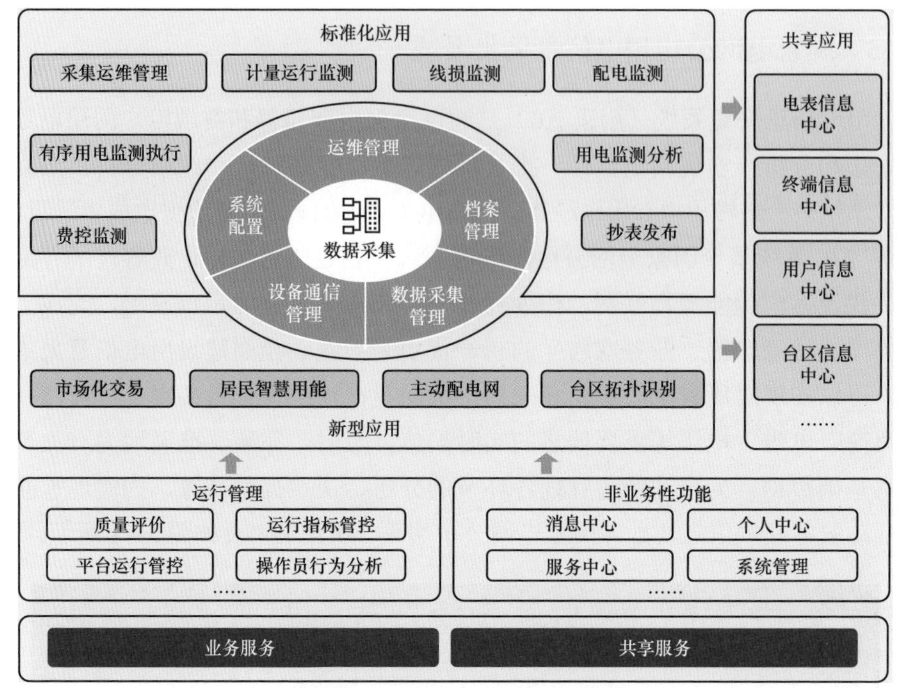

图 3–9 用采 2.0 功能设计架构

2. 运行监测智能化

（1）计量运行监测涵盖了原用采 1.0 的计量在线监测、电能表时钟管理、电能表费率时段管理，并创新增加电能表新增更换专项监测等功能，实现对现场运行计量装置监测的全覆盖。

（2）计量异常计算从原先的两天缩短到分钟级实时研判。通过分析采集数据、定期巡检、接收其他专业推送的异常消息等方式，对在运的计量装置的实施全面监测，跟踪消缺过程，实现闭环管理。

3. 线损监测个性化

（1）用采 2.0 线损监测以分钟级采集、海量数据运算等系统基本能力迭代为基础，设计能够满足于当前业务并能够灵活适应未来业务变化的全新系统架构及系统功能。

（2）实现按小时线损计算，支持单台区分钟级的线损统计，提高线损分析的频度。

（3）基于 HPLC 技术，构建台区下分相线损模型，实现分相线损统计，对配电变压器低压侧的三相线损分别进行监测，为台区线损分析提供更精细化的支撑。

（4）计算台区线损的合理区间，优化台区线损指标的设定，结合台区履历信息，形成一台区一画像。

（5）基于台区线损的合理区间、皮尔逊算法等辅助分析算法，智能研判异常消缺的优先级，基于 HPLC 技术，实现台区户变关系异常分析，辅助发现考核单元异常，实现异常智能研判。

用采 2.0 的建设，实现了数据共享，统一了公司电量数据管理。构建采集电量发布平台，由每日通过采集系统统一发布省、地、县各级各类关口采集底码、倍率和电量，并通过省公司数据中心传递给调控、交易、配电网、发策等部门，实现关口电量来源统一，确保数据一致。国家电网公司正在进一步扩大智能表应用覆盖范围，缓解城乡合表居民用电矛盾，减轻人民群众不合理电费负担，提高电网智能化水平。

3.1.6 国家电网公司物联网主站

物联管理平台实现对各型边缘物联代理、采集（控制）终端等设备的统一在线管理和远程运维，主要包括设备管理、连接管理、应用管理、模型管理、数据处理等功能，并通过开放接口向企业中台、业务系统等提供标准化数据。物联管理平台部署架构如图 3－10 所示。

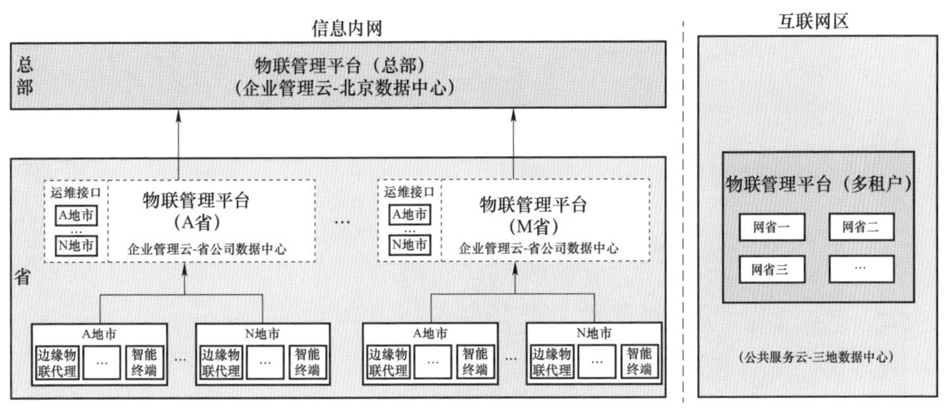

图 3－10　物联管理平台部署架构

物联管理平台采用“成熟产品＋定制开发”技术路线，基于成熟、可靠的产品和组件，结合电力行业特性开展定制化开发。

互联网企业物联管理平台功能相对完整、可靠性相对较高，但需结合电力行业特性与超大规模体量、复杂网络管理与运维要求，在边缘计算框架、设备管理、应用管理、模型管理、安全管理、兼容验证、协议适配、系统集成等方面进行定制化与适配性开发。

3.2 配电网数字化通信建设

3.2.1 国家电网公司数字化通信总体架构

国家电网公司配电数字化通信网主要包括远程通信网和本地通信网两个部分，如图 3－11 所示。

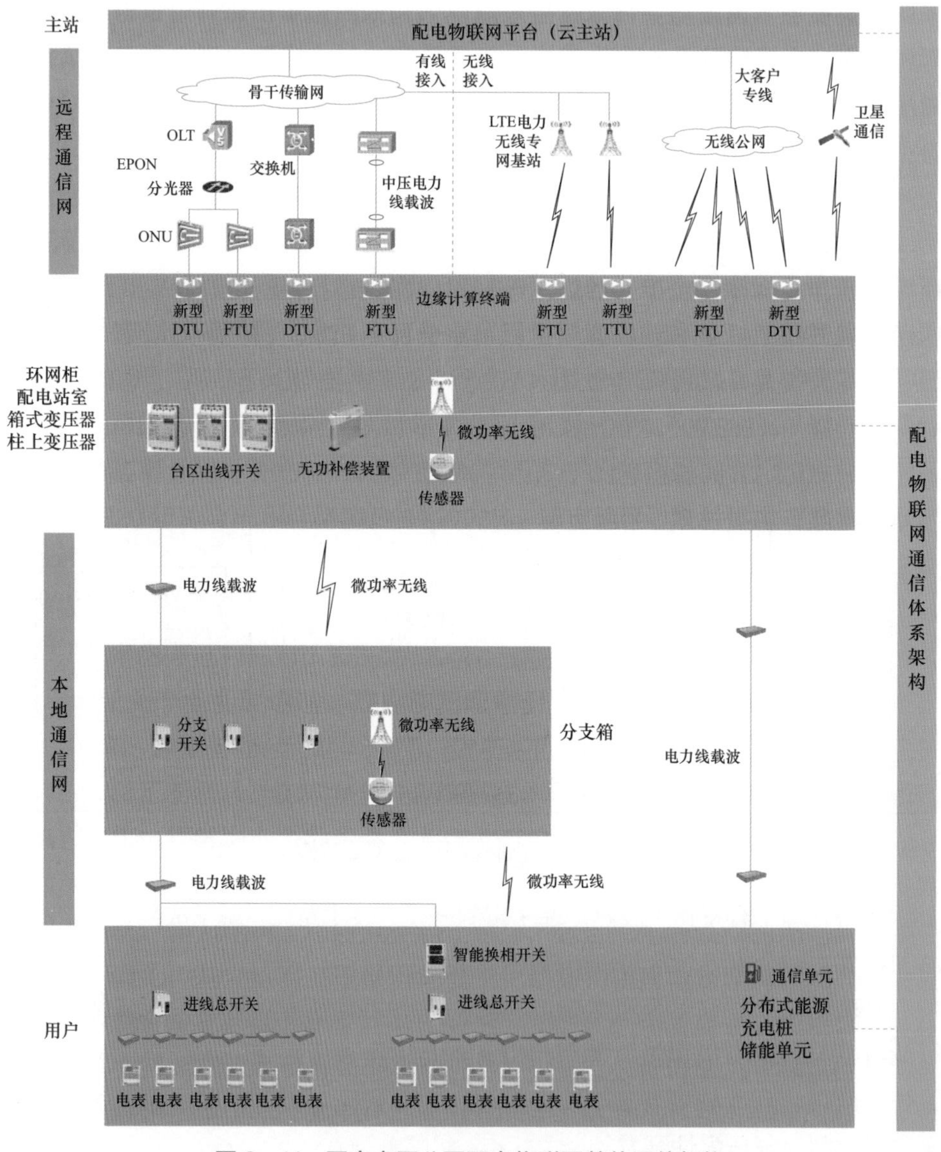

图 3－11 国家电网公司配电物联网整体通信架构

配电网远程通信主要采用光纤通信、中压电力线载波、无线专网、无线公网、北斗短报文等多种通信方式，主要满足配电物联网平台与边缘节点之间高可靠、低时延、差异化的通信需求，属于广域通信网的范畴。

本地通信采用 RS485/232、低压电力线载波、微功率无线、LoRa 无线等通信方式。支持多种通信媒介、具备灵活组网能力，主要满足配电物联网海量感知节点与边缘节点之间灵活、高效、低功耗的就地通信需求，属于局域网范畴。实际中，根据不同的地理环境，选择不同的通信方式。多种通信技术复合的方式，是配电网通信系统建设主要采用的方法。

3.2.2 国家电网公司数字化通信方式

1. 配电远程通信组网设计

（1）通信技术选择原则。配电物联网远程通信方式应根据配电物联网发展现状、业务实际需求以及已建网络情况，根据技术经济比选结果，综合利用公司自建通信网络和租用运营商网络，按照“多措并举、因地制宜”的原则，选取无线专网、光纤专网、无线公网、中压电力线载波、卫星通信等通信方式。

1）控制类业务采用光纤专网和无线专网承载，采集类业务和活动范围限于覆盖范围内的移动类业务在具备无线专网通信条件下，优先采用无线专网方式。光纤专网宜采用 EPON 技术、工业以太网技术，无线专网宜采用 LTE－G 230MHz、IoT－G 230MHz 技术。

2）无线公网主要用于在不具备专网通信条件下，承载采集类业务，应根据业务需要选用 LTE 或 NB－IoT 技术方式。

3）中压电力线载波原则上不单独组网，在光纤专网建设区域，对于不具备光纤通信条件的末梢配电终端，可采用中压电力线载波通信方式进行延伸覆盖。

4）对于专网与公网均未覆盖的地区，采集类业务可以考虑北斗短报文通信方式。

（2）通信技术要求。

1）对于采用 EPON 通信方式的配电站点，采用的 EPON 设备或模块需符合 Q/GWD 1553.1—2014《电力以太网无源光网络（EPON）系统　第 1 部分：技术条件》的相关要求，具备动态带宽分配、业务服务质量保证、信息加密、VLAN、帧过滤等业务功能，以及对通信设备进行配置管理、故障管理、性能管理、安全管理等运维管理功能。

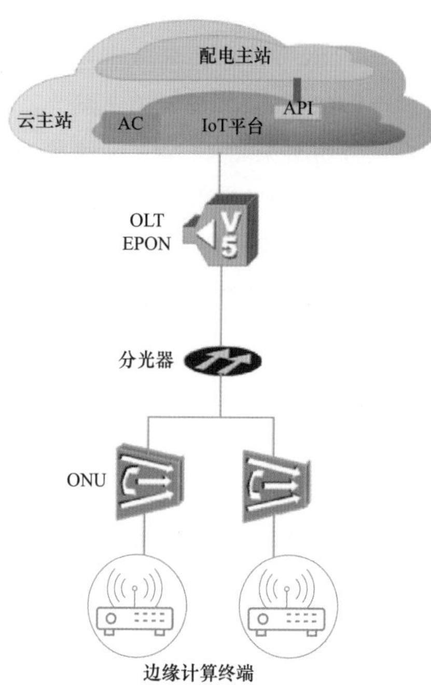

图 3-12　光纤通信组网架构图

2）对于采用电力无线专网通信方式的配电站点，采用的电力无线专网设备或模块需符合 Q/GWD 11806.2—2018《230MHz 离散多载波电力无线通信系统　第 2 部分：LTE-G 230MHz 技术规范》、Q/GWD 11806.4—2018《230MHz 离散多载波电力无线通信系统　第 2 部分：IoT-G 230MHz 技术规范》的相关要求。

3）对于采用无线公网通信方式的配电站点，无线公网通信设备或模块应符合 Q/GWD 11413—2015《配电自动化无线公网通信模块技术规范》的相关规定。

（3）通信组网技术方案。

1）光纤通信组网技术方案。

a. 网络架构。对于采用光纤通信的配电站点，组网方案如图 3-12 所示。

b. 技术特点。光纤通信安全可靠，但部署成本高，建设周期长，适合于 A+/A 类区域、中压配电等关键节点。

c. 应用场景。对于光纤已通的站点，或对业务可靠性和实时性要求比较高的站点，首选 EPON 通信技术，该技术应用广泛。通常情况下，铺设光纤施工成本较高，根据配电站点的分散性、场景复杂性、实时性要求等特点，首选无线通信方式。

2）230MHz 电力无线专网组网技术方案。

a. 网络架构。为了满足电力等行业以及能源互联网的频率需求，工业和信息化部下发《关于调整 223～235MHz 频段无线数据传输系统频率使用规划的通知》，明确 223～226MHz 和 229～233MHz 频段共 7MHz 频谱可用 TDD 方式载波聚合的宽带系统。

230MHz 电力无线专网解决方案包含终端或模组、基站、核心网、网管等，其模组可内置到边缘计算终端中来做业务回传，核心网直接通过安全接入区接入云主站。组网方案如图 3-13 所示。

b. 技术特点。230MHz 电力无线专网具备“广覆盖、低时延、带宽大、安全可靠、专网灵活”的优点，可以广泛应用到配电各个场景。

c. 应用场景。由于配电设备的分散性、覆盖场景复杂性、业务带宽和时延等要求，230MHz 频谱的覆盖距离和穿透力应用到配电场景具有较大频谱优势，基于离散载波聚合等技术又可以确保带宽和时延保证，因此 230MHz 电力无线专网将成为配电物联网远程通信的主要通信方式。

3）无线公网（4G/5G）组网技术方案。

a. 网络架构。

4G 公网：目前运营商无线 4G 网络技术已趋于成熟，对于不具备电力无线专网接入条件的现场，应选取无线公网通信方式。无线公网同无线专网的主要区别是：边缘计算终端的业务数据要线经过运营商公网再回到云主站，组网复杂且会增加时延；运营商 4G 网络无法做到端到端（end to end，E2E）网络隔离和资源独占，会带来安全和可靠性风险。

5G 公网：由于运营商处于商用试点阶段，目前 5G 应用到行业领域的技术标准还未发布，后续可组织试点应用。

组网方案如图 3－14 所示。

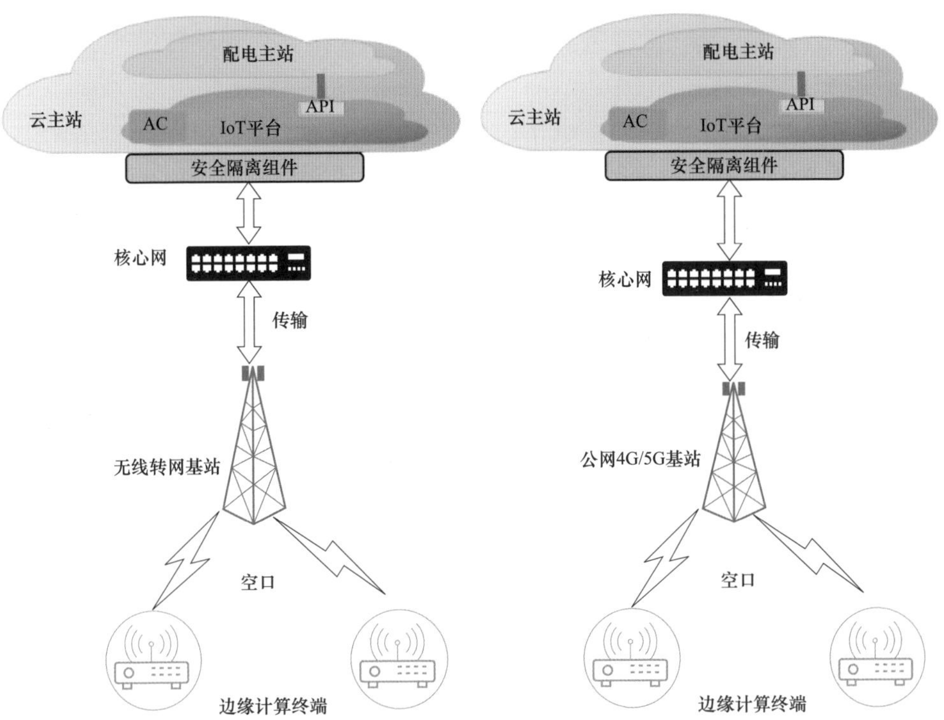

图 3－13 电力无线专网组网架构图　图 3－14 无线公网（4G/5G）组网架构图

b. 技术特点。

4G 公网：无法实现 E2E 安全隔离，时延偏高，适合在无专网覆盖区域承载“二遥”和采集类业务，但不能承载控制类业务。

5G 公网：在运营商的配合下理论上具备 E2E 安全隔离能力，但 5G 网络和“电力切片”依赖与运营商的紧密合作，短期内不适用。

c. 应用场景。无线专网建设还处于推广试点阶段，针对无线专网还未覆盖的区域，可以优先选择无线公网的方式，可低成本快速实现配电物联网试点。无线专网有覆盖盲区或不适合建设独立专网的区域，无线公网可作为补充或备份，与无线专网组成双模的通信方式。

远程通信技术对比分析见表 3－1。

表 3－1　　远程通信技术对比分析

分类	230MHz 电力无线专网	4G 公网	5G 公网	光纤 EPON
业务承载能力	遥控，遥测，遥信	遥测，遥信	（解决 E2E 隔离的前提下）遥控、遥测，遥信	遥控、遥测、遥信
安全性	高	较高	较高	高
可靠性	高	较高	较高	高
成本	较低	低	低	高
部署周期	较快	快	依赖运营商部署节奏	慢
部署范围	按需部署	依赖运营商规划	依赖运营商规划	成本限制部署范围
技术商用程度	较成熟	成熟	不成熟	成熟

2. 配电本地通信组网设计

（1）通信技术选择原则。配电物联网本地通信网应坚持“集成整合、无缝衔接，业务透明、监控统一、安全可靠、优质高效”的原则，统一规划和建设“多手段、多功能、全业务、全覆盖”的通信接入网，结合配电业务的实际需求因地制宜选择电力线载波、微功率无线、电力线载波＋微功率无线双模通信技术。

1）边缘计算终端应选择电力线载波＋微功率无线双模通信技术，以支持多种通信方式的接入，实现设备间的广泛互联。

2）配电变压器侧：开关类设备、无功补偿类设备应选择电力线载波通信技术；智能传感类设备应选择微功率无线通信技术。

3）线路侧：对开关类设备应选择电力线载波＋微功率无线双模通信技术；线路监测类设备应优先选择电力线载波通信技术，其次选择微功率无线通信技术。

4）用户侧：开关类设备应选择电力线载波＋微功率无线双模通信技术；末端采集设备应优先选择电力线载波通信技术，其次微功率无线通信技术；智能传感类设备应选择微功率无线通信技术。

（2）通信技术要求。

1）对于采用电力线载波通信设备或模块，同一制式不同厂商的设备应满足互联互通要求，实现与营销系统现有窄带电力线载波通信或高速电力线载波的共存，具备解决多台区串扰问题的能力。

2）对于采用微功率无线通信的设备或模块，应满足国家无线电管理相关规定。

3）对于采用电力线载波+无线双模通信的设备或模块，需符合电力线载波、无线通信相关规范要求。

4）对于采用所有通信的设备或模块，应支持 IP 化，并满足即插即用需求。

（3）通信组网技术方案。

1）高速电力线载波通信组网技术方案。

a. 网络架构。高速电力线载波通信网络中，定义了三种设备角色，中央协调器（central coordinator，CCO）、代理协调器（proxy coordinator，PCO）以及站点（station，STA）。CCO 负责完成组网控制、网络维护管理等功能，其对应的设备实体为边缘计算终端的本地通信单元。STA 为通信网络中的从节点角色，一般是感知层终端的通信单元。PCO 为中央协调器与站点或者站点与站点之间进行数据中继转发的站点，简称代理。STA 需要实现 PCO 和 STA 两种角色功能。

高速电力线载波通信网络一般会形成以 CCO 为中心、以 PCO 为中继代理，连接所有 STA 的多层级树形网络，典型的高速电力线载波通信网络的拓扑如图 3－15 所示。

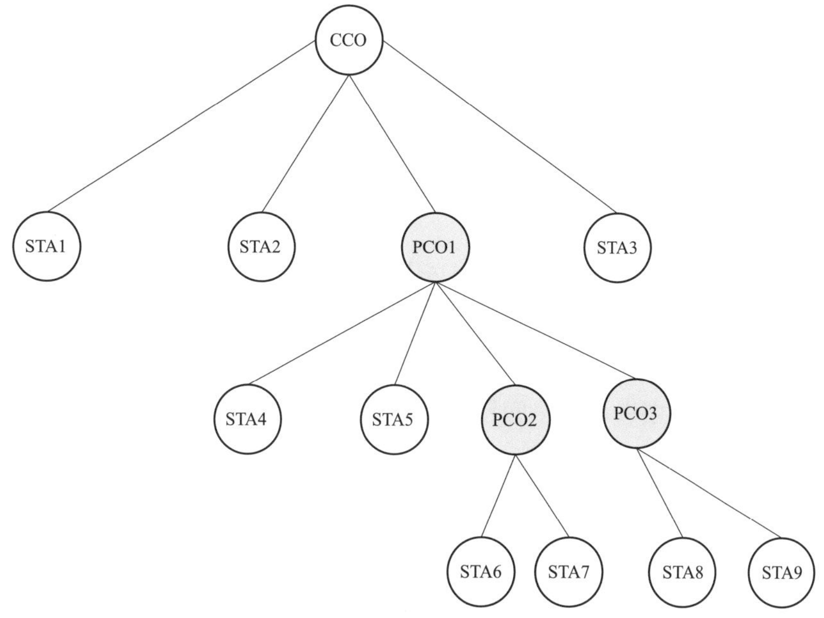

图 3－15　高速电力线载波通信网络拓扑图

在多网络共存场景下，多个 CCO 之间互相协调，形成如图 3－16 所示的多网络高速电力线载波通信网络拓扑。

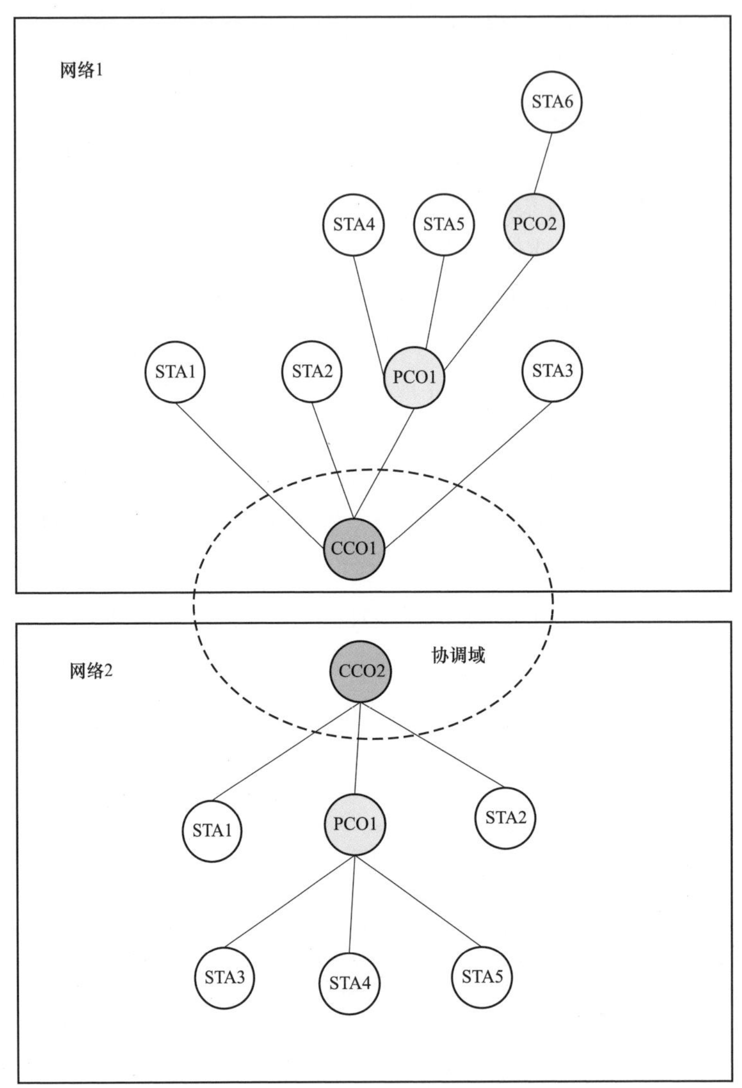

图 3－16　高速电力线载波通信多网络拓扑图

b. 协议架构。高速电力线载波通信网络协议栈，定义了物理层、数据链路层、网络层、适配层、传输层以及应用层共 6 层。

各层次的功能定义如下。

应用层：直接向用户呈现的业务，包含数据业务、管理业务和安全认证应用。其中数据业务和安全认证必须使用网络层传输服务，管理业务可使用网络层传输服务，也可直接使用链路层传输服务。CoAP 是一种基于 UDP 的应用层协议，采用 REST 架构，使用请求/响应工作模式。

传输层：采用标准 UDP 协议，向应用层提供标准的数据传输服务。

网络层：采用 IPv6 标准协议，向传输层提供透明的端到端数据传输服务。

适配层：支持 6LoWPAN，由于 IPv6 报文最小 MTU 为 1280 字节，而 HPLC 链路层最大帧长为 520 字节，6LoWPAN 提供的报文分片技术，可以将长报文分成多片承载在 PLC 链路上，同时 6LoWPAN 还支持报文压缩，可以将 40 字节的 IPv6 报头压缩到低至 4 字节，使 IPv6 无缝运行在低速网络上。

数据链路层：分为网络管理子层和媒体访问控制子层（即 MAC 子层）。HPLC 链路层仍采用国家电网公司 HPLC 协议或 IEEE 1901.1 协议。

网络管理子层：主要实现高速电力线载波通信网络的组网、网络维护、路由管理及应用层报文的汇聚和分发。组网协议即 HPLC 的二层网络协议。

MAC 子层：主要通过 CSMA/CA 和 TDMA 两种信道访问机制竞争物理信道，实现数据报文的可靠传输。

物理层：主要实现将 MAC 层数据报文编码调制为宽带载波信号，发送到电力线媒介上；或者接收电力线媒介的宽带载波信号解调为数据报文，交予 MAC 层处理。HPLC 物理层仍采用国家电网公司 HPLC 协议或 IEEE 1901.1 协议，当前可使用 0.7～3MHz 频段。

c. 技术特点。

a）抗电力线噪声与抗信道衰落能力强。正交频分复用技术把串行数据信息通过多个子载波并行传输，即在每个子载波上的信号时间相应地比单载波系统上的信号时间长很多倍，使正交频分复用技术具有更强的能力对抗脉冲噪声与信道快衰落；减少了符号间干扰（intersymbol interference，ISI）的影响；通过联合编码技术、交织技术、拷贝技术，达到了子信道的频率分集的作用，增强了对脉冲噪声与信道快衰落的抵抗力。

b）自动快速组网。典型 300 节点规模 3min 完成组网，单个设备入网时间平均 30s。最大限度降低了组网对业务的影响，提高了系统实时性。

c）动态自适应多路径路由技术。典型 300 规模路由实时响应时间小于 1min，并支持多条路径和广播技术。

d）免布线，易安装。可直接利用电力线进行通信，无须单独布放通信线缆。

e）与台区有关联关系。电力线信号跨台区通信效果差，是其劣势，但同时易于梳理台变关系，是其优势。

d. 适用场景。HPLC 基于低压电力线介质载体，提供双向、高速和安全的通信通道，HPLC 在一般场景传输距离可达 500m 以上，根据实际项目测试，在线路噪声较小，衰减不严重的外场线路情况下，最远传输距离达到 2.5km，可支持 8 级以上中继。物理层速率达 2.8Mbit/s。HPLC 设备部署时无须加装辅助设备与射频天线，与微功率无线相比，在提升速率的同时，节省了天线安装和无线网络的规划和优化工作；HPLC 不需要单独布线，部署方便，适合低压配电的绝大多数场景。

2）微功率无线通信组网技术方案。

a. 网络架构。微功率无线的 mesh 技术根据实现的协议层，分为链路层 mesh（L2 mesh）和网络层 mesh（L3 mesh）。L2 mesh 技术业界有很多，一般都和具体的链路层技术耦合在一起，并无通用的组网技术；L3 mesh 一般基于 IPv6，与具体链路层耦合很少，优选作为微功率无线的 mesh 方案。

L3 mesh 网络中的设备分为两个角色，一是 Coordinator，即协调器；二是 Node 即普通节点。Node 在 mesh 网络中也做中继，类似于 HPLC 中的 PCO。L3 mesh 协议可以为协调器和节点建立上行和下行路由，并选择最优路径转发数据报文。

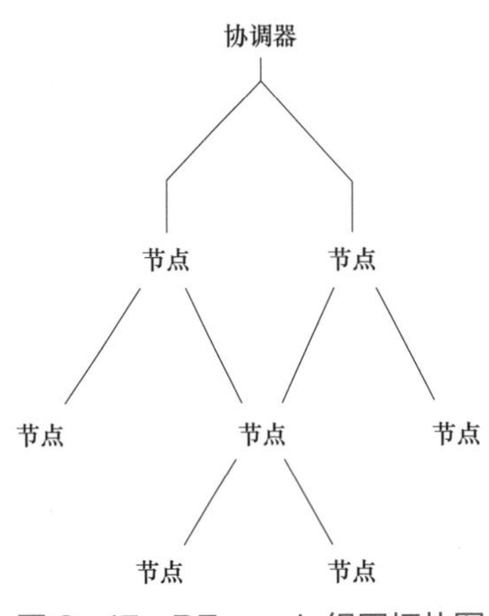

图 3－17　RF mesh 组网拓扑图

该网络中的每个节点（根节点除外）都会选择一个父节点作为上行默认路由，逐级形成树形网络，如图 3－17 所示。选择算法可以根据不同目标优化，例如可以选择使节点自身到协调器的端到端路径代价最低的父节点为默认父节点。

b. 协议架构。针对低压配电应用场景，链路层采用微功率专用媒质接入控制技术，支持 CSMA/CA，支持链路层加密。网络层采用 IPv6，基于 L3 mesh 技术组网，并通过 6LoWPAN 实现 IPv6 报文压缩和分片。传输层采用 UDP，接入认证则由数字证书和 DTLS 协议保障。

微功率无线 470～510MHz 频段的法规要求，发射功率小于 50MW，信道宽度小于 500kHz；物理层至少支持频率移频（frequency-shift keying，FSK）调制方式，物理层速率在 10～400kbit/s，支持跳频抗干扰技术。

c. 技术特点。

a）免布线，且不受电力环境影响。电力环境的噪声、干扰不会影响射频

（radio frequency，RF）通信。

b）信号稳定性差。RF 信号易受墙体遮挡，金属壳体屏蔽，甚至人员往来、天气变化，都会影响 RF 的通信成功率。

c）安装复杂度高。RF 设备部署时需做工勘、网规，且一般需要将天线从金属壳体引出。

d. 应用场景。微功率无线技术不需要单独布线，使用方便，可在电力线路复杂，或线路老化严重的场合，发挥优势。但无线通信易受物理环境影响，使用较为受限。微功率无线技术适合低压配电的室外空旷场景，如农村、郊区等，以及室内、柜内等短距离区域；而在遮挡严重的区域，如地下室与地面之间，则不适合采用微功率无线技术。

3.2.3 国家电网公司数字化通信协议

1. 总体设计原则

配电物联网通信协议架构需要从配电业务支撑、运行效率提升、通信质量保障等方面进行综合考虑，坚持“充分适配”“广泛互联”“高效承载”的原则，为实现配电网的全面感知、互联互通、轻量高效及配电业务的可靠运行提供技术支撑和保障。总体设计原则如下：

（1）业务深度与高效适配。将通信协议技术与配电业务流程深度适配与协同，实现智能末端设备的标准化接入，配电网络各节点间采用统一的消息交互流程，实现设备业务的高效运行。

（2）设备物联网化和即插即用。远程通信和本地通信都采用业界成熟的物联网协议标准，将成熟的物联网技术引入电力行业，设备向智能化物联网化演进，支撑各类设备便捷、弹性、泛在接入配电物联网，实现设备基于物联网技术的即插即用。

（3）消息传输灵活且安全可靠。面向配电业务数据模型需求，以面向对象的自描述方式，克服现有电力通信协议扩展性差、表达能力弱、互联互通性差等缺点，采用统一的信息模型架构和可靠协议机制，提供实时、稳定、高效、安全、面向对象的消息机制，实现信息的灵活描述和可靠安全传输。

通过对协议的对比分析，给出了符合未来配电物联网需求的主流协议。云主站和边缘计算终端之间（远程通信）采用 MQTT 协议，边缘计算终端（本地通信）采用 CoAP 协议。在云主站内部，物联网平台和主站应用之间，采用 HTTP 协议及标准的 Restful API 开放接口，整体架构如图 3－18 所示。

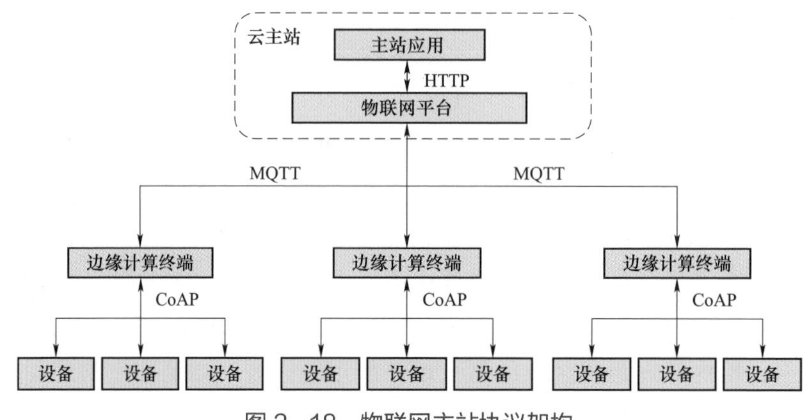

图 3-18　物联网主站协议架构

2. 远程通信协议-MQTT

（1）协议架构。远程通信交互示意如图 3-19 所示。

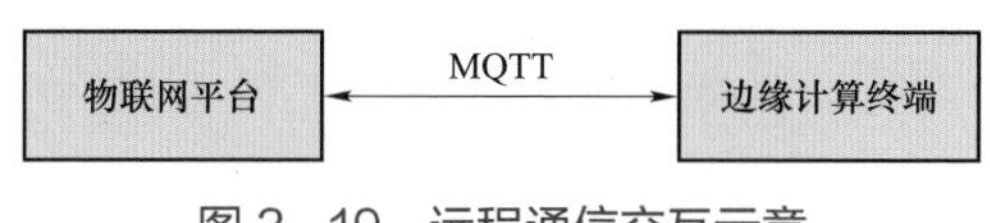

图 3-19　远程通信交互示意

物联网平台和边缘计算终端之间采用 MQTT 协议，整个通信分为四层，依次是接口层、网络层、传输层和应用层。每层的功能介绍如下。

接口层：包含物理层和数据链路层。物理层的作用是实现比特流在传输介质上的透明传送，屏蔽了具体传输介质和物理设备的差异。数据链路层的主要功能是通过各种控制协议，将有差错的物理信道变为无差错的、能可靠传输数据帧的数据链路。

网络层：在下两层的基础上向资源子网提供服务。其主要作用是通过路由选择算法，为报文或分组选择最适当的路径。

传输层：该层的主要作用是向用户提供可靠的端到端的差错和流量控制，保证报文的正确传输。

应用层：应用层是直接向主站应用提供服务的。它负责完成应用和操作系统之间的联系，建立与结束使用者之间的联系，并完成各种网络服务及应用所需的监督、管理和服务等各种协议。

在整个网络中，边缘计算终端作为信息的发布者，建立到服务器的网络连接，将采集到的信息通过 MQTT 中的发布报文发布到物联网平台（代理）。物联网主站发布订阅机制如图 3-20 所示。

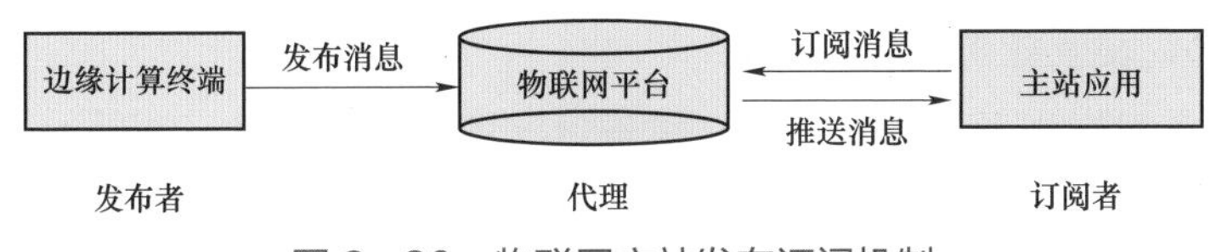

图 3-20 物联网主站发布订阅机制

物联网平台中的 MQTT 服务器作为“消息代理”，它位于消息发布者和订阅者之间，可以接受来自边缘计算终端或主站的网络连接；接受边缘计算终端发布的信息；处理来自主站的订阅和退订请求；向主站转发消息；退订或删除主站的消息；断开网络连接等功能。主站应用作为信息订阅者，建立到服务器的网络连接。它会订阅信息，退订或删除订阅的消息，断开网络连接。订阅通过主站应用向物联网平台发送订阅报文创建一个或多个订阅。

（2）协议栈数据流。协议栈数据流如图 3-21 所示。

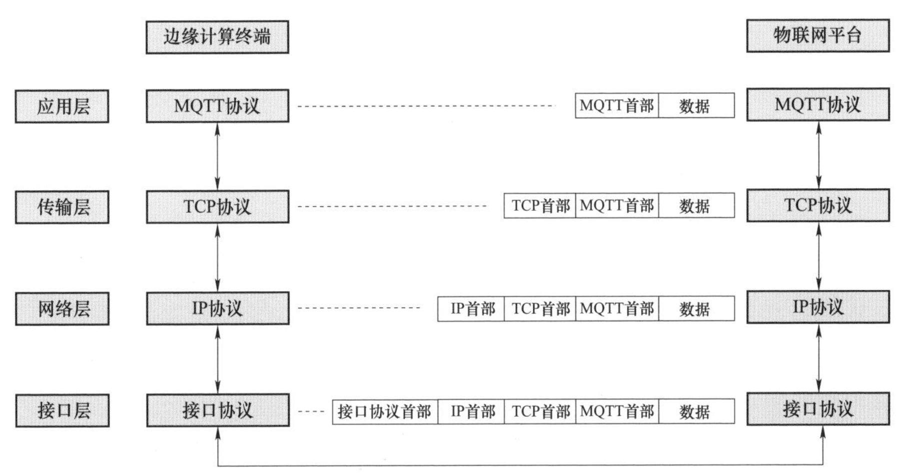

图 3-21 协议栈数据流

应用层采用 MQTT 协议将数据按照固定报头，可变报头及有效载荷的格式封装，传递到传输层。传输层采用 TCP 协议将 MQTT 协议的数据进行封装，加入 TCP 报头，如源端口、目的端口、序列号等信息，然后再将数据发送到网络层。网络层采用 IP 网络协议将数据进行封装，加入 IP 报头，包含版本号、IP 报头长度、服务类型等信息，将数据发送到接口层。接口层中的网络层送来的数据加入目的 MAC 地址、源 MAC 地址、类型、校验信息，以帧的形式传递给底层硬件。从接口层到应用层的过程就是上述的逆过程。

（3）数据格式。MQTT 协议通过交换预定义的 MQTT 控制报文来通信。这一节描述这些报文的格式。MQTT 控制报文由三部分组成：固定报头，可变报头和有效载荷。

(4) 协议交互业务流程。

1) 设备自发现及初始化流程。设备自发现流程如图 3-22 所示。

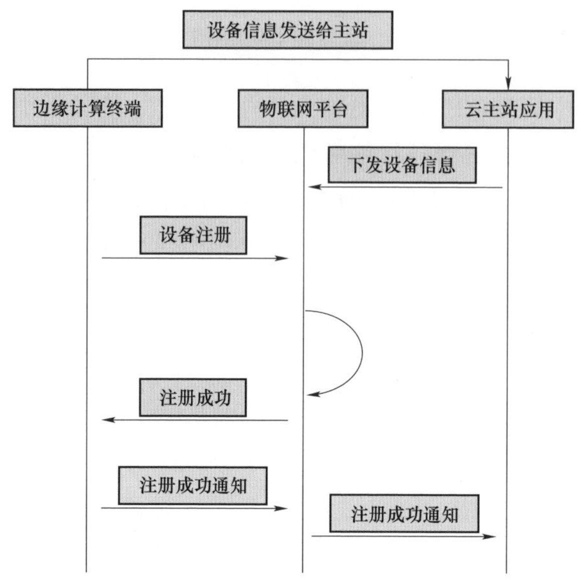

图 3-22 设备自发现流程

a. 将信息模型标准模板库导入到物联网平台，比如边缘计算终端模型，低压设备模型等设备的模型。

b. 通过扫二维码获取边缘计算终端设备身份标识，并将获取到的设备标识通过主站应用，录入到物联网平台。

c. 边缘计算终端设备上电，设备上报的标识与平台获取到的标识进行比对。

d. 比对成功，注册完成。

2) 设备状态变更流程。设备状态包括在线、异常、离线等状态，如图 3-23 所示。

a. 在线：对于长连接设备，通过心跳保持，心跳正常代表设备在线。

b. 离线：对于长连接设备，如果在指定时间内没有心跳，设备即为离线状态。对于无连接设备通过设定规则来设定设备是否为离线。

3) 告警和事件等主动上报流程。当边缘计算终端完成和物联网平台对接和注册后，边缘计算终端上电，主站调用物联网平台的订阅接口订阅消息。订阅成功以后，设备可以基于一定的规则进行数据上报，规则可以是基于周期或者事件触发。数据上报到平台后，平台通过设备提供的插件对设备数据进行解析，解析后的数据上报给上层应用同时在平台进行存储。采集的数据可以在主站应用上查看。同时，设备自身的告警和事件可以在物联网平台进行管理，一旦有设备告警和事件上报，物联网平台收到后会立即上报给主站应用。主动上报流程如图 3－24 所示。

该流程适用于故障事件、遥信变位、Soe 事件、遥测突变等业务场景。

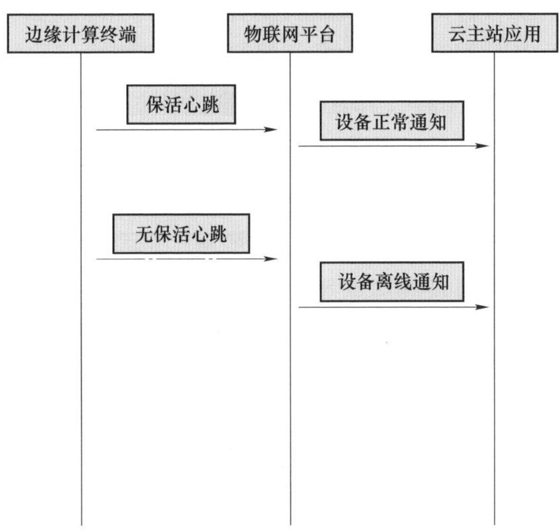

图 3－23 设备状态变更流程

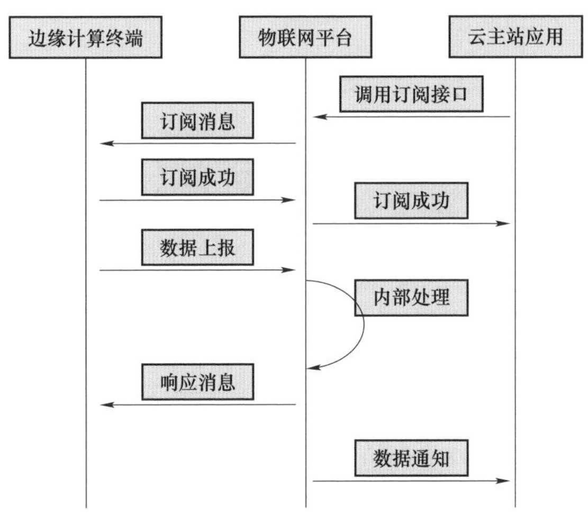

图 3－24 主动上报流程

4）数据召测流程。主站通过调用物联网平台接口下发查询或召测命令，平台下发命令到边缘计算终端获取末端设备数据，数据通过物联网平台推送到主站应用。数据召测流程如图 3－25 所示。

该流程适用于总召唤、电能量数据召唤、时钟读取、远程参数读取，文件读取等业务场景。

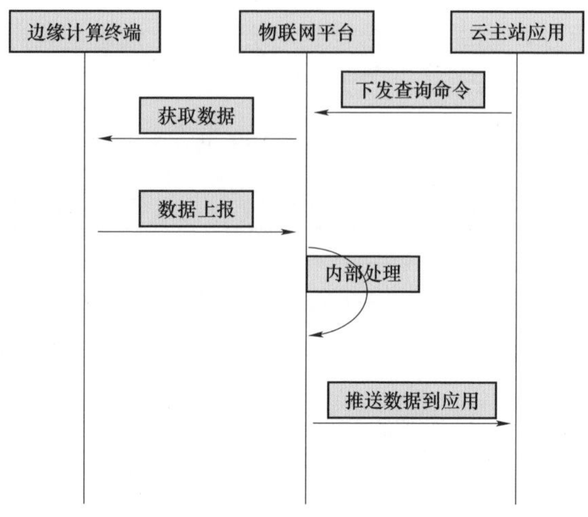

图 3-25　数据召测流程

5）命令下发流程。为有效地对边缘计算终端及设备进行管理，主站应用通过物联网平台开放的 API 对边缘计算终端及设备进行控制，或者通过物联网平台下发对设备控制命令。边缘计算终端向平台订阅命令消息，成功以后接受主站下发的命令消息。具体有哪些命令可以通过平台对设备进行控制，需要在设备接入 IoT 平台的 Profile 里定义。

该流程适用于遥控命令、复位进程命令、时钟同步等业务场景，如图 3-26 所示。

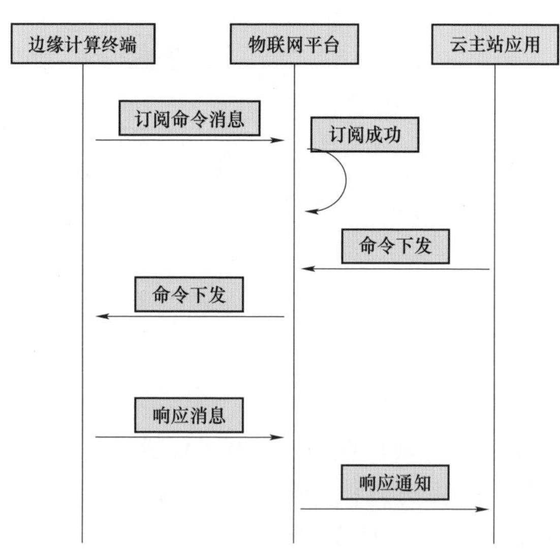

图 3-26　命令下发流程

6）远程配置流程。云主站应用通过下发配置信息到物联网平台，物联网平台将配置信息通知发送到边缘计算终端，边缘计算终端向物联网平台请求配置信息，物联网平台下发配置信息，更新配置完成后向物联网平台和云主站应用发送配置成功消息。远程配置流程如图3-27所示。

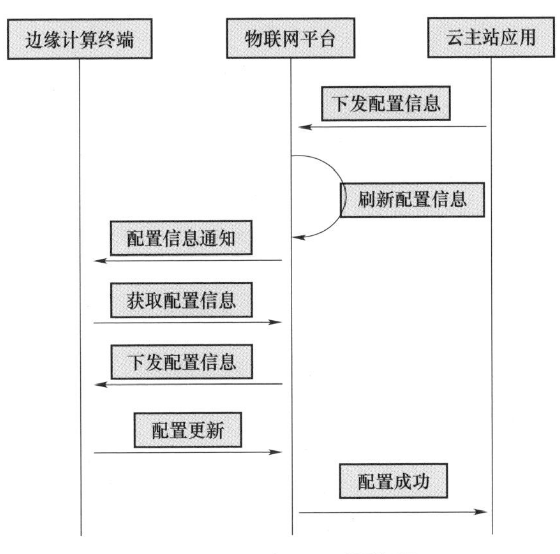

图3-27　远程配置流程

7）时间同步流程。物联网平台与时间同步服务器通过NTP协议来完成时间同步。时间同步流程如图3-28所示。

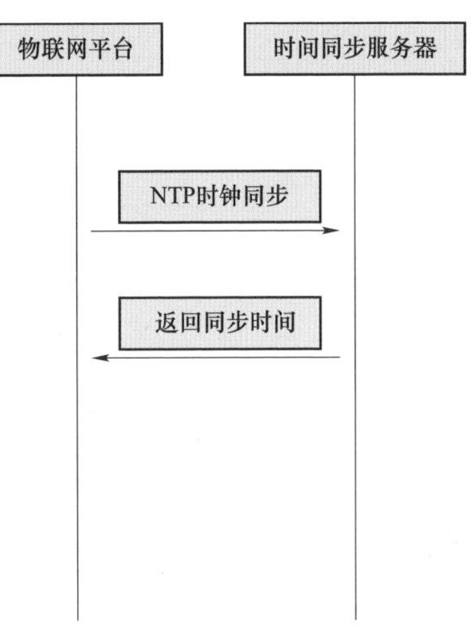

图3-28　时间同步流程

8）文件传输流程。

a. 大文件传输：边缘计算终端将文件推送到文件服务器，同时发送新文件通知到物联网平台，包含文件地址的URL连接。物联网平台将URL地址推送给云主站应用。云主站应用收到通知后，访问URL连接到文件服务器去获取文件。文件服务器将文件传送给云主站应用。

b. 小文件传输：小文件传输流程同信息上报流程或命令下发流程一致，文件被业务App或边缘计算终端转换成二进制格式数据，放到消息有效载荷里面；通过消息上报到主站应用或通过命令下发到边缘计算终端。

9）通信链路异常流程。MQTT基于TCP提供可靠的传输层。通信超时的重传机制是确认从另一端收到的数据。如果数据和确认都会丢失，通过在发送时设置一个定时器来解决。如果当定时器溢出时还没有收到确认，它就重传该数据。超时处理流程如图 3-29 所示。

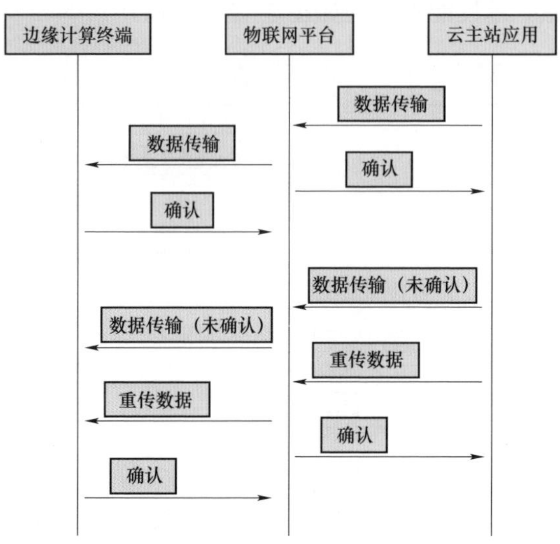

图 3-29　通信链路异常流程

10）丢包处理流程。TCP 传输中是否丢包或乱序，是用序列号来保障的。比如有两个长度是 1440 的包，那么第一个包的 SN 是 1440，第二个包的 SN 是 1441。如果数据中间中断了，则会根据未收到的 SN 的数据来进行重传。丢包处理流程如图 3-30 所示。

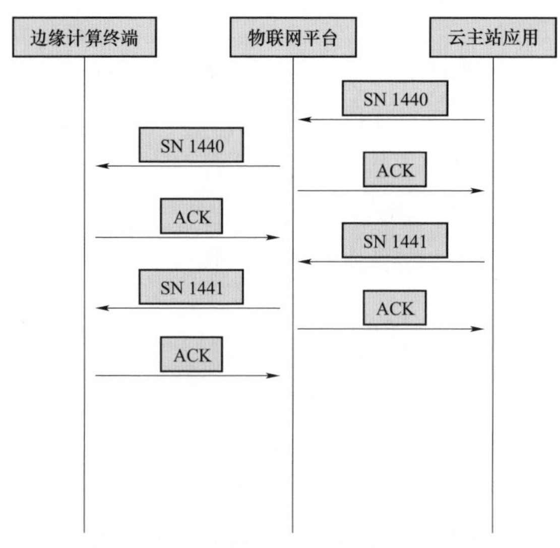

图 3-30　丢包处理流程

11）链路状态测试流程。双方建立交互的连接，但是并不是一直存在数据交互，在长时间无数据交互的时间段内，交互双方都有可能出现掉电、死机、异常重启等各种意外，当这些意外发生之后，在传输层可以利用 TCP 的保活报文来知道链路是否正常。链路状态测试流程如图 3－31 所示。

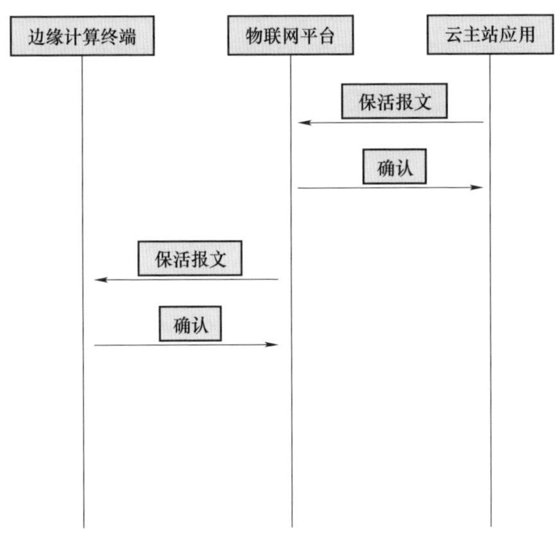

图 3－31 链路状态测试流程

3. 本地通信协议－CoAP

（1）协议架构。本地通信交互示意如图 3－32 所示，边缘计算终端到末端设备之间定义了物理层、数据链路层、网络层、适配层、传输层以及应用层共 6 层，基本结构如下。

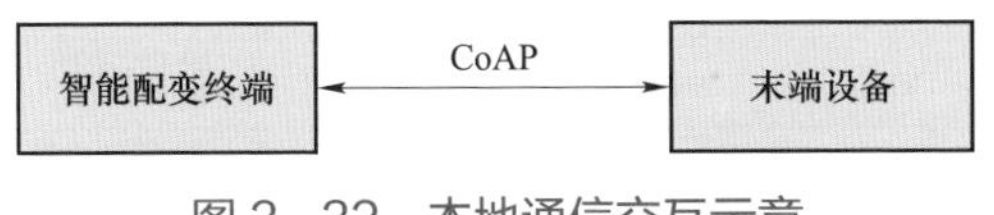

图 3－32 本地通信交互示意

1）应用层：直接向用户呈现的业务，包含数据业务、管理业务和安全认证应用。其中数据业务和安全认证必须使用网络层传输服务，管理业务可选使用网络层传输服务，也可直接使用链路层传输服务。

2）传输层：采用标准 UDP 协议，向应用层提供标准的数据传输服务。

3）网络层：采用 IPv6 标准协议，向传输层提供透明的端到端数据传输服务。

4）适配层：支持 6LoWPAN，6LoWPAN 提供的报文分片技术，可以将长报文分成多片承载在链路上，同时 6LoWPAN 还支持报文压缩，可以将 40 字节的 IPv6 报头压缩到低至 4 字节，使 IPv6 无缝运行在低速网络上。

5）接口层：接口层包括数据链路层和物理层。数据链路层：分为网络管理子层和媒体访问控制子层（即 MAC 子层）。

6）物理层：主要实现将 MAC 层数据报文编码调制为宽带载波信号，发送到传输媒介上，交予 MAC 层处理。

（2）协议栈数据流。协议栈数据流如图 3－33 所示。

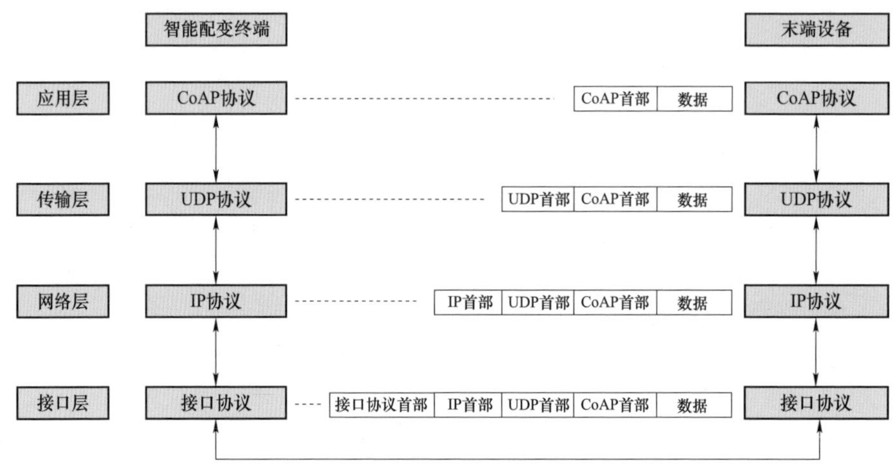

图 3－33　协议栈数据流

（3）数据格式。数据格式如图 3－34 所示。

图 3－34　数据格式

1）HEAD（消息头）。第一行是消息头，必须有，固定 4 个 byte。

2）token（令牌）（可选）。用于将响应与请求匹配。token 值为 0 到 8 字节的序列（每条消息必须带有一个标记，即使它的长度为零）。

3）payload（载荷）（可选）。实际携带数据内容，若有，前面加 payload 标识符“0xFF”，如果没有 payload 标识符，那么就代表这是一个 0 长度的 payload。

如果存在 payload 标识符但其后跟随的是 0 长度的 payload，那么必须当作消息格式错误处理。

（4）CoAP 协议请求方法。

1）GET 方法：用于获得某资源。

2）POST 方法：用于创建某资源。

3）PUT 方法：用于更新某资源。

4）DELETE 方法：用于删除某资源。

（5）协议交互流程。

1）末端设备的自发现和状态变更流程（分为注册和下线）。末端设备的即插即用服务发现末端设备后，向边缘计算终端上的即插即用服务发送设备上线请求，请求消息里包含设备信息，边缘计算终端的即插即用服务接收到末端设备上线请求后，回复设备上线应答给末端设备的即插即用服务，设备上线应答消息中包含当前系统时间。末端设备上线状态变更流程示意图如图 3－35 所示。

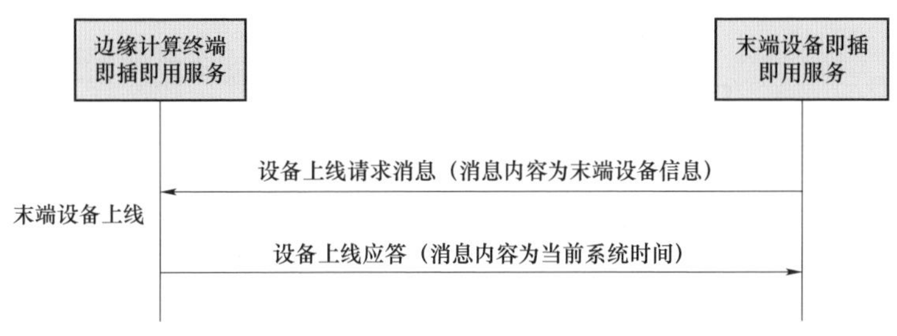

图 3－35 末端设备上线状态变更流程示意图

末端设备下线有两种场景，一种是末端设备自身原因引起，末端设备即插即用服务发现有一个末端设备下线，末端设备即插即用服务给边缘计算终端即插即用服务发送设备下线消息，消息内容包含设备信息，边缘计算终端即插即用服务接收到末端设备下线请求后给末端设备即插即用服务回复设备下线应答，设备下线应答中包含当前的系统时间。设备自身原因引起末端设备下线流程示意图如图 3－36 所示。

一种是本地通信链路断开引起，由通信链路协议栈感知到网络断开，然后通知末端设备即插即用服务节点离网，这种场景边缘计算终端即插即用服务和末端设备即插即用服务无须协议交互。通信链路原因引起末端设备下线流程示意图如图 3－37 所示。

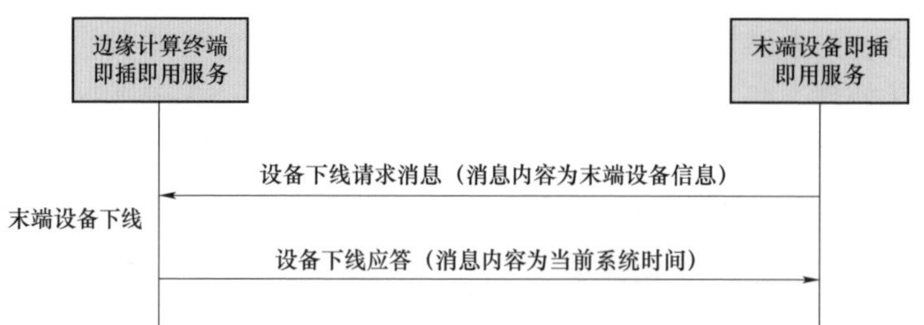

图 3－36　设备自身原因引起末端设备下线流程示意图

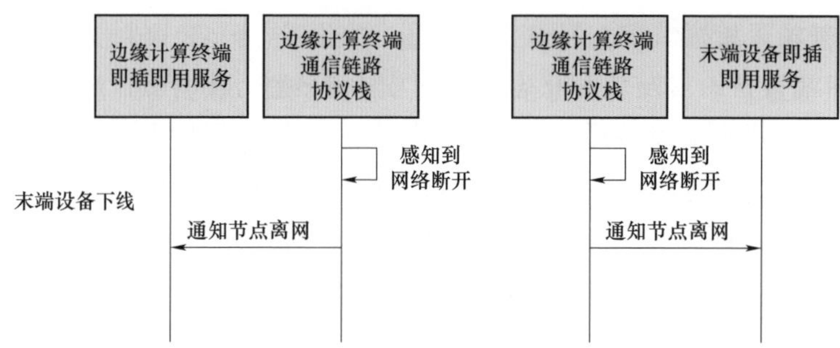

图 3－37　通信链路原因引起末端设备下线流程示意图

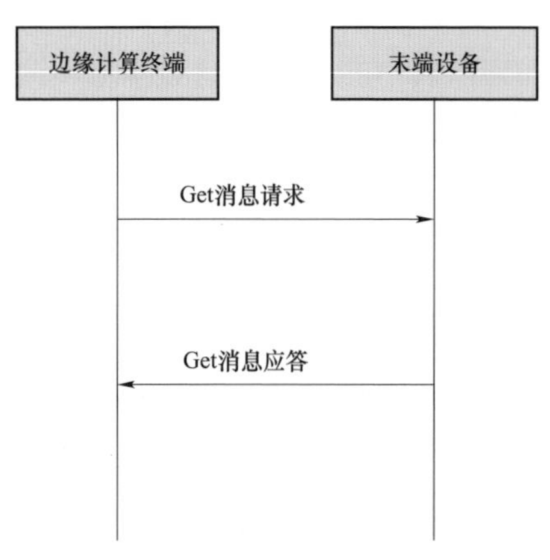

图 3－38　数据召测流程示意图

边缘计算终端和低压末端设备之间本地通信网络层有心跳保持，应用层无须再实现心跳机制。

2）数据召测流程。该流程适用于总召、遥测、遥信、遥脉、历史数据召测、运行日志采集、文件传输等上报数据的业务场景。边缘计算终端给末端设备发送召测请求消息，末端设备回复召测应答消息，召测应答消息包含获取的数据内容。数据召测流程示意图如图 3－38 所示。

当需要获取的数据量较大时，需要对数据进行分片，然后通过召测消息请求（含块传输选项）多次获取分片数据，如历史数据和文件传输等。大数据或文件传输流程示意图如图 3－39 所示。

3）命令和配置下发流程。该流程适用于远程复位、遥控、远程配置和单点设置时间等下行业务场景。边缘计算终端给末端设备发送命令或配置请求消息，请求消息中包含命令或配置内容，末端设备回复命令或配置应答消息。命令和配置下发流程示意图如图 3－40 所示。

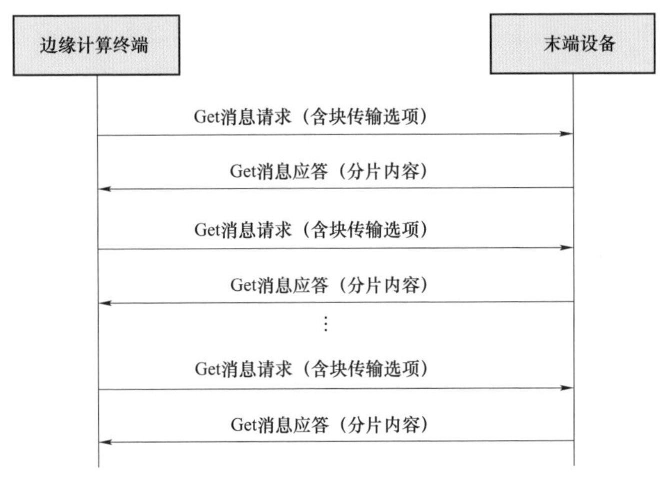

图 3－39　大数据或文件传输流程示意图

4）事件和告警等主动上报流程。边缘计算终端给末端设备发送订阅事件或告警的请求消息（包含观察者选项），末端设备返回订阅应答消息。当发生事件或告警时，末端设备向边缘计算终端发送事件或告警消息，上报事件/告警，边缘计算终端给末端设备回复事件或告警应答消息。事件和告警等主动上报流程示意图如图 3－41 所示。

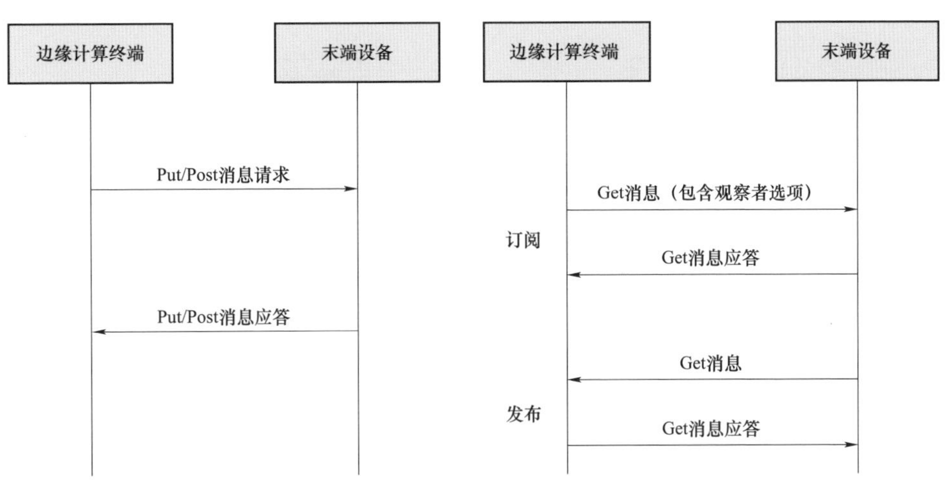

图 3－40　命令和配置下发流程示意图　　图 3－41　事件和告警等主动上报流程示意图

5）时间同步流程。在末端设备上线时，上线请求的应答中包含系统时间，可以同末端设备进行对时操作；可以单点对末端设备进行对时操作，同命令下发流程；边缘计算终端也可以通过广播方式给末端设备发送无须应答的消息，给所有末端设备进行全网对时操作。时间同步流程示意图如图 3－42 所示。

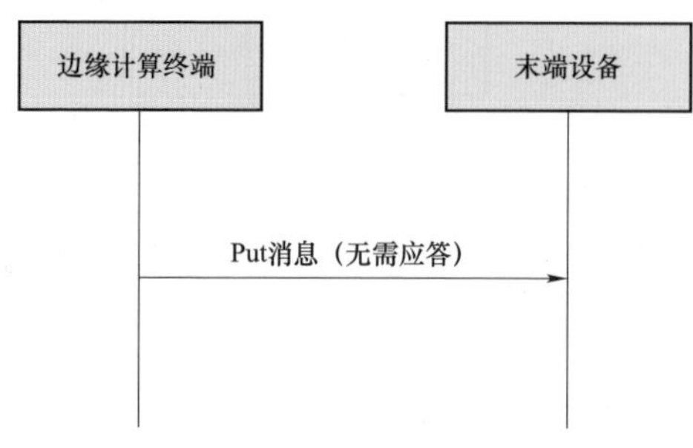

图 3－42　时间同步流程示意图

6）末端设备升级流程。边缘计算终端即插即用服务给末端设备即插即用服务广播发送开始升级文件传输请求（无须应答），末端设备即插即用服务打开文件传输通道，等待接收分片数据。

边缘计算终端即插即用服务通过文件传输通道给末端设备即插即用服务广播发送升级文件分片。等所有文件分片都传输完成后，边缘计算终端即插即用服务轮询本地网络中低压末端设备接收到的分片情况，低压末端设备即插即用服务回复本终端未接收到的文件分片信息。边缘计算终端即插即用服务根据接收到的信息给低压末端设备即插即用服务单播重传未接收到的分片，直到所有分片接收完成。

网络中所有节点分片都传输完成后，边缘计算终端即插即用服务广播发送开始升级消息（无须应答），低压末端设备接收到该消息后关闭升级通道，并开始升级重启。末端设备升级流程示意图如图 3－43 所示。

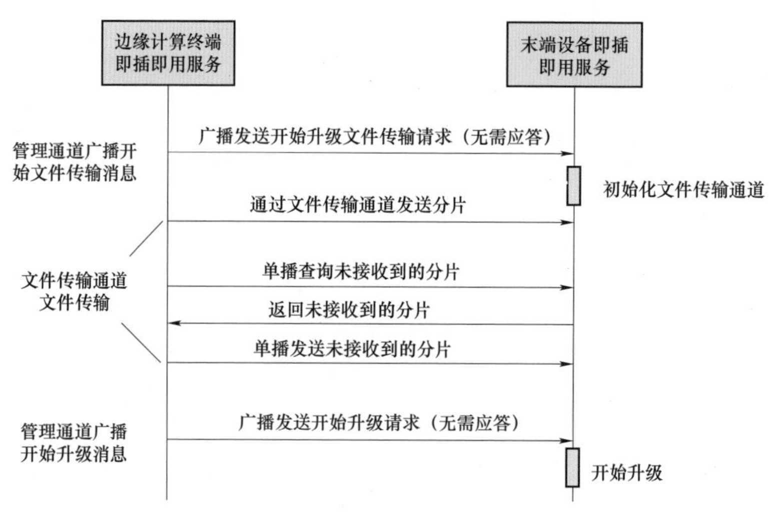

图 3－43　末端设备升级流程示意图

7）异常处理流程。根据 Coap 协议规范，根据对应的错误码，业务应用进行对应的流程处理。

3.3 配电网数字化终端建设

3.3.1 配电自动化终端

配电自动化终端是配电自动化系统的重要组成部分，是安装在配电设备处，与配电自动化主站通信，完成数据采集与控制的自动化装置，简称配电终端。配电终端实时采集并向配电自动化主站上传配电网的运行数据和故障信息，接受其控制命令，实现对配电设备的远程控制，同时能够利用自身量测信息完成就地控制和保护功能。根据监控对象的不同，配电终端可分为 DTU 和 FTU，按照功能可分为“三遥”终端和“二遥”终端，按照通信方式又可分为有线通信方式和无线通信方式类型终端。

1. DTU

站所终端是安装在中压配电网开关站、环网室、环网箱、配电室和箱式变电站等处的配电终端，通常有集中式和分散式两种结构形式。集中式站所终端采用插箱式结构，测控单元集中组屏，通过控制电缆（航空接插件或矩形连接器）和各一次间隔内的电压、电流互感器、操作控制回路连接。分散式站所终端由若干个间隔单元和公共单元组成，间隔单元独立安装在各间隔开关柜内，具备就地测控功能。公共单元和电源等安装在公共单元柜内，具备汇聚各间隔单元数据、远程通信等功能。间隔单元和公共单元通过现场通信总线连接，相互配合，共同完成功能。

下面以集中式站所终端为例介绍站所终端结构。集中式站所终端的测控单元主要完成数据采集和处理、故障检测与故障信号记录、保护、控制、通信等功能，采用平台化、模块化设计，一般由电源插板、CPU 插板、模拟量插板、开关量插板、控制量插板、通信插板以及标准插箱组成，安装在站所终端柜体内，各功能插板数量可根据不同的应用需求灵活配置。

人机接口用于终端配置维护和运行监视，包括状态指示灯、液晶面板、操作键盘。状态指示灯用于指示终端的各种运行状态，包括电源、故障、通信、后备电源、保护动作以及开关分合闸状态指示灯。液晶面板和操作键盘用于显示测量数据、运行参数配置与维护。由于液晶面板和操作键盘受环境温度的影响较大，为简化装置、提高可靠性，一般情况下终端不配备液晶显示面板和操作键盘，通常使用便携式 PC 机，通过维护通信口对其进行配置与维护。

通信终端与测控单元的通信接口连接，根据所连接的通信通道类型不同，分为光纤终端、无线终端、载波通信终端。

操作控制回路用于开关分合闸操作控制，根据 Q/GDW 11815《配电自动化终端技术规范》的规定，集中式站所终端的操作功能与间隔柜二次回路操作功能融合，统一在一次间隔柜侧完成操作功能。

间隔操作模块包含遥控合闸、遥控分闸、保护合闸、保护分闸 4 个连接片，以及分合闸按钮、分合闸状态指示灯、转换开关。间隔操作模块如图 3－44 所示。

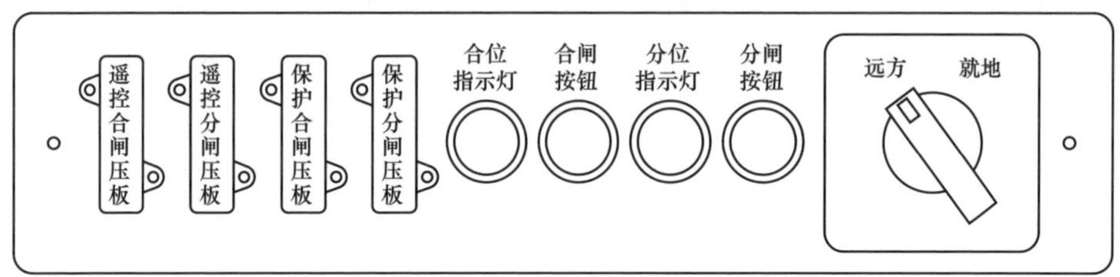

图 3－44　间隔操作模块

操作方式转换开关用以选择就地和远方 2 种开关操作方式，当选择就地时，可通过面板上的分合闸按钮进行开关分合闸操作，当选择远方时，可通过远方遥控方式进行开关分合闸操作。遥控和保护分合闸连接片为操作开关提供明显断开点，在检修、调试时打开以防止信号进入分合闸回路，避免误操作。

配电终端的主供电源通常为 TV 二次侧的交流输入电源，根据不同的应用场景，也可选就近市电或配电室、箱式变电站低压侧交流供电等外部交流电源。通过电源模块为终端核心单元、通信设备、开关分合闸提供正常工作电源，通常提供直流 24V 或 48V 电压等级。后备电源一般采用免维护阀控铅酸蓄电池或超级电容，或采用其他新能源电池，如电容电池、钛酸锂电池等，电源模块和电池组安装在站所终端屏柜内。

站所终端具备电能计量功能，常用独立的计量模块内置于 DTU 屏柜内，采用 RS232/RS485 与 DTU 进行通信，实现计量数据上传。

2. FTU

馈线终端是安装在中压配电网架空线路中的分段开关、联络开关、分支开关、用户分界开关等处的配电终端，通常安装在户外柱上，通过航空接插件与开关内的电压/电流互感器（或传感器）、操作控制回路连接。馈线终端按照结构不同可分为罩式终端和箱式终端。

箱式 FTU 与 DTU 结构类似，下面以罩式 FTU 为例介绍馈线终端结构。罩式 FTU 的后备电源一般采用超级电容内置或外接后备电源形式，并配置无线通信模块。

馈线终端和开关本体采用专用电缆连接，连接电缆双端预制，采用航空插头形式，开关本体和 FTU 安装航空插座。根据柱上开关互感器/传感器配置的不同，馈线终端分为电磁式和电子式馈线终端，二者配置的航空接插件有所不同，电磁式 FTU 的航插接口包括 6 芯电源电压接口、14 芯控制信号接口和 6 芯电流接口，电子式 FTU 的航插接口包括 6 芯电源接口、10 芯控制信号接口和 14 芯电压电流接口。

电磁式 FTU 和电子式 FTU 航插接口结构示意图如图 3－45 所示。

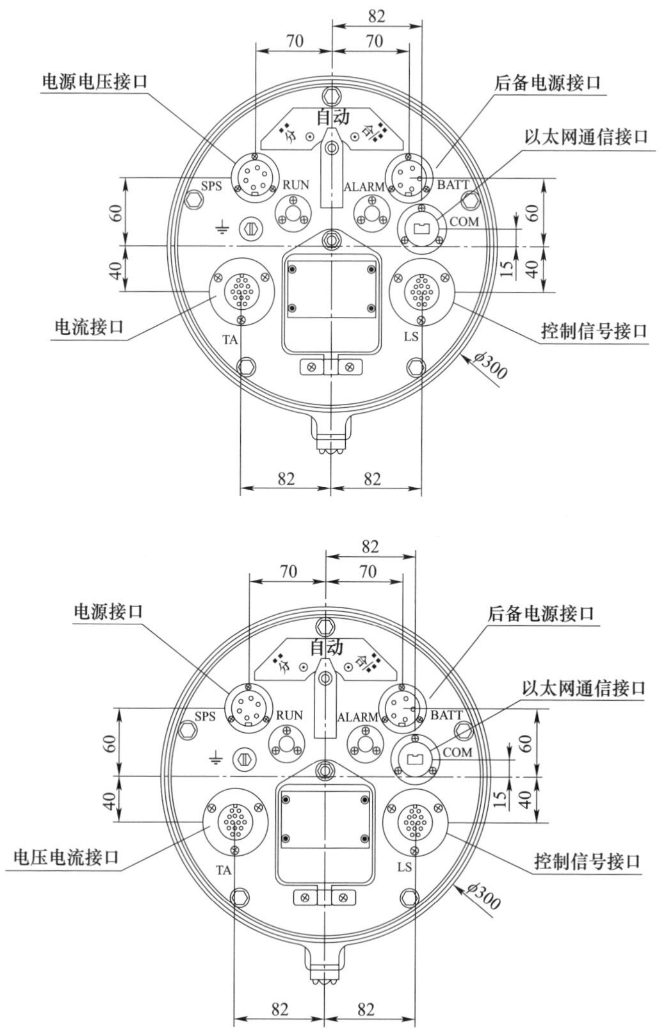

图 3－45　电磁式 FTU 和电子式 FTU 航插接口结构示意图（单位：mm）

罩式 FTU 的接口界面除了和一次侧开关连接的各类航插接口外，还包括外接式后备电源接口、以太网通信接口、告警指示灯、分合闸按钮和操作面板。

操作面板由状态指示灯、维护通信口、分合闸连接片和远方就地拨码等，有液晶面板和非液晶面板两种配置。罩式 FTU 的接口界如面图 3－46 所示。

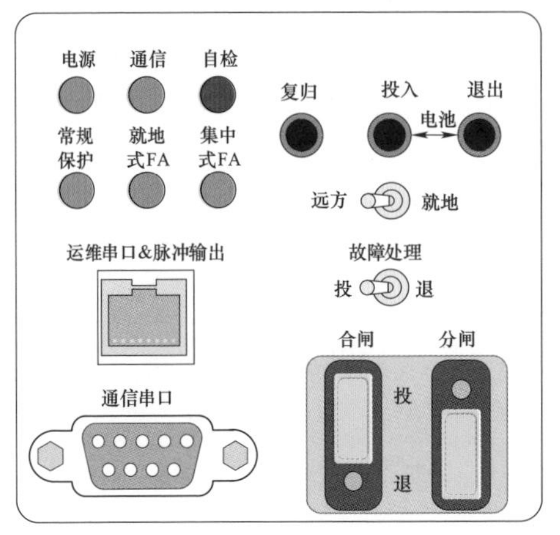

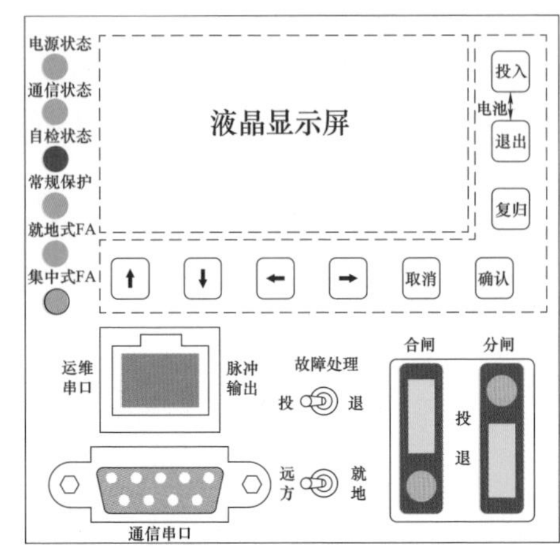

图 3－46　罩式 FTU 的接口界面

3. 故障指示器

故障指示器按照适用线路类型分为架空型与电缆性两类；按照信息传输方式分为远传型与就地型两类。国家电网公司系统内对配电线路故障指示器共计分为 9 类，即架空外施信号型远传故障指示器、架空暂态特征型远传故障指示器、架空暂态录波型远传故障指示器、架空外施信号型就地故障指示器、架空暂态特征型就地故障指示器、电缆外施信号型远传故障指示器、电缆稳态特征型远传故障指示器、电缆外施信号型就地故障指示器、电缆稳态特征型就地故障指示器，详见表 3－2。故障指示器如图 3－47 所示。

图 3－47　故障指示器

表 3－2　　故障指示器分类

适用线路类型	信息传输方式	单相接地故障检测方法	故障指示器类型	说明
架空线路	远传型	外施信号	架空外施信号型远传故障指示器	需安装专用的信号发生装置连续产生电流特征信号序列，判断与故障回路负荷电流叠加后特征
		暂态特征	架空暂态特征型远传故障指示器	线路对地通过接地点放电形成的暂态电流和暂态电压有特定关系

续表

适用线路类型	信息传输方式	单相接地故障检测方法	故障指示器类型	说明
架空线路	远传型	暂态录波	架空暂态录波型远传故障指示器	根据接地故障时零序电流暂态特征并结合线路拓扑综合研判
		稳态特征	—	单独具备该方法应用范围较窄，且在外施信号、暂态特征和暂态录波型故障指示器中均已包含
	就地型	外施信号	架空外施信号型就地故障指示器	需安装专用的信号发生装置连续产生电流特征信号序列，判断与故障回路负荷电流叠加后特征
		暂态特征	架空暂态特征型就地故障指示器	线路对地通过接地点放电形成的暂态电流和暂态电压有特定关系
		暂态录波	—	就地型无通信，目前暂无此类
		稳态特征	—	单独具备该方法应用范围较窄，且在外施信号、暂态特征和暂态录波型故障指示器中均已包含此方法
电缆线路	远传型	外施信号	电缆外施信号型远传故障指示器	需安装专用的信号发生装置连续产生电流特征信号序列，判断与故障回路负荷电流叠加后特征
		暂态特征	—	电缆型电场信号采集困难，目前暂无此类
		暂态录波	—	电缆型电场信号采集困难，目前暂无此类
		稳态特征	电缆稳态特征型远传故障指示器	检测线路的零序电流是否超过设定阈值
	就地型	外施信号	电缆外施信号型就地故障指示器	需安装专用的信号发生装置连续产生电流特征信号序列，判断与故障回路负荷电流叠加后特征
		暂态特征	—	就地型无通信，且电缆型电场信号采集困难，目前暂无此类
		暂态录波	—	就地型无通信，且电缆型电场信号采集困难，目前暂无此类
		稳态特征	电缆稳态特征型就地故障指示器	检测线路的零序电流是否超过设定阈值

下面以远传型故障指示器为主介绍其安装场景和主要功能。远传型故障指示器是一款综合利用智能传感器技术、信号处理技术、人工智能技术和信息通信技术的多功能主动监测装置，主要安装于10kV架空线路，能够实现负荷实时监测和故障准确识别。远传型故障指示器一般由采集单元和汇集单元两部分组成，配套配电自动化主站系统的拓扑识别故障定位算法使用。采集单元安装在配电架空线路上，能判断并就地指示短路和接地故障，并可采集线路负荷等信息，同时可将采集到的信息上传给汇集单元。汇集单元通过无线通信方式接收

采集单元的负荷监测信息及线路故障信息，并上传至主站，同时可接收、转发主站下发的相关信息。此外，配套的拓扑识别故障定位算法和先进的高精度时间同步算法，能够实现数据的准确采集、线路负荷的实时监测、线路故障的准确识别定位、“二遥”数据的无线上传，从而缩短线路故障定位和修复的时间，减少安全风险与经济损失，提高配电自动化水平。故障指示器在10kV架空线路场景的应用如图3－48所示。

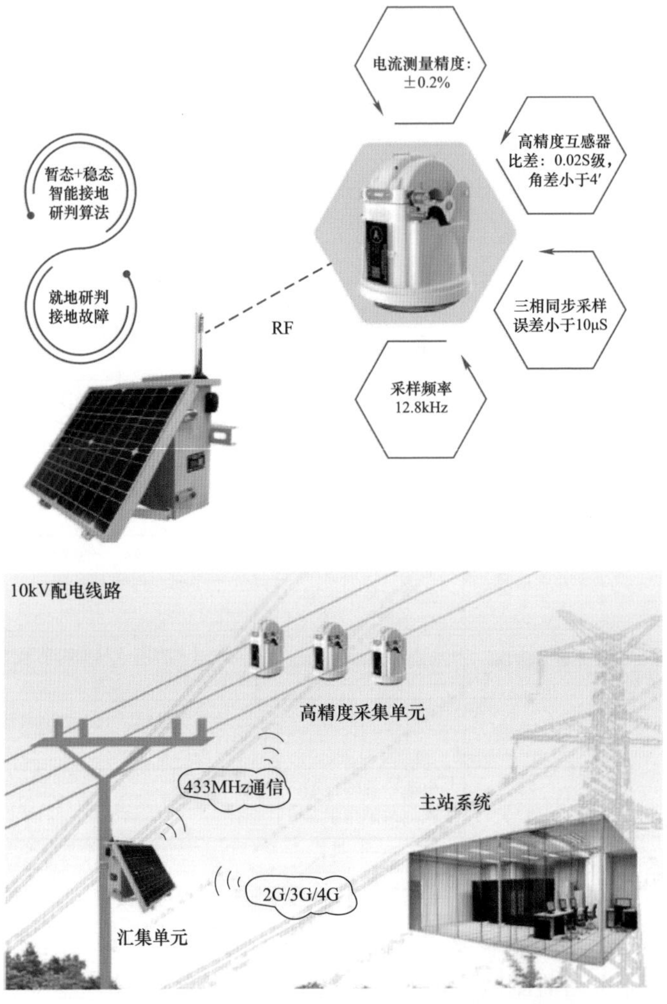

图3－48　故障指示器在10kV架空线路场景的应用

4. 一、二次融合柱上断路器

2021年3月，国家电网公司《12千伏一二次融合柱上断路器及配电自动化终端（FTU）标准化设计方案（2021版）》正式发布，配套的《国家电网有限公司一二次融合标准化配电设备技术规范》也随即固化完成。数字式一、二次融合柱上断路器由断路器本体、标准化数字式 FTU、电源 TV 及连接电缆等构成，如图 3－49 所示。

图 3－49 一、二次融合柱上断路器

基于电子式传感器和就地数字化技术打造，柱上断路器本体集成了高精度、多合一电子式传感器，可实现相电压、相电流及零序电压、零序电流的高精度、宽量程采样；就地数字化单元将电子式传感器的高精度采样数据转换成数字信号；中间 8～10m 电缆的采用数字信号传输，保证传输过程不引入任何附加误差；二次部分采用最新标准化数字式 FTU，进行状态监测、故障处理、线损计量等。数字式一、二次融合方案示意图如图 3－50 所示。

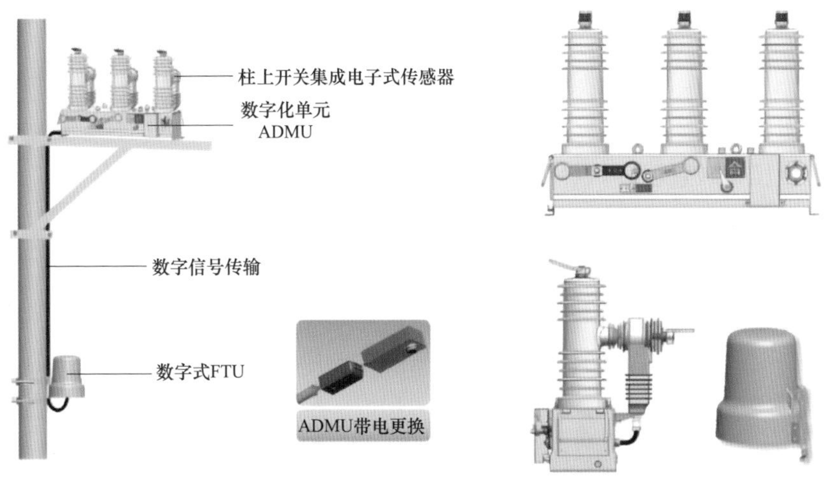

图 3－50 数字式一、二次融合方案示意图

该方案具有以下特点：

（1）标准化、全功能。满足国家电网公司一、二次融合标准化的最新要求，具备标准化的全部功能，包括集中/就地型 FA、保护及接地故障处理、线损计量功能，配备最新的安全加密、蓝牙通信、GPS/北斗定位及对时、开关特性监测等，支持无线、光纤等通信。

（2）高阻接地故障处理能力强。基于前端电子式传感器“采样准”、中间数字式传输“传的准”、后端数字式 FTU“研判准”的全流程设计，以及大变比 LPCT

突出的零序电流测量精度，该方案在高阻接地故障研判方面表现突出，先后通过武汉真型试验场最高 16kΩ 高阻接地试验、漯河真型试验场最高 20kΩ 高阻接地试验，在 2020 年四川省电力公司组织的接地故障入围测试中名列前茅。

（3）计量器具级的线损计量功能。所有电子传感器具有计量器具型式批准证书（CPA），可实现计量器具级别的线损准确计量，现场经过与关口计量装置 3 年以上并列运行对比，相对误差小于 0.5%。开关与 FTU 连接电缆简化为 8 芯设计，所有测量、遥信信号均采用数字量传输，无二次短路、开路风险，方便终端的装置级更换。电源 TV 二次信号采用 2 芯航插设计，防呆设计，无接错线及由此引发的风险隐患。

（4）丰富的可扩展性。可方便扩展开关侧温度、局部放电等监测功能，就地数字化传输，无须更改航插定义及电缆。

5. 自动化终端主要功能

配电自动化终端类型多样，按照功能可分为“三遥”终端和“二遥”终端，其功能大体相同，下面以“三遥”终端为例进行介绍。

（1）测量功能。

1）数据采集。终端具备模拟量、状态量就地采集和远传功能。模拟量包括电压、电流、频率、有功/无功功率、视在功率、功率因数、零序电压/电流、后备电源电压、装置温度、经纬度和信号强度等。状态量包括开关分/合、远方/就地、过电流Ⅰ段/过电流Ⅱ段保护动作、电压/负荷越线告警、功能软压板状态等。

终端具备遥信防抖功和双位置遥信处理功能，能防止涌流和负荷波动引起误报警，具备 TA 极性反向调整功能。

2）电能量测量。终端具备单独计量每个间隔的正向/反向有功电能量、正向/反向无功电能量和四象限无功电能量的功能，能实现电能量定点冻结、电能量日冻结和功率反向电能量冻结功能，具备电度清零功能。

（2）控制功能。终端接受配电自动化主站的控制命令，完成开关分合闸和电池活化启停等开关量输出控制，具备远方/就地切换开关和控制/保护出口硬压板，支持控制出口软压板功能。终端保护出口和控制出口独立，具备就地维护时就地切除故障能力。

（3）保护功能。终端具备相间短路和不同中性点接地方式下接地故障的故障检测、判断与录波功能，且接地故障可在现场不具备零压和零流测量条件下实现。终端支持上送故障事件，包括故障遥信信息及故障发生时刻开关电压、电流值，支持录波数据循环存储并上传至主站。具备故障就地动作功能，可直接切除相间短路故障和不同中性点接地方式下接地故障，故障就地动作功能支持按间隔投退。

终端具备自动重合闸和过电流、零序过电流、小电流接地保护后加速功能，具备励磁涌流防误动作、非遮断电流闭锁、失电压告警、零序过电压告警、TV断线告警等功能。远方/就地转换开关不限制保护出口。具备故障指示手动复归、自动复归和主站远程复归功能。

相间短路故障检测采用过电流检测原理，具有过电流保护跳闸和告警功能，具备三段保护，可对保护动作时限/告警时限、电流定值进行设定。小电阻接地系统中的单相接地短路故障检测采用零序电流越限原理，具有零序电流保护跳闸和告警功能，具备两段保护，可对保护动作时限/告警时限、电流定值进行设定。

中性点非有效接地系统的单相接地故障（简称小电流接地故障）定位方要有零序电流、注入信号和暂态定位法。

（4）分布式馈线自动化功能。对配电网故障定位、隔离、恢复快速性要求较高的场合，在主干线、母线、首开关、联络开关等配置分布式 FA，通过 GOOSE 通信实现信号交互，主干线使用信号量纵联保护。主要适用于单电源辐射状、单环网、双环网、双花瓣、N 供一备、N 供多备等典型网架。

分布式馈线自动化处理不依赖主站或子站，主要通过检测故障区段两侧短路电流、接地故障的特征差异，通过相互通信自动实现馈线的故障定位、隔离和非故障区域恢复供电的功能，并将处理过程及结果上报配电自动化主站，上报信息包括但不限于 FA 投退、FA 闭锁、FA 跳闸动作、FA 合闸动作、转供闭锁、拒动信息、通信异常等。终端支持速动型馈线自动化，模式可通过定值投退，支持主站远方投退分布式馈线自动化软压板，配套分布式馈线自动化维护工具软件。

（5）通信功能。

1）远程通信。终端具备远程通信接口，采用光纤通信时具备通信状态监视及通道端口故障监测功能，采用无线通信时具备监视通信模块状态等功能。无线通信采用公网专网合一（公网 4G/3G/2G 五模自适应、专网 4G）远程通信模块，支持公网 4G/3G/2G 五模自适应、专网 4G，宜支持 5G，支持端口数据监视功能，具备网络中断自动重连功能。无线通信模块应支持本地维护功能，可通过本地维护接口支持调试、参数设置、状态查询和软件升级，具备监测无线信号强度，并记录上传。

2）本地通信。终端具备串口通信功能，用于本地运维和通信扩展。终端通过串口和电源模块通信，终端维护串口采用 RS232 线与维护工具连接。终端应具备 1 路安全加密的蓝牙通信模块，用于终端本地运维，支持蓝牙 4.2 及以上版本。终端核心单元/公共单元支持本地无线通信模块连接。终端本地状态感知数据应支持微功率无线通信方式。终端其他本地通信协议应支持 Modbus、101 等协议，可灵活适应现场要求，具备通信接收电缆接头温度、柜内温湿度等状态监测数据功能，具备通信接收备自投等其他装置数据功能。

（6）电源功能。终端配套电源应能满足终端、配套通信模块同时运行，并为开关电动操动机构提供电源。主供电源具备双路交流电源输入和自动切换功能。配备后备电源，当主供电源供电不足或消失时，能自动无缝投入，当主供电源恢复供电后，终端应自动切回到主供电源供电。终端具备智能电源管理功能，后备电源为蓄电池时，应具备定时、远方活化功能，具备低电压报警和欠压切除等保护功能，可上传电池电压、低电压报警信号、交流掉电信号、电池活化状态信号、主动活化最大放电时长、主动活化当前放电时长等信息。

（7）其他功能。

1）管理功能。终端具备当地及远方设定定值功能和运行参数的当地及远方调阅与配置功能，配置参数包括零门槛值（零漂）、变化阈值（死区）、重过载报警限值、短路及接地故障动作参数等。终端具备终端固有参数的当地及远方调阅功能，调阅参数包括终端类型及出厂型号、终端 ID 号、嵌入式系统名称及版本号、硬件版本号、软件版本号、通信参数及二次变比等。终端具备当地及远方设定定值功能，宜遵循统一的查询、调阅软件界面要求，支持程序远程下载，支持安全密钥远程下载，提供当地调试软件或人机接口。具备终端日志记录功能和明显的线路故障、终端状态和通信状态等就地状态指示信号。

2）对时和定位功能。终端具备对时功能，应支持北斗/GPS、规约通信等对时方式，接收主站或其他时间同步装置的对时命令，与系统时钟保持同步，优先使用北斗/GPS 对时。终端自带北斗/GPS 双模模块，提供天线接口，通过外接天线实现与北斗/GPS 的连接。终端具备北斗/GPS 定位功能，定位精度不大于 10m，具备将定位数据上送主站功能。

3）安全功能。终端具备基于内嵌安全芯片实现的信息安全防护功能，支持安全密钥管理功能，包括远程下载、更新、恢复等。当采用串口进行本地运维时，终端应基于内嵌安全芯片，实现对运维工具的身份认证，以及交互运维数据的加解密。当采用蓝牙通信方式进行本地运维时，终端应采用支持安全加密功能的蓝牙通信模块，实现与运维工具之间的连接加密，并通过终端内嵌安全芯片，实现终端对运维工具的身份认证和数据加解密。

6. 配电自动化终端侧调试验收

实际工作中，配电自动化终端应先进行本地调试，本地调试是调试人员就地连接配电自动化终端进行调试，主要用于观察配电自动化终端的功能是否完备。如果本地调试后确定设备一切正常，则具备了主站联调的条件，进行主站联调就是主站运维人员通过主站是否能正确看到终端上送的各种信号，最后上报运维人员进行验收。

（1）配电自动化终端本地调试。本地调试需对装置进行运行检查、交流采样测试、遥信测试、遥控测试、保护和定值测试。

1）终端运行检查。本地调试前终端进行的检查一般有以下内容：

a. 装置通电检查。通电后，插件指示灯应完好，各按键功能正确，复位按钮功能正确，告警指示正确、信号正确。

b. 装置参数配置。装置参数配置检查包括确认程序版本、硬件版本，检查终端是否按规范分配终端参数信息体地址等。尤其要核对配电终端装置间隔的TA（电流互感器）和TV（电压互感器）变比，用于计算遥测相应系数和计算定值，输入软件进行终端设置。

c. 直流和通信检查。直流测试主要进行直流低压切除试验、直流欠压告警试验，作为后备电源的直流设备在欠压时应当能够主动及时上送告警信号，若过度放电低于能够独立供电的最低值，处于保护设备的目的直流后备电源应当能自动切除。

通信测试主要对无线信号强度和光纤光强进行测试，为主站联调做好准备。

d. 安防检查。安防检查应对终端开放端口进行扫描，将不必要的端口加以关闭。检查开放端口是终端安防需要。配电终端应禁用FTP（21）、TELNET（23）、WEB（80）访问等服务，如确有业务需要，应使用SSH服务，并使用强口令。

首先使用SSH服务，输入netstat－an指令，对终端已开放的端口进行扫描，如图3－51所示。从扫描结果可知，终端的FTP端口仍未关闭。

图3－51 终端端口扫描界面

使用 kill $（pidof inetd）指令关闭 21 端口，并使用 netstat－an 再次扫描，确认 21 端口已关闭，如图 3－52 所示。

```
root@omapl138:~# kill $(pidof inetd)
root@omapl138:~# netstat -an
Active Internet connections (servers and established)
Proto Recv-Q Send-Q Local Address           Foreign Address         State
tcp        0      0 0.0.0.0:8001            0.0.0.0:*               LISTEN
tcp        0      0 0.0.0.0:2404            0.0.0.0:*               LISTEN
tcp        0      0 0.0.0.0:8686            0.0.0.0:*               LISTEN
tcp        0      0 0.0.0.0:6000            0.0.0.0:*               LISTEN
tcp        0      0 0.0.0.0:18002           0.0.0.0:*               LISTEN
tcp        0      0 0.0.0.0:22              0.0.0.0:*               LISTEN
tcp        0     96 192.168.1.101:22        192.168.1.77:30648      ESTABLISHED
tcp        0      0 :::22                   :::*                    LISTEN
udp    65280      0 0.0.0.0:6001            0.0.0.0:*
udp        0      0 0.0.0.0:6002            0.0.0.0:*
Active UNIX domain sockets (servers and established)
Proto RefCnt Flags       Type       State         I-Node Path
root@omapl138:~#
```

图 3－52　关闭端口与扫描确认

其余端口扫描参照以上操作方式进行核准。

2）交流采样测试。本地遥测调试是非常重要的一环，它影响到线路投运后主站对现场运行情况监视的有效性和保护功能的可靠性、灵敏性，在配电终端的调试中都采用继电保护测试仪模拟加量的方法进行检查测试。

a. 电流回路。以南瑞 PDZ920 装置和 IECManager 调试软件为例，图 3－53 是终端的相电流测量回路接线图，进行电流遥测加量时，将二次室中 A421、B421、C421、N421 处一次设备侧的回路短接，配电终端与一次设备的接线断开（可以断开端子连片），继电保护测试仪的 I_a、I_b、I_c、I_n 向终端侧输入模拟量，此时继电保护测试仪的输出电压代替了一次设备实际运行时的感应电流二次值。接线示意图如图 3－54 所示（不同终端回路编号可能与本例不同，应根据实际回路接线）。

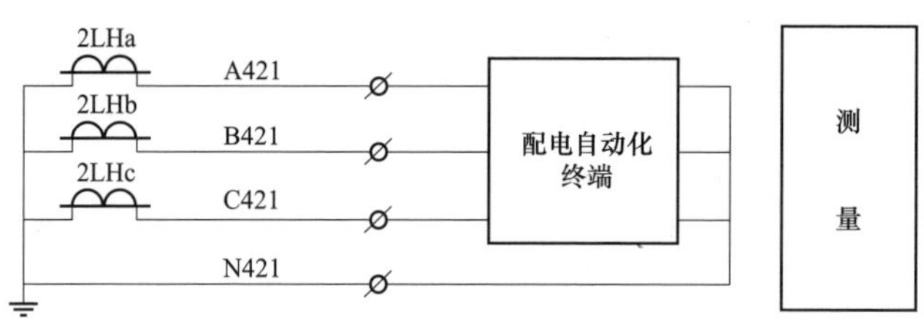

图 3－53　电流测量回路

继电保护测试仪的 I_a、I_b、I_c 输出对应相电流值，I_a、I_b、I_c 输出 5A。此时调试软件中应当出现相应的“线路 01_Ia”“线路 01_Ib”“线路 01_Ic”（不同软件的名称可能与本例不同），电流采样测试继电保护测试仪加量界面和电流采样测试软件界面如图 3－55 和图 3－56，核对继电保护测试仪输出量与调试软件中显示的采样值是否相同。

(a) 线端 1

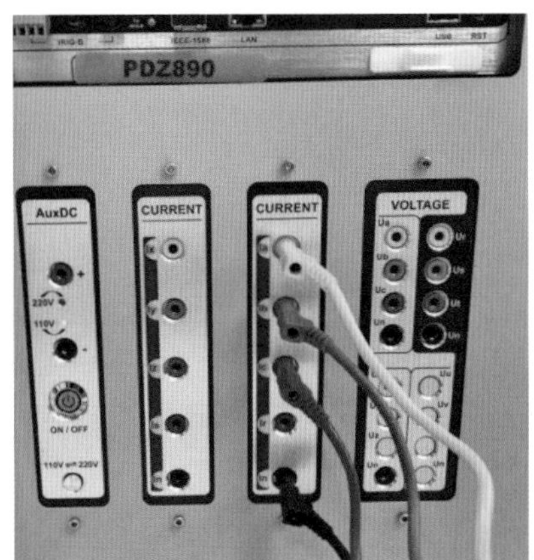

(b) 线端 2

图 3－54 电流测量回路接线示意图

☑	Ia	5.000	A	330	°	0x4015		A
☑	Ib	5.000	A	210	°	0x4016		A
☑	Ic	5.000	A	90	°	0x4017		A
☑	Ix	0.000	A	0.0	°	0x0000		A

图 3－55 电流采样测试继电保护测试仪加量界面

线路06保护定值
线路07保护定值
线路08保护定值
采样信息参数(G
装置参数(GIN:5
系统参数(GIN:6
BI参数(GIN:8[8
遥控参数(GIN:9
蓄电池管理参数
精度校验参数(G
遥测越限参数(G
交流通道调整参
单相接地检测参
测量值
线路01保护测量
线路02保护测量
线路03保护测量
线路04保护测量

线路01

	GIN	描述	二次值	单位
1	0x0129	线路01_P	0.0000	W
2	0x0229	线路01_Q	0.0000	Var
3	0x0329	线路01_S	0.0000	VA
4	0x0429	线路01_COS	0.0000	
5	0x0f29	线路01_Ia	5.0006	A
6	0x1029	线路01_Ib	5.0006	A
7	0x1129	线路01_Ic	5.0009	A
8	0x1229	线路01_I0	0.0000	A
9	0x1329	线路01自产零序电流	0.0000	A
10	0x1429	线路01零序不平衡度	0.000	

图 3－56 电流采样测试软件界面

零序电流采样测试接线和加量参照相电流回路。

b. 电压回路。电压回路的接线可根据 TV 实际接线方式选择星形接线或 VV 接线，本例以 VV 接线为例进行说明。配电终端内的电压测量回路如图 3－57 所示，电压回路先经过 1ZKK1 的空气开关，然后进入装置采样板。

以南瑞 PDZ920 装置和 IECManager 调试软件为例。

进行电压采样测量时，将配电终端内 UD1、UD2、UD3、UD4 处一次设备侧的接线断开，将解开的线头用绝缘胶布包裹。因为电压互感器采用 VV 接线，

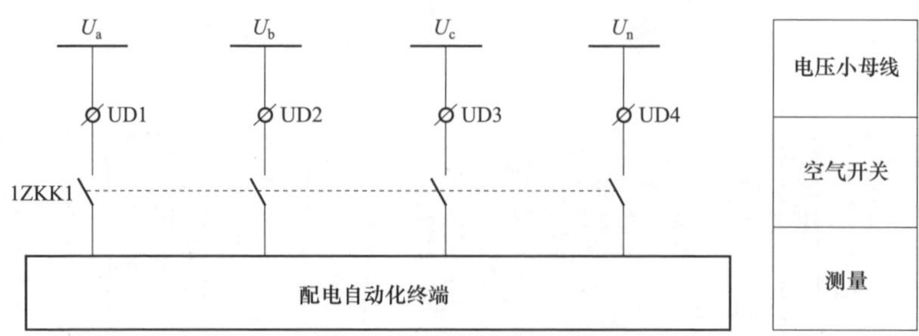

图 3–57　电压测量回路

终端在内部已经将 1TVb 与 2TVb 短接，即 U_n 与 U_b 短接，继电保护测试仪输出的 U_a、U_c、U_n 的接线应对应终端端子排的 U_a（1TVa）、U_c（2TVc）、U_n/U_b（1TV$_b$/2TV$_b$），接线时只需要选择 UD2 或 UD4 某一个端子接继电保护测试仪的 U_n 即可，UD1、UD3 分别接继电保护测试仪的 U_a、U_c 即可。接线示意图如图 3–58 所示（不同终端回路编号可能与本例不同，应根据实际回路接线）。

(a) 线端 1

(b) 线端 2

图 3–58　电压测量回路接线示意图

继电保护测试仪的 U_a、U_c 输出对应线电压值，如图 3–59 所示，U_a、U_c 输出 100V。此时调试软件中应当出现相应的“Ⅰ母 U_{ab}”、“Ⅰ母 U_{bc}”（不同软件的名称可能与本例不同），如图 3–60 所示，核对继电保护测试仪输出量与调试软件中显示的采样值是否相同。

零序电压采样测试接线和测试方式参照线电压回路。

c. 功率（有功功率、无功功率）和功率因数测试。电压、电流回路的接线不变，通过继电保护测试仪加量，分别施加 $U_{ab}=U_{bc}=100$V、$I_a=I_b=I_c=5$A，相电压超前相电流 30°，如图 3–61 所示。

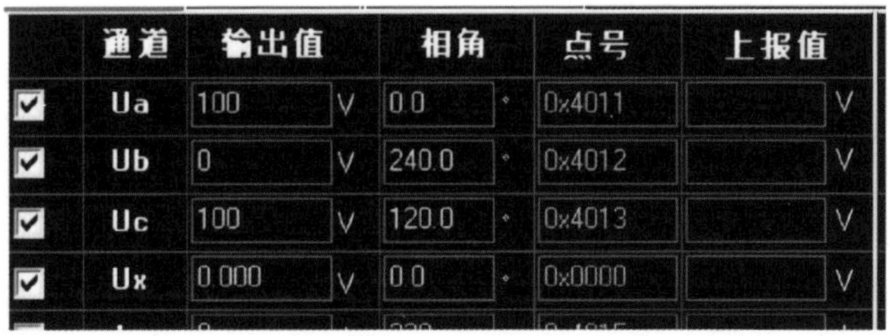

	通道	输出值		相角		点号	上报值	
☑	Ua	100	V	0.0	°	0x4011		V
☑	Ub	0	V	240.0	°	0x4012		V
☑	Uc	100	V	120.0	°	0x4013		V
☑	Ux	0.000	V	0.0	°	0x0000		V

图 3－59　电压采样测试继电保护测试仪加量界面

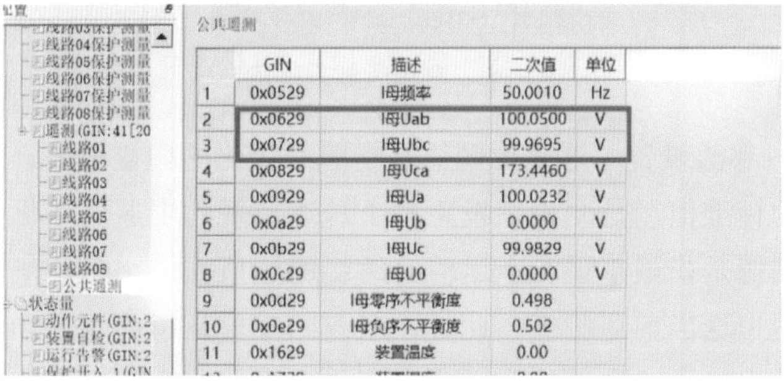

公共遥测

	GIN	描述	二次值	单位
1	0x0529	I母频率	50.0010	Hz
2	0x0629	I母Uab	100.0500	V
3	0x0729	I母Ubc	99.9695	V
4	0x0829	I母Uca	173.4460	V
5	0x0929	I母Ua	100.0232	V
6	0x0a29	I母Ub	0.0000	V
7	0x0b29	I母Uc	99.9829	V
8	0x0c29	I母U0	0.0000	V
9	0x0d29	I母零序不平衡度	0.498	
10	0x0e29	I母负序不平衡度	0.502	
11	0x1629	装置温度	0.00	

图 3－60　电压采样测试软件界面

	通道	输出值		相角		点号	上报值	
☑	Ua	100.0	V	30.0	°	0x4011		V
☑	Ub	0.000	V	240.0	°	0x4012		V
☑	Uc	100.0	V	90.0	°	0x4013		V
☑	Ux	0.000	V	0.0	°	0x0000		V
☑	Ia	5.000	A	330	°	0x4015		A
☑	Ib	5.000	A	210	°	0x4016		A
☑	Ic	5.000	A	90	°	0x4017		A
☑	Ix	0.000	A	0.0	°	0x0000		A

图 3－61　功率、功率因数测试继电保护测试仪加量界面

根据公式：$P=\sqrt{3}\times$线电压$U\times I\times\cos\Phi$；$Q=\sqrt{3}\times U\times I\times\sin\Phi$，其中 U 为线电压。

此时 $P=\sqrt{3}\times100\times5\times\cos30°=750\text{W}$，$Q=\sqrt{3}\times100\times5\times\sin30°=433.01\text{var}$。

核对继电保护测试仪输出量与调试软件中显示的“线路 01_P”“线路 01_Q”“线路 01_COS”（不同软件的名称可能与本例不同）的采样值是否正确，完成有功功率、无功功率、功率因数测试。功率、功率因数采样测试软件界面如图 3－62 所示。

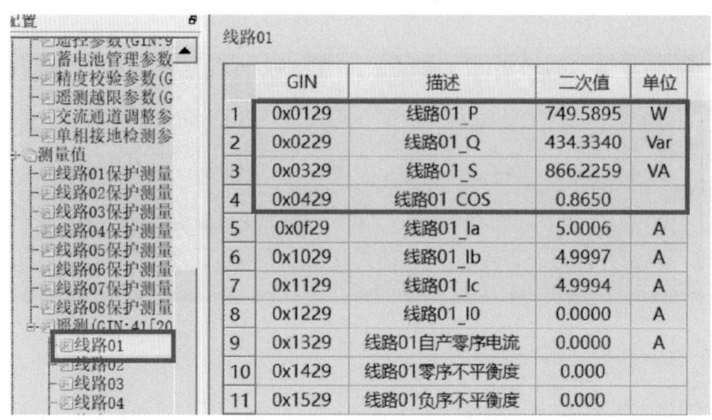

	GIN	描述	二次值	单位
1	0x0129	线路01_P	749.5895	W
2	0x0229	线路01_Q	434.3340	Var
3	0x0329	线路01_S	866.2259	VA
4	0x0429	线路01_COS	0.8650	
5	0x0f29	线路01_Ia	5.0006	A
6	0x1029	线路01_Ib	4.9997	A
7	0x1129	线路01_Ic	4.9994	A
8	0x1229	线路01_I0	0.0000	A
9	0x1329	线路01自产零序电流	0.0000	A
10	0x1429	线路01零序不平衡度	0.000	
11	0x1529	线路01负序不平衡度	0.000	

图 3－62　功率、功率因数采样测试软件界面

d. 死区、零漂设置。遥测死区值是指遥测变化的门槛阈值，是用于判断遥测是否变化的标准值，是允许突发主动上送通信规约中遥测变化报文上送的依据。遥测零漂值是指最小遥测上送值，终端遥测值如果小于此值，遥测上送为零，大于此值上送当前遥测值。此外，遥测归零值是指终端采样输入电压或电流为零时，输出电压或电流偏离零值的变化，为过滤由此出现的零漂而设定的显示门槛值叫归零值。死区和零漂对遥测具有重要的意义，因此需要设置成合适的值。

3）遥信测试。配电终端的遥信信号包括远方/就地、交流失电、开关合位/分位、地刀位置（环网柜）、蓄电池活化、蓄电池欠压等，依次进行验证。

不同的装置调试软件的界面对遥信状态的显示也不同。部分装置的遥信信号后的位置状态就是分/合，但也有装置的遥信信号用 0/1 来表示，如果表示开关远方的遥信信号显示为 1（或合），就表示此时远方/就地把手正打在远方；如果表示开关远方的遥信信号显示为 0（或分），就表示此时远方/就地把手正打在就地。

其中，开关的分合位的遥信一般采用双位遥信，一个信号作为主要信号，另一个信号作为辅助判定信号。断路器在合位时开关合位遥信为 1（或合）、开关分为遥信为 0（或分），同时双位遥信为二进制的 10（转换成十进制为 2，不同软件采用的进制不同，根据实际情况核对）。反之，双位遥信为二进制的 01（转换成十进制为 1）。

以南瑞 PDZ920 装置和 IECManager 调试软件为例，进行开关分合位遥信测试。

a. 对开关进行本地合闸操作，在维护软件中观察遥信变位的事件记录（见图 3－63），或在遥信状态表中也可以看到变位情况。

图 3-63 开关合闸遥信变位情况

b. 对开关进行本地分闸操作，在维护软件中观察遥信变位的事件记录（见图 3-64）。

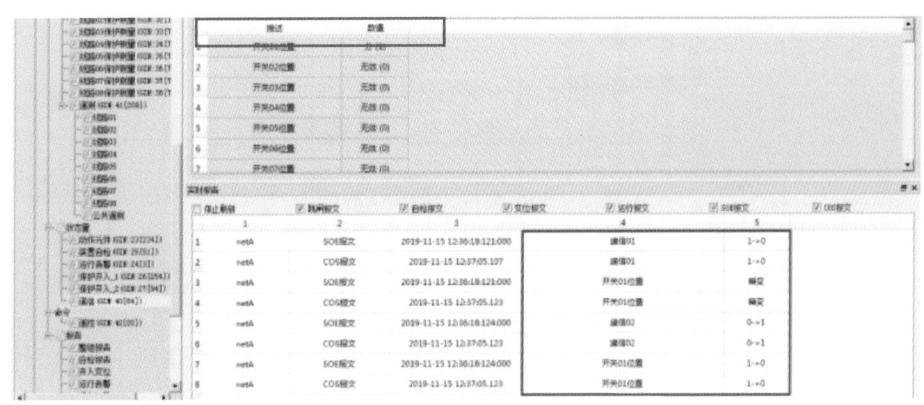

图 3-64 开关分闸遥信变位情况

其余遥信测试参照进行。

4）遥控测试。配电终端配置“三遥”功能，在进行主站联调前，应当用调试软件模拟主站，对终端先进行遥控测试。一般遥控开关能否正常分合闸、蓄电池能否正常活化。

以南瑞 PDZ920 装置和 IECManager 调试软件为例，进行遥控测试。

a. 在调试软件中找到开关对应的遥控点位，本例中的开关对应的是“遥控01”，右击选择“控合”或者“控分”，在对话框内点击“确定”，如图 3-65 所示，此时软件向终端发出合闸或者分闸遥控预置指令。

b. 遥控预置成功后需要进行执行确认，如图 3－66 所示，点击“执行命令”开关会相应动作，如果点击“撤销命令”将会取消遥控。

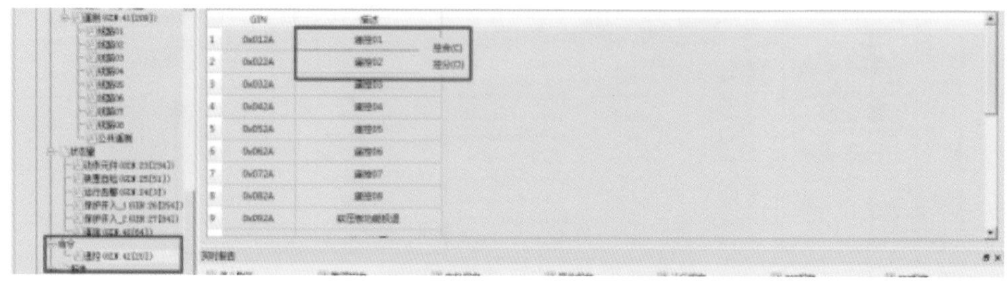

图 3－65　调试软件遥控选择界面

图 3－66　遥控执行确认界面

c. 执行成功后，需核对遥信变位是否正确、开关实际是否动作。蓄电池活化遥控测试参照进行。

5）保护和定值测试。配电自动化是在继电保护和自动装置基础上二次系统的高级发展，是配电网运行和供电服务的重要保障。最普遍使用的线路保护一般有三段式过电流保护（过电流Ⅰ段、过电流Ⅱ段、过电流Ⅲ段）、两段式零序过电流保护（零序过电流Ⅰ段、零序过电流Ⅱ段），针对性使用的包括过电压保护、低电压保护、失电压保护、重载、过载、零序电压保护等。

根据不同保护的要求，终端可以控制断路器只告警也可以告警的同时就地跳闸，如果一次设备是负荷开关则需要另投入非遮断动作（部分厂家叫停电跳闸功能），确保负荷开关不分断大电流。在一些特殊情况下，如判断配电终端保护动作的正确性和线路不明原因跳闸时，可以利用故障录波记录下来的电流、电压波形进行分析。

整条线路的开关如果跳闸时限、定值有所配合，将会形成可以对配电网进行故障就地隔离的分级保护系统。本节对单台终端的定值和保护进行介绍，其中以过电流保护中的过电流Ⅰ段对保护和定值测试工作的全流程进行说明，其余保护也应当按定值下达和设置、保护试验接线、保护测试、录波调阅的顺序进行试验，但受限于篇幅在此只对保护逻辑和测试过程进行介绍。

a. 过电流保护。以南瑞 PDZ920 装置和 IECManager 调试为例，进行过电流Ⅰ段的定值设定和保护测试，过电流Ⅱ段、过电流Ⅲ段参照进行。

过流保护的主判据是：$I_{max}>I_{nzd}$。其中 I_{max} 为最大相电流，I_{nzd} 为各段过电流定值。当某一段的电流定值设置为 0A 时，表示该段的过电流保护功能退出（保护退出的判定不同装置有区别，需根据实际情况）。逻辑图如图 3－67 所示。

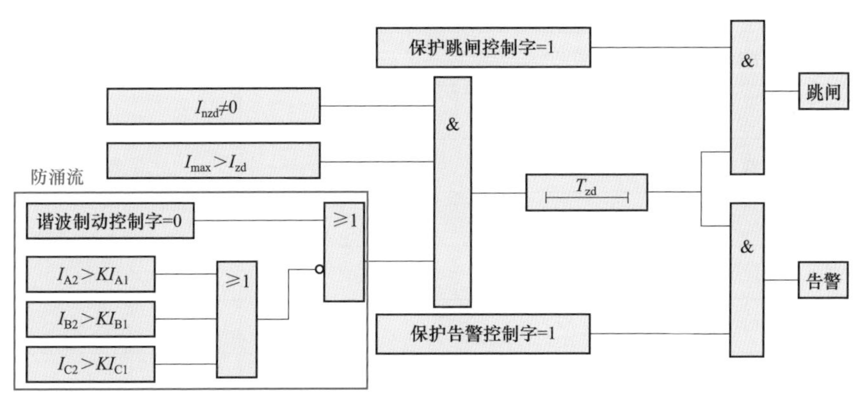

图 3－67 过电流保护逻辑图

该装置为了防止励磁涌流因此过电流保护的误动，根据励磁涌流中含有大量二次谐波分量的特点，还增加了二次谐波制动逻辑。当检测到相电流中二次谐波含量大于整定值时就将过电流保护功能闭锁，以防止励磁涌流引起误动。二次谐波制动元件的动作判据为 $I_2>KI_1$，其中 I_1、I_2 分别为相电流中的基波分量和二次谐波分量的幅值，K 为二次谐波制动比，按躲过各种励磁涌流下最小的二次谐波含量整定。

a） 定值下达和设置。配电终端采集的是经过 TA 感应后的二次值，运维人员的定值均按一次值下达定值单，因此需要调试人员根据 TA 变比计算。配电自动化终端定值单见表 3－3。

在 TA 变比为 600/5 的情况下，过电流Ⅰ段的定值是 720A、0.15s，则计算后设置在调试软件中的值应当为 6A、0.15s，另外根据定值单上告警、出口、录波的投入情况，相应进行设置。设置的定值如图 3－68 所示。

表 3-3　　　　配电自动化终端定值单

配电自动化终端定值单			
上级变电站		线路名称	
终端名称		定值单编号	
关联变更单/停电单			
拟启用分级保护的断路器间隔名称：			
装置厂家型号、版本号、出厂年月	装置厂家：　版本号： 版本号：　出厂年月：		
TA 额定一次值		TA 额定二次值	
零序 TA 额定一次值		零序 TA 额定二次值	
过电流Ⅰ段告警投退			投入
过电流Ⅰ段出口投退			投入
过电流Ⅰ段定值			720A
过流Ⅰ段时间			0.15s
过电流Ⅱ段告警投退			
过电流Ⅱ段出口投退			
过电流Ⅱ段定值			
过电流Ⅱ段时间			
零序过电流告警投退			
零序过电流出口投退			
零序过电流定值			
零序过电流时间			
定值编制人		编制日期	
定值审核人		审核日期	
定值设置人		设置日期	
定值验收人		验收日期	

注 1 定值单编号以申请日期为前缀，后缀由 01 开始顺序编号。

2 相关控制字、软压板等请调试人员按保护装置情况进行设置正确，定值单中不用的保护功能控制字及相关压板退出并且定值放最不易动作值，以现场试验合格为准。

线路01过流Ⅰ段告警投退	1
线路01过流Ⅰ段出口投退	1
线路01过流Ⅰ段录波投退	1
线路01过流Ⅰ段电流	6.00
线路01过流Ⅰ段时限	0.15
线路01过流Ⅰ段-出口配置	0x0001

图 3–68 某开关过电流Ⅰ段定值配置

b）保护试验接线。根据交流采样测试中所述的将一次设备侧的电流回路短接，断开电流端子的连片，连接继电保护测试仪。

c）保护测试。合上硬压板和软压板，将配电终端（和一次间隔）“远方/就地”把手切至远方，分别加 0.95 倍/1.05 倍过电流定值 200ms 进行试验并记录试验结果。0.95 倍过电流定值时测试仪设置如图 3–69 所示，1.05 倍过电流定值时测试仪设置如图 3–70 所示。

此时，电流值未超过保护定值，开关应无告警、不动作。

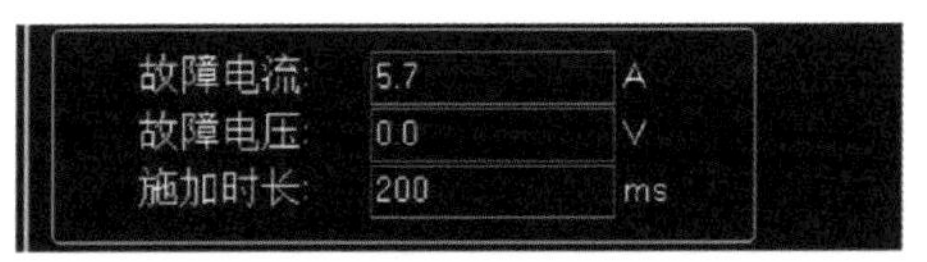

图 3–69 0.95 倍过电流定值时测试仪设置

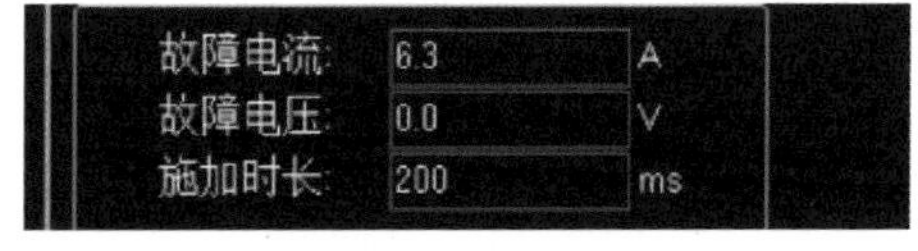

图 3–70 1.05 倍过电流定值时测试仪设置

模拟的故障电流超过设置的定值，故障状态持续超过时限，开关应当根据设置的发出告警并出口，同时将故障时刻的电压、电流波形记录下来。过电流Ⅰ段保护启动的告警和动作信号如图 3–71 所示。

跳闸报文	2019-11-14 16:26:10:922	线路01保护启动录波
跳闸报文	2019-11-14 16:26:11:066	线路01过流Ⅰ段动作
跳闸报文	2019-11-14 16:26:11:066	线路01过流Ⅰ段动作录波
跳闸报文	2019-11-14 16:26:11:066	线路01过流Ⅰ段告警

图 3–71 过电流Ⅰ段保护启动的告警和动作信号

d）录波调阅。进入文件召唤，将装置目录选定/media/wave/comtrade，选择读取文件列表，勾选所需录波文件并启动召唤，即可调阅本次保护试验的录波文件。调阅保护试验的录波文件如图 3–72 所示。

e）试验结果记录。保护试验的结果可以按表 3–4 的格式进行记录。

图 3-72　调阅保护试验的录波文件

表 3-4　　　　保护功能测试记录单

保护功能测试		
告警类型	0.95 倍整定电流 大于整定延时	1.05 倍整定电流 大于整定延时
过电流保护整定值： 6A、0.15s	指示灯□ 遥信□ 录波□	指示灯□ 遥信□ 录波□

b. 零序过电流保护。零序过电流保护的主判据是 $I_{0\max}>I_{nzd}$。其中 $I_{0\max}$ 为最大零序电流，I_{nzd} 为各段零序过电流定值。

以南瑞 PDZ920 装置和 IECManager 调试为例，进行零序过电流Ⅰ段的定值设定和保护测试，零序过电流Ⅱ段参照进行。

在零序 TA 变比为 20/1 的情况下，零序过电流Ⅰ段的定值是 20A、3s，则计算后设置在调试软件中的值应当为 1A、3s，另外根据定值单上告警、出口、录波的投入情况，相应进行设置。设置的定值如图 3-73 所示。

线路01零序过流Ⅰ段告警投退	1
线路01零序过流Ⅰ段出口投退	1
线路01零序过流Ⅰ段录波投退	1
线路01零序过流Ⅰ段电流	1.00
线路01零序过流Ⅰ段时限	3.00
线路01零序电流突变定值	0.60
线路01零序过流Ⅰ段-出口配置	0x0001

图 3-73　某开关零序过电流Ⅰ段定值配置

分别加 0.95 倍/1.05 倍零序过电流定值 3050ms 进行试验并记录试验结果。0.95 倍零序过电流定值时测试仪设置如图 3－74 所示，1.05 倍零序过电流定值时测试仪设置如图 3－75 所示。

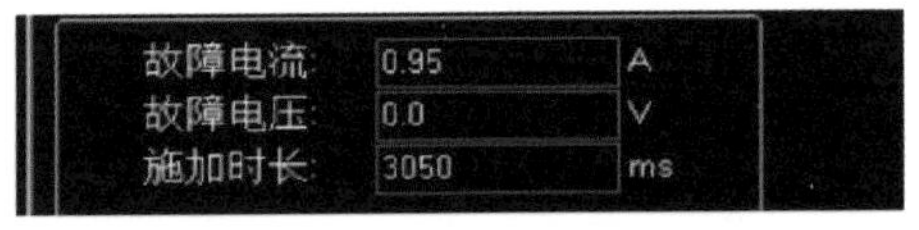

图 3－74　0.95 倍零序过电流定值时测试仪设置

图 3－75　1.05 倍零序过电流定值时测试仪设置

此时，电流值未超过保护定值，开关应无告警、不动作。

模拟的故障电流超过设置的定值，故障状态持续超过时限，开关应当根据设置的发出告警并出口，同时将故障时刻的电压、电流波形记录下来。零序过电流保护启动的告警和动作信号如图 3－76 所示。

跳闸报文	2019-11-14 17:13:41:767	线路01零序过流 I 段动作
跳闸报文	2019-11-14 17:13:41:767	线路01零序过流 I 段动作录波
跳闸报文	2019-11-14 17:13:41:767	线路01零序过流 I 段告警

图 3－76　零序过电流保护启动的告警和动作信号

c. 过电压保护。当任意一线电压幅值超过过电压定值 U_{zd} 且 $U_{zd}>U_n$，并达到过电压时限 T_{zd} 时动作，其中 U_n 为母线 TV 保护二次值。若母线 TV 断线则将过电压保护功能闭锁。逻辑图如图 3－77 所示。

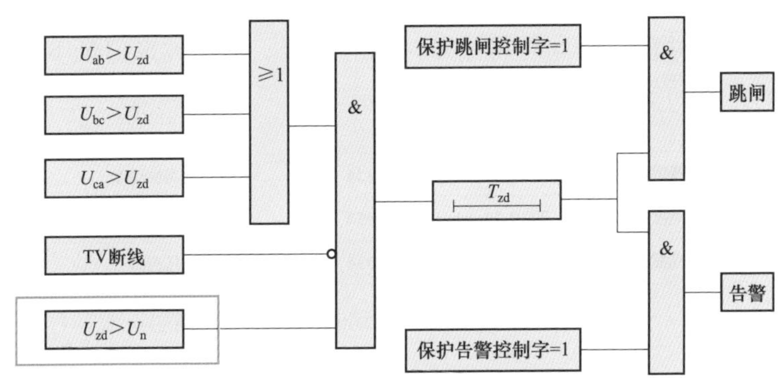

图 3－77　过电压保护逻辑图

以南瑞 PDZ920 装置和 IECManager 调试为例。

在 TV 变比为 10/0.1 的情况下，过电压保护定值是 12kV、12s（定值必须高于额定电压），则计算后设置在调试软件中的值应当为 120V、12s，另外根据定值单上告警、出口、录波的投入情况，相应进行设置。设置的定值如图 3－78 所示。

Ⅰ母过压告警投退	1
Ⅰ母过压出口投退	1
Ⅰ母过压录波投退	1
Ⅰ母过压电压定值	120
Ⅰ母过压时间定值	12
Ⅰ母过压Ⅰ段-出口配置	0x0001

图 3－78　某开关过电压保护定值配置

分别加 0.95 倍/1.05 倍过电压保护定值 12050ms 进行试验并记录试验结果。0.95 倍过电压保护定值时测试仪设置如图 3－79 所示，1.05 倍过电压保护定值时测试仪设置如图 3－80 所示。

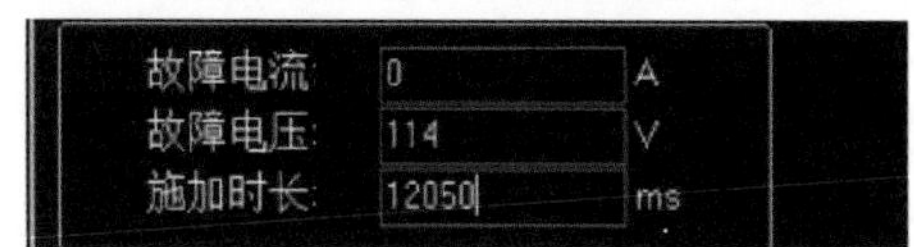

图 3－79　0.95 倍过电压保护定值时测试仪设置

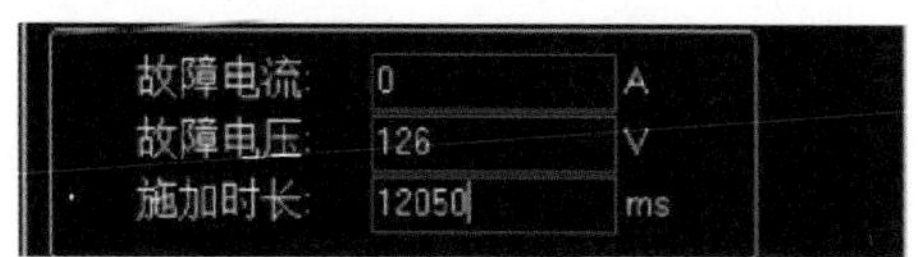

图 3－80　1.05 倍过电压保护定值时测试仪设置

此时，电压值未超过保护定值，开关应无告警、不动作。

模拟的故障电压超过设置的定值，故障状态持续超过时限，开关应当根据设置的发出告警并出口，同时将故障时刻的电压、电流波形记录下来。过电压保护启动的告警和动作信号如图 3－81 所示。

跳闸报文	2019-11-14 19:10:42:934	Ⅰ母过压保护动作
跳闸报文	2019-11-14 19:10:42:934	Ⅰ母过压动作录波
跳闸报文	2019-11-14 19:10:42:934	Ⅰ母过压告警

图 3－81　过电压保护启动的告警和动作信号

d. 低电压保护。当三相线电压幅值低于低压定值 U_{zd}，并达到低电压时限 T_{zd} 时动作。若母线 TV 断线则将过电压保护功能闭锁。逻辑图如图 3－82 所示。

以南瑞 PDZ920 装置和 IECManager 调试为例。

在 TV 变比为 10/0.1 的情况下，低电压保护定值是 4kV、4s（定值必须高于 30%额定电压，不同设备具有不同的判定方式，具体应根据保护逻辑进行设置），则计算后设置在调试软件中的值应当为40V、4s，另外根据定值单上告警、出口、录波的投入情况，相应进行设置。设置的定值如图3－83所示。

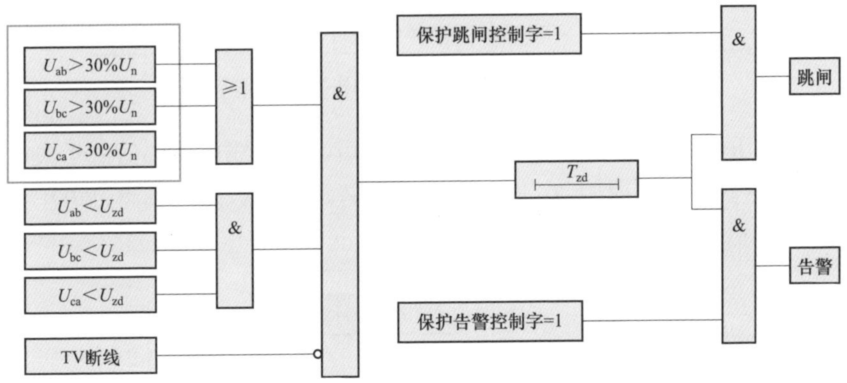

图3－82　低电压保护逻辑图

Ⅰ母低压告警投退	1
Ⅰ母低压出口投退	1
Ⅰ母低压录波投退	1
Ⅰ母低压电压定值	40
Ⅰ母低压时间定值	4
Ⅰ母低压Ⅰ段-出口配置	0x0001

图3－83　某开关低电压保护定值配置

分别加0.95倍/1.05倍低电压保护定值4050ms进行试验并记录试验结果。1.05倍低电压保护定值时测试仪设置如图3－84所示，0.95倍低电压保护定值时测试仪设置如图3－85所示。

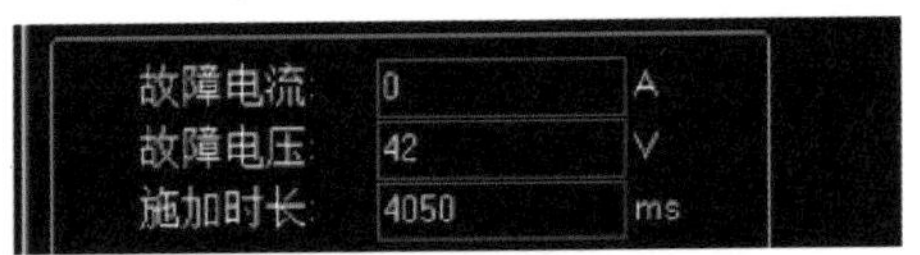

图3－84　1.05倍低电压保护定值时测试仪设置

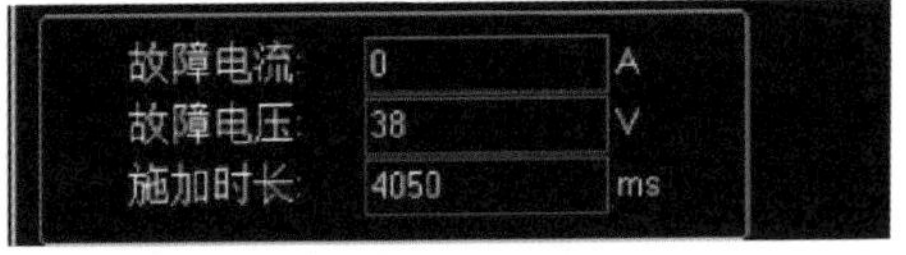

图3－85　0.95倍低电压保护定值时测试仪设置

此时，电压值超过保护定值，开关应无告警、不动作。

模拟的故障电压未超过设置的定值，故障状态持续超过时限，开关应当根据设置的发出告警并出口，同时将故障时刻的电压、电流波形记录下来。低电压保护启动的告警和动作信号如图3－86所示。

跳闸报文	2019-11-14 19:04:22:681	I母保护启动录波
跳闸报文	2019-11-14 19:04:26:671	I母低压保护动作
跳闸报文	2019-11-14 19:04:26:671	I母低压动作录波
跳闸报文	2019-11-14 19:04:26:671	I母低压告警

图 3－86　低电压保护启动的告警和动作信号

e. 失电压保护。当三相线电压有压 10s 后，三相线电压幅值低于失电压定值 U_{zd}，并达到失电压时限 T_{zd} 时保护动作。若母线 TV 断线则将过电压保护功能闭锁。逻辑图如图 3－87 所示。

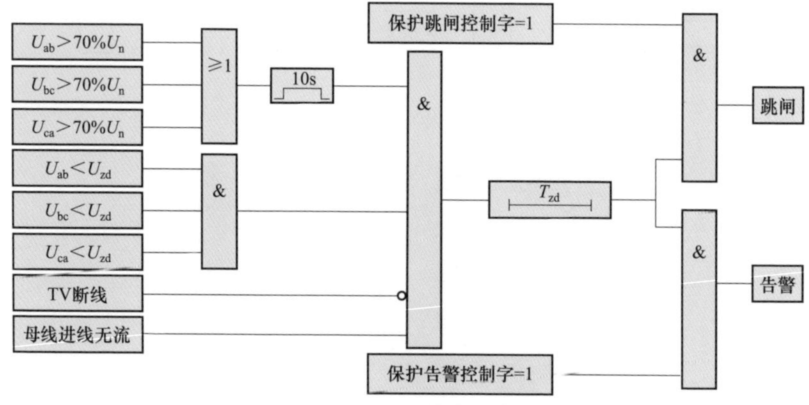

图 3－87　失电压保护逻辑图

以南瑞 PDZ920 装置和 IECManager 调试为例。在 TV 变比为 10/0.1 的情况下，失电压保护定值是 5kV 5s，则计算后设置在调试软件中的值应当为 50V、5s，另外根据定值单上告警、出口、录波的投入情况，相应进行设置。设置的定值如图 3－88 所示。

I母失压告警投退	1
I母失压出口投退	1
I母失压录波投退	1
I母失压电压定值	50.00
I母失压时间定值	5
I母失压-出口配置	0x0001

图 3－88　某开关失电压保护定值配置

进行失电压保护试验时，需要用测试仪的状态序列功能。以正常状态运行 10s 后将加量状态转变为 0.95 倍失电压保护定值 5050ms 进行试验并记录试验结果。0.95 倍失电压保护定值时测试仪设置如图 3－89 所示。

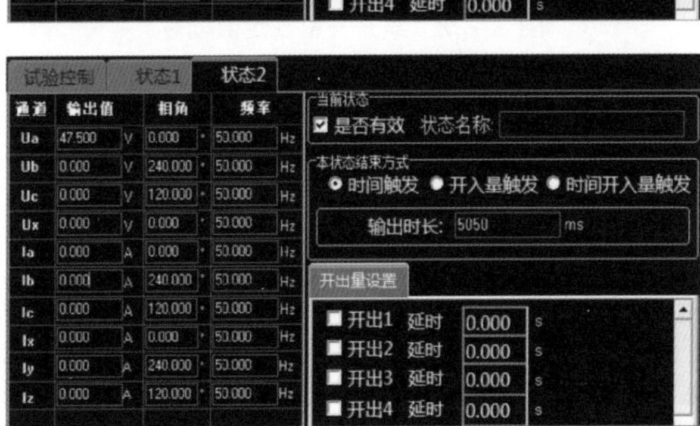

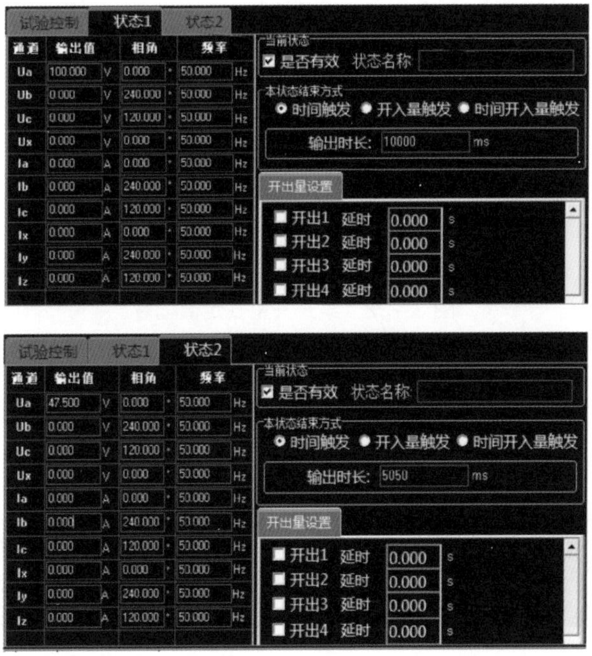

图 3－89 0.95 倍失电压保护定值时测试仪设置

模拟的故障电压降至设置的定值以下，故障状态持续超过时限，开关应当根据设置的发出告警并出口，同时将故障时刻的电压、电流波形记录下来。失电压保护启动的告警和动作信号如图 3－90 所示。

跳闸报文	2019-11-14 19:17:22:874	Ⅰ母失压保护动作
跳闸报文	2019-11-14 19:17:22:874	Ⅰ母失压动作录波
跳闸报文	2019-11-14 19:17:22:874	Ⅰ母失压告警

图 3－90 失电压保护启动的告警和动作信号

f. 过负荷报警（重载/过载保护）。当最大相电流大于过负荷告警电流定值，并达到过负荷时限时告警。逻辑图如图 3－91 所示。

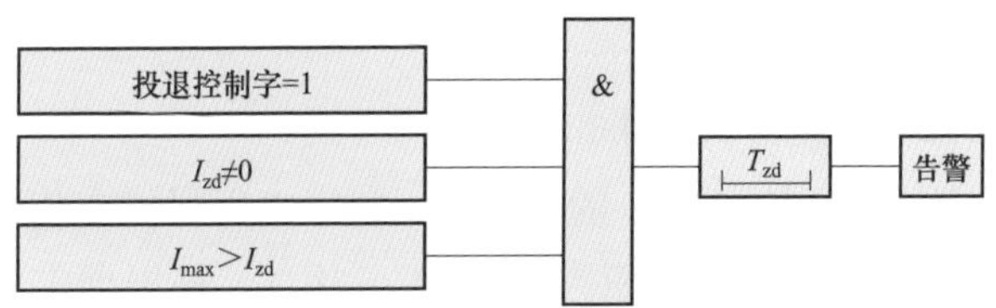

图 3－91 过负荷告警逻辑图

以南瑞 PDZ920 装置和 IECManager 调试为例。

在 TA 变比为 600/5 的情况下，重载电流的限值是 240A 2s，则计算后设置在调试软件中的值应当为 2A、2s，另外根据定值单上告警、出口、录波的投入情况，相应进行设置。设置的定值如图 3－92 所示。

线路01重载投退	1
线路01重载电流	2
线路01重载时限	2

图 3－92　某开关重载定值配置

分别加 0.95 倍/1.05 倍重载电流 2050ms 进行试验并记录试验结果。0.95 倍重载电流时测试仪设置如图 3－93 所示，1.05 倍重载电流时测试仪设置如图 3－94 所示。

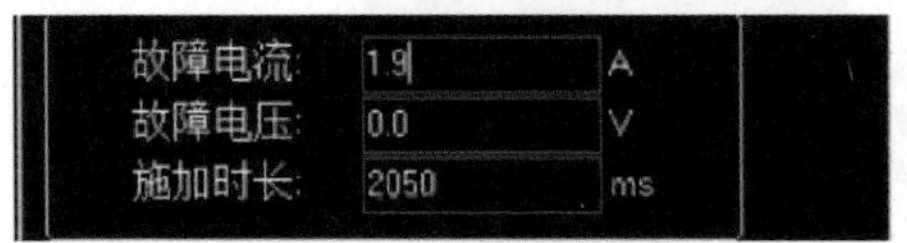

图 3－93　0.95 倍重载电流时测试仪设置

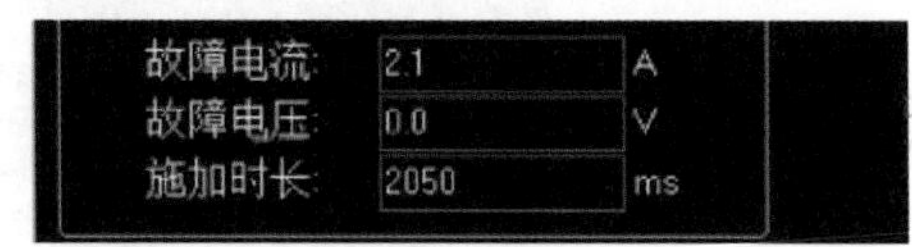

图 3－94　1.05 倍重载电流时测试仪设置

此时，电流值未超过重载限值，开关应无告警、不动作。

模拟的故障电流超过设置的限值，故障状态持续超过时限，开关应当根据设置的发出告警并出口，同时将故障时刻的电压、电流波形记录下来。线路重载启动的告警和动作信号如图 3－95 所示。

变位报文	2019-11-14 17:31:30:296:260	线路01重载告警	0->1
变位报文	2019-11-14 17:31:30:311:851	线路01告警总	0->1

图 3－95　线路重载启动的告警和动作信号

过载告警与重载的逻辑类似，参照重载试验进行。

g. 零序电压保护。零序电压保护指在大电流接地系统发生接地故障后，利用零序电压构成保护，若零序电压自产且母线 TV 断线则将零序电压保护功能闭锁。逻辑图如图 3－96 所示。

以南瑞 PDZ920 装置和 IECManager 调试为例。

在零序 TV 变比为 $10/\sqrt{3}/0.1$ 的情况下，零序电压保护定值是 0.375kV、1s，则计算后设置在调试软件中的值应当为 6.5V、1s，另外根据定值单上告警、出口、录波的投入情况，相应进行设置。设置的定值如图 3－97 所示。

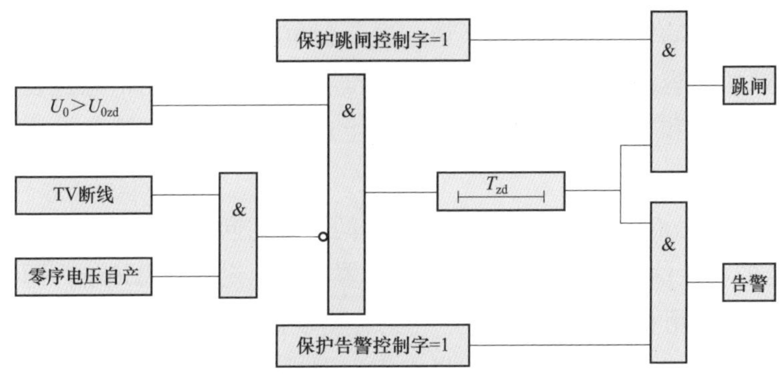

图 3－96　零序电压保护逻辑图

I 母零序过压告警投退	1
I 母零序过压出口投退	1
I 母零序过压录波投退	1
I 母零序过压-电压定值	6.50
I 母零序过压-时间定值	1
I 母零序过压-出口配置	0x0001

图 3－97　某开关零序电压保护定值配置

分别加 0.95 倍/1.05 倍零序电压保护定值 1050ms 进行试验并记录试验结果。0.95 倍零序电压保护定值时测试仪设置如图 3－98 所示，1.05 倍零序电压保护定值时测试仪设置如图 3－99 所示。

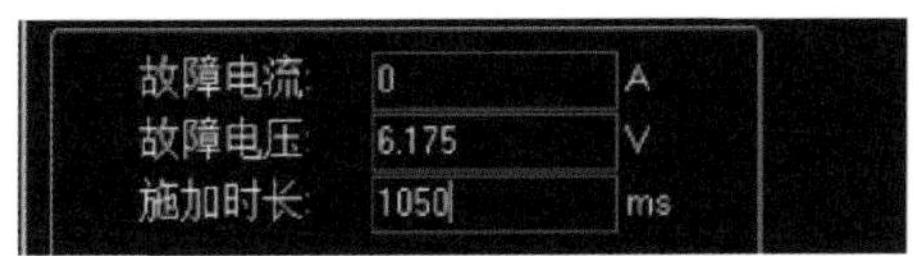

图 3－98　0.95 倍零序电压保护定值时测试仪设置

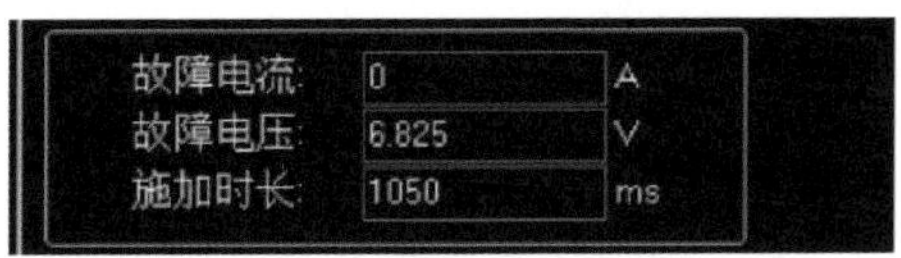

图 3－99　1.05 倍零序电压保护定值时测试仪设置

此时，电压值未超过保护定值，开关应无告警、不动作。

模拟的故障电压超过设置的定值，故障状态持续超过时限，开关应当根据设置的发出告警并出口，同时将故障时刻的电压、电流波形记录下来。零序电压保护启动的告警和动作信号如图 3－100 所示。

跳闸报文	2019-11-14 19:56:21:315	I 母零序过压保护动作
跳闸报文	2019-11-14 19:56:21:315	I 母零序过压动作录波
跳闸报文	2019-11-14 19:56:21:315	I 母零序过压告警

图 3－100　零序电压保护启动的告警和动作信号

（2）配电自动化终端侧主站联调配置。配电自动化终端与主站联调的内容与本地调试的内容基本相同，但需要提前准备与主站相同的信息点表，并进行加密证书的制作和导入，才能像主站正常上送相应的遥测、遥信，并接收主站的远程遥控命令。

1）配置信息点表。配电终端与主站之间通过相同通信规约的报文进行“对话”，上送的测控信号均根据信息点表的位置赋予固定的信息地址，因此配电终端必须与主站使用相同的信息点表，否则将出现信息错位等异常情况。

一般主站会提供一套固定的信息点表，调试人员只需要根据通信的点表配置终端点表即可。

需注意的是，配置遥测点表时需要调整遥测系数。进行遥测核对时，也应当与主站核对换算后的一次值。配电终端的遥测采样原理是，利用 TV 和 TA 将线路上的电压电流按比例缩小为二次值，然后根据点表中的系数计算后上送到主站，主站侧同样也有系数，终端的数值再经过主站系数的运算将数值还原为线路的实际值。因此，与电压、电流相关联的有功功率、无功功率也需要对应设置上送变比。例如，在主站侧遥测系数均为 1 的情况下，电压单位为 kV，电流单位为 A，TV 变比为 10/0.22（供电）/0.1（采集），TA 变比为 600/5，那么终端侧电压二次值为 100V 时主站应当显示 10kV 的一次值，电压的系数应当为 0.1，同理电流系数应当为 120。有功功率、无功功率主站的电压单位为 MW/Mvar，系数计算方法为 0.1（TV 变比）×120（TA 变比）/1000，结果应当将系数设为 0.012。其余遥测系数同理计算并设置。

配置遥信点表时需根据需要对信号取反。例如部分终端采集的是储能信号，若点表中需要上送未储能信号，就需要对该位置的信号取反。

2）加密证书制作和导入。配电专用安全芯片首先同配电专用安全接入网关进行双向认证，然后同配电加密认证装置进行双向认证，最后同配电加密认证装置实现数据报文的加解密及签名保护。该方案实现了终端到主站侧数据的端到端加密，即保证了整个通信通道的机密性，又可以防止假冒终端和主站身份的攻击手段。

为了与主站正常通信，需要进行以下几步：

a. 配电终端硬加密配置。首先应根据不同配电终端对软硬件进行设置。以南瑞 PDZ920 装置为例，需要更改串口 0 规约号、遥控加密标志、将 CPU 板的跳线改为 232 跳线方式。软硬件配置如图 3－101 和图 3－102 所示。

串口0规约号	对上_平衡式IEC101
串口1规约号	对上_平衡式IEC101
串口2规约号	无效
串口3规约号	无效
GPRS规约号	0
遥控加密标志	2

图 3－101 软件参数配置

图 3－102 装置硬件设置

b. 加密证书导出。使用串口线连接配电终端与电脑，插测试密钥，打开配电终端证书管理工具进入软件主界面窗口，进行端口配置。端口号根据设备管理器中的查询结果选择，波特率设为9600，校验方式改为无校验（NONE），数据位设为8，停止位设为One，设置成如图3－103所示。

在“选项”→“基础信息维护”，右键单击可修改对应的信息，添加所需要的行政区域、地市公司的信息，如图3－104所示。

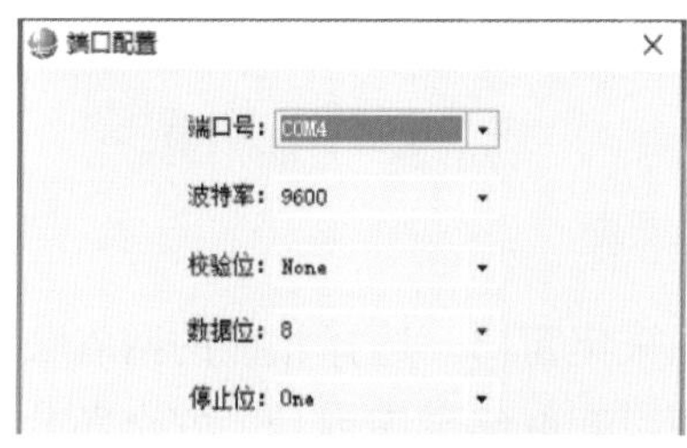

图 3－103 配电终端证书管理工具端口配置

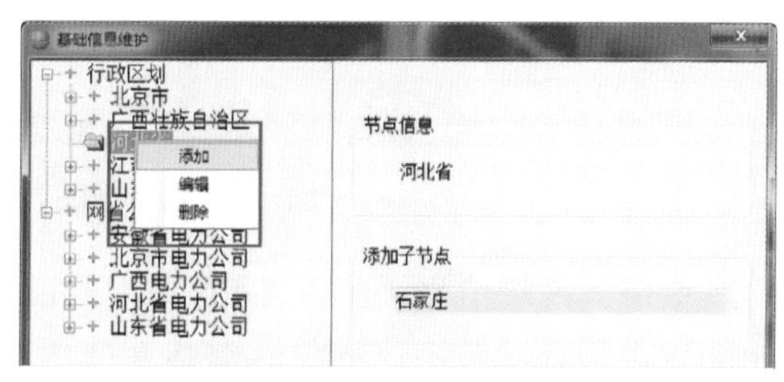

图 3－104 基础信息维护

点击“文件”→“打开端口”，打开端口之后，在主窗口界面上“终端身份认证”“终端信息管理”→“应用证书导入”→“终端初始证书回写”有效，“应用证书导入”“终端初始证书回写”不需要身份认证即可对终端。端口打开激活界面如图 3-105 所示。

图 3-105　端口打开激活界面

单击“终端身份认证”，打开终端身份认证窗口，单击“认证”即可进行身份认证。认证成功后“终端信息采集”“终端证书导入导出”“恢复终端对称密钥”变成有效状态终端身份认证界面如图 3-106 所示。

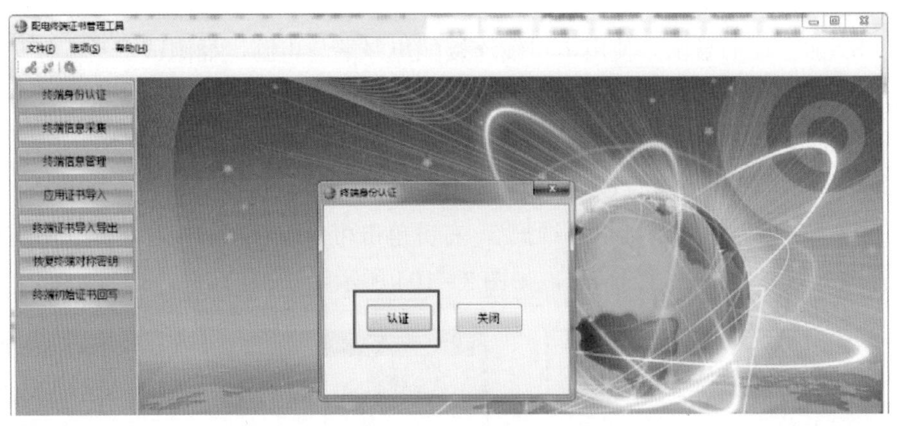

图 3-106　终端身份认证界面

单击“终端信息采集”按钮，打开终端信息采集窗口，选择相应的网省公司和省市信息；单击“读取终端基本信息”按钮，获取终端序列号、安全芯片序列号和安全芯片公钥；输入联系人和联系电话等信息后，单击“保存”。终端信息采集界面如图 3-107 所示。

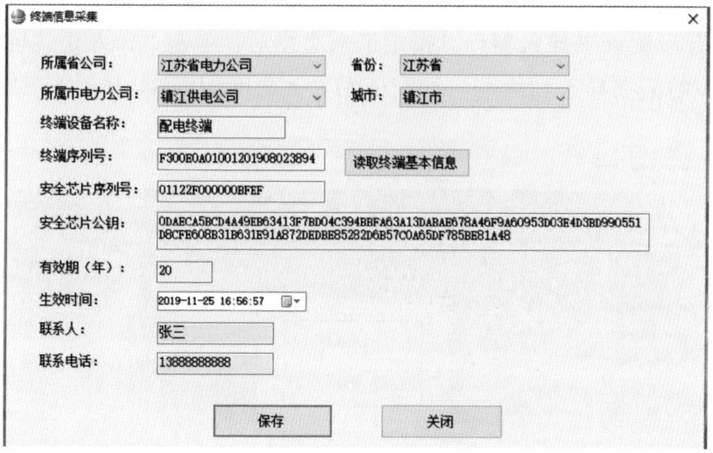

图 3－107 终端信息采集界面

在主窗口单击“终端信息管理”，打开终端信息管理窗口。指定查询条件后，单击“查询”，可查看已保存的终端证书请求文件信息，单击“导出”即可导出证书请求文件，如图 3－108 所示。

图 3－108 加密证书导出界面

需注意：配电终端证书管理工具读取的终端信息中设备 ID 号应与装置铭牌一致，如有不同应以铭牌为准进行更改，然后再次读取终端信息后导出证书文件。

c. 证书认证。将导出的证书发送至指定的电科院进行认证，认证后返回的证书需发送给主站，用于主站证书导入。

d. 证书导入。与证书导出同样的方法，使用串口线连接配电终端和电脑，插正式密钥，打开端口，终端身份认证成功后，此时点击主界面的“应用证书导入”，打开应用证书导入窗口。指定证书类型后，单击“导入正式证书”按钮，即可将相应的证书导入到终端。加密证书导入界面如图 3－109 所示。

图 3－109　加密证书导入界面

3）主站联调工作要求。配电终端主站联调分现场调试和工厂化调试两种：现场调试指在一、二次设备停电检修（或一次设备不停电）当天，在现场对配电终端各项功能进行的调试工作；工厂化调试指在停电前，在调试工厂对配电终端的各项功能的调试工作。

a. 工厂化调试。工厂化调试的工作内容及质量要求见表 3－5。

表 3－5　工厂化调试工作质量要求

序号	作业步骤	工作规范和质量要求	风险描述	风险控制措施
1	装置采样检查	1）采样电压（采样误差小于 0.5%）。 核对终端数值和主站数值。 2）采样电流（采样误差小于 0.5%） 核对终端数值和主站数值		
2	装置功能检查	1）开入量检查：各间隔开入量检查正常。 2）主站全召功能检查正常。 3）主站时钟同步检查正常		
3	装置整定	1）终端固有参数设置正常。 2）保护定值设置及阶段时间测试。 3）历史文件召唤、终端参数远程管理等功能调试		
4	遥控分合检查	确认每个间隔遥控动作正确		
5	遥脉测试	确认每个间隔遥脉数据与主站核对正确		
6	断路器开关时间试验（中置柜）	核对所有间隔断路器开关动作参数（跳闸时间、合闸时间、分合闸不同期时间、分合闸电压）		
7	负荷开关时间试验（配电变压器间隔）	核对所有间隔负荷开关动作时间（跳闸时间、合闸时间、分合闸不同期时间、分合闸电压）		

续表

序号	作业步骤	工作规范和质量要求	风险描述	风险控制措施
8	TV 极性试验	一次（1.5V 甲电池），二次（指针式万用表）；记录 TV 极性		
9	TV 二次回路通电试验	确认电压表指示和终端电压指示都正常	防止短路	TV 二次侧接线、保护接地应牢固，严禁短路
10	TA 极性，伏安特性试验	1）核对铭牌。 2）核对精度等级。 3）变比试验。 4）伏安特性试验	防止开路	TA 二次侧接线应正确引至开关柜端子排，严禁开路
11	TA 一次通电试验	一次通流，核对电流表指示与终端指示正确，装置保护动作		
12	二次回路通电联动试验	断路器开关在 80%电压下动作正常，二次联锁、电压、电流正确，二次回路正确、满足设计要求		

b. 现场调试。现场调试与工厂化调试的区别在于工厂化调试时一、二次设备完全不带电，而现场调试是在一、二次设备停电检修（或一次设备不停电）当天，考虑到作业条件、停电时间等因素，现场调试的内容应集中于终端的实用性功能，其断路器开关时间试验、TV 极性试验、TA 极性，伏安特性试验等固有特性的验证有所省略，只需要对照表 3–5 中的遥测、遥信、遥控、定值工作要求完成相应调试工作即可。

在一次设备带电的情况下，为了保证人身、电网、设备的安全，现场对安全措施有更高的要求，需要按步骤执行和恢复二次安全措施。

a）电压回路：① 将电压互感器二次回路断开；② 取下电压互感器高压熔断器或拉开电压互感器一次隔离开关；③ 将电压端子排上的联片拨开。

b）电流回路：① 将电流端子排 TA 侧的 A、B、C 分别与 N 相用短路片或短路线短接；② 将电流端子排上对应拨片拨开。

c）遥控回路：① 名称编号开关由“远方”切至“就地”或“闭锁”位置；② 退出名称编号开关遥控分合闸压板；③ 断开名称编号开关电动操动机构电源（必要时）。

d）遥信回路：① 开关由“远方”切至“就地”或“闭锁”位置；② 退出遥控分合闸压板；

（3）断开电动操动机构电源（必要时）。配电自动化终端侧验收主要是指对配电自动化终端的安装工艺、设备功能进行验收。安装工艺包括终端本体、通信装置的安装、接线是否符合要求、标签标识是否齐全等内容的验收；设备功能则是验收对调试内容，例如遥测、遥信、遥控、保护动作的验证。

1）安装工艺要求。

a. 配电终端在显著位置应设置有铭牌，内容应包括产品型号、额定电压、额定电流、产品编号、制造日期、制造厂家名称、终端 ID 等。

b. 操作电源、远近控、交流电源、通信电源、××开关出口压板、××开关合\分闸、装置电源应用标签纸在相应位置标贴。

c. 采用端子排接线的配电终端，二次接线应当安装套管标识，使用通用符号或中文清晰表明相应信号名称。

d. 终端箱体、开关柜应可靠接地，不可间接接地。DTU 接地线采用横截面积不小于 $6mm^2$ 黄绿多股软铜线；二次电缆屏蔽层接地线应使用横截面积不小于 $4mm^2$ 黄绿多股软铜线，接地线两端在终端箱体、开关柜二次室处同时接地。FTU 接地线采用不小于 $25mm^2$ 黄绿多股软铜线接入专用接地体，接地电阻小于 4Ω。

e. 终端电缆孔洞严密封堵。

f. 终端箱体安装不影响一次设备的正常运行与维护，DTU 满足高压柜手动操作半径要求，FTU 安装离地 3～3.5m 且与一次设备的距离大于 1m。

g. 配点终端的安装符合典设要求。DTU 严禁安装在高压柜泄压通道上，壁挂式挂装在墙壁上，底部距地面大于 600mm、小于 800mm；机柜式座立安装，确保柜体处于水平位置，底部可通过控制电缆。FTU 采用挂式安装，在杆塔上有 2 个及以上固定点，横平竖直，二次线缆应顺线盘留在箱体下方，做好固定，对于同杆双回路，FTU 安装在对应线路、开关的同一侧。

h. 电压互感器、电流互感器接线正确，电压回路无短路，电流回路无开路，二次测均有且只有一个接地点。DTU 的进出线柜的电流互感器均采用正极性接线方式，一、二次侧同级性安装。FTU 电压互感器二次电缆接线处做防水、密封特别处理，剥去防护层的部分用玻璃胶封堵，采用 VV 接线的双侧单相 TV 应有且只有一个接地点。

i. 无线路由器、ONU 装置、工业以太网交换机安装应稳固正确，无线路由器天线伸出环网柜（室）、终端箱体外。

2）设备功能。配电终端的设备功能验收主要是终端运维人员对终端的遥测、遥信、遥控功能以及保护功能进行就地验收，同步主站运维人员将在主站对测控信号进行核对。

a. 遥信功能验收。现场人员逐一核对一次设备实际的位置与调试软件中的信号是否一致，需要验收的遥信信号包括：开关遥信值、远方就地、开关弹簧未储能等。

b. 遥测功能验收。现场人员逐一核对使用继电保护测试仪加量与调试软件中的遥测是否一致，需要验收的遥测量包括：A 相电流、B 相电流、C 相电流、零序电流、有功值、无功值、功率因数等。

c. 遥控功能验收。调度人员下发遥控命令后，现场人员核对开关是否进行相应分合闸、蓄电池是否正常活化/活化停止。

d. 保护功能验收。现场人员逐一核对调试软件中的保护信号、开关的动作情况是否一致，需要验收的遥测量包括过电流 I 段告警、零序过电流告警等。

验收完成后，配电终端正式投运，由调试单位移交运维单位。

3.3.2 新一代智能终端

1. 台区智能融合终端

台区智能融合终端是中低压配电物联网的关键设备。其采用“硬件平台化、功能软件化、结构模块化、软硬件解耦、通信协议自适配”的设计思路，具备信息采集、物联网代理及边缘计算功能，支持营销、配电及用户侧的新兴应用，从而强力支撑配电物联网“物理互联、信息互联、商业互联”，让配电物联网及能源互联网不断趋近能源流、信息流、业务流、资金流和价值流的最优配置。

结合低压配电网发展需求，以台区智能融合终端为基础，构建以智能融合终端为核心的低压配电物联网，提高“变电站—配电线路—配电变压器台区—低压用户”中低压配电网全环节智能化监测与管理水平，实现分布式电源、充电桩等各类智能装置、传感器的接入，在全面采集运行信息基础上，进一步实现低压配电网就地综合管理，助推低压配电网由被动管理向主动管理的模式变革，全面支撑配电网调度运行管理与配电网精益化运维管理。中低压配电物联网中的台区智能融合终端如图 3－110 所示，PMF570 型台区智能融合终端外观结构如图 3－111 所示。

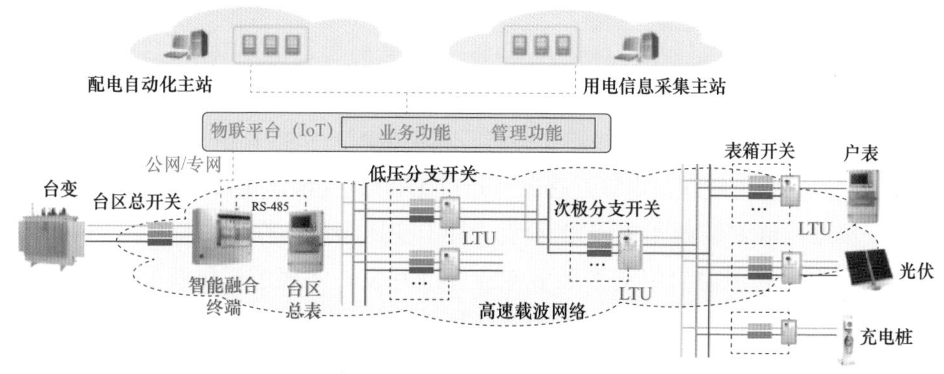

图 3－110 中低压配电物联网中的台区智能融合终端

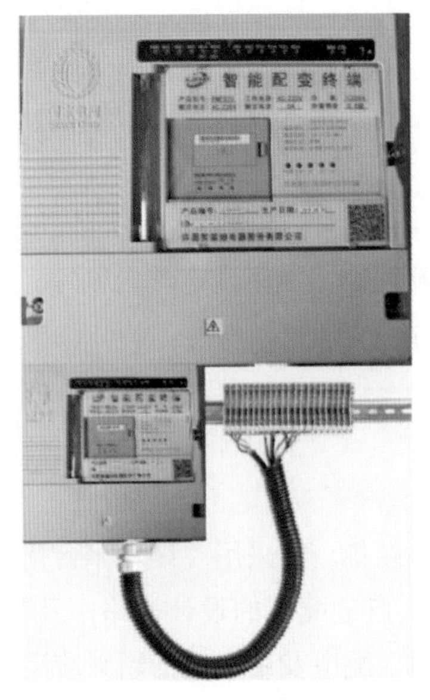

图 3－111　PMF570 型台区智能融合终端外观结构

台区智能融合终端常用功能包括：

（1）配电变压器监测功能。终端可实现对台区配电变压器低压侧总的三相电压、电流的实时采集。

（2）开关量采集功能。终端提供多达 4 组无源开关量采集接口，可用于采集变压器挡位信息、低压总断路器位置状态、柜门开合状态等信号，识别分辨率不大于 2ms。

（3）配电台区设备监测功能。智能电容器监测功能、剩余电流动作保护器监测及低压开关位置信息采集功能、用电信息检测功能、三相不平衡治理功能、环境状态及变压器状态监测功能。

（4）数据记录及远传功能。

（5）数据统计功能。

（6）就地指示功能。

（7）对时功能：终端支持主站对时功能，守时精度误差不大于 0.5s/d。

（8）安全防护。

（9）无线管理与维护功能等。

台区智能融合终端安装使用时，一般分为两种情况：① 柱上变压器内嵌安装：针对柱上变压器低压综合配电箱内部空间足够或新装低压综合配电箱，则优先选择内部安装，将智能融合终端镶嵌入配电变压器低压综合配电箱内部；② 柱上变压器外挂安装：针对低压综合配电箱箱体内部没有足够空间的情况，选择外装智能融合终端箱。

有空间位置情况终端加背板安装时，其主要材料包括背板（包含接线端子）、强弱电线缆、电流互感器（开口 TA）或（闭口 TA）以及其他辅材等。

无空间位置情况终端外接箱安装时，其主要材料包括外箱（含背板、端子、安装支架，强弱电线缆，电流互感器（开口 TA）或（闭口 TA）以及其他辅材等。柱上变压器内嵌安装如图 3－112 所示，柱上变压器外挂安装如图 3－113 所示。

新型台区智能融合终端按照多专业标准开发，实现了低压营配专业的深度融合。在尺寸方面，新型台区智能融合终端在原有终端的基础上重新进行了规范，从而确保安装方便。另外，还集成了配电终端、台区关口表、I 型集中器等。软件设计方面，新型台区智能融合终端采用统一数据模型开展数据交互，

图 3-112 柱上变压器内嵌安装

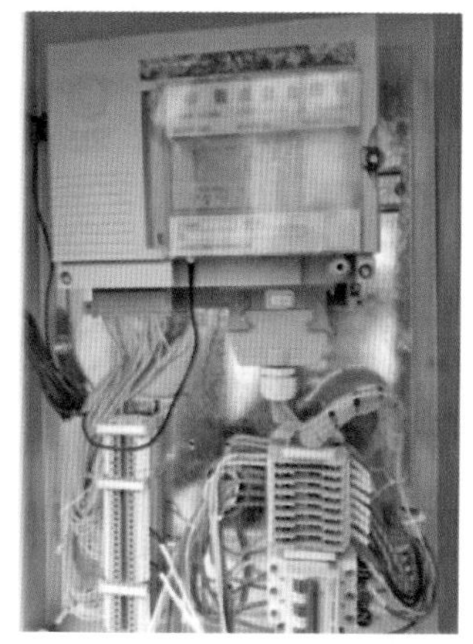

图 3-113 柱上变压器外挂安装

从而实现了配电、营销末端数据在台区间共享。安全防护方面，新型台区智能融合终端采用了安全芯片，包含配电、营销专业统一商用密钥，建立了终端本体可信机制和通信安全加密机制。

另外，新型终端采用“云管边端”的智慧物联体系架构，接入了配电自动化系统、用电信息采集系统、物联管理平台，在满足远程抄表、精准时钟管理、远程费控、低压配电网运行状态监测、电能质量综合治理需求的基础上，兼容低压智能开关、光伏逆变器、充电桩智能控制器、无功补偿装置等营配感知设备，并具备光伏电站实时监测控制、可开放容量分析等功能。

台区智能融合终端在试点的应用成效主要有以下几点：

（1）夯实低压图模基础管理。基于分时分路停送电实现就地自动、快速、准确校验低压拓扑，相比传统分路停送电更智能、更准确性，可降低人员承载率、减少对可靠性影响；在全覆盖智能低压开关的台区可实现拓扑自动生成。

（2）智能工单优化传统业务管理模式。打通“融合终端—Ⅰ区配电自动化主站（物管平台）—Ⅳ区配电云主站－配电网格化智能管控系统－手机端运维App”数据和业务流程，以“告警信息、告警断面、决策建议”构建站房、台区管理的智能工单体系；已实现低压开关跳闸分钟级推送至抢修网格人员手机App，通过融合终端边缘计算台区过重载情况，更加精准地反映台区的供电能力及电能治理能力，40单过重载工单先于PMS（基于用采数据）发布，时效性更好。

（3）提升以可靠性为中心的配电网管理。实现户表级低压可靠性监测管理和基于作业类型的停电时长分析应用；开展低压备自投应用。

（4）支撑优质服务。实现“两类（负荷类、电源类）、三分（分相、分支、分时）、三态（实时态、规划态、预测态）”的可开放容量，支撑低压业扩服务。

（5）面向新型电力系统开展新兴业务接入。初步实现光伏、电动汽车等低压新型负荷的“源－网－荷”灵活互动，有效支撑区域内分布式光伏建设，实现区域内分布式光伏群调群控。

目前在低压配电台区侧的智能融合终端，一定程度上弥补了集中器和配电变压器终端两类设备分立状态而导致的硬件不能共享、数据无法贯通的问题，有利于电网运行用户侧状态更好的感知和判别。

接下来，国家电网公司将进一步完善配电物联网标准体系，推进App应用标准化。开展基于融合终端的低压配电网“源网荷”生态体系研究，围绕4大类11项场景，健全扩展以台区融合型终端为核心的边缘计算、规约机制、双模通信、协同应用等技术应用。

2. 智能电能表

国家电网公司新一代智能电能表从满足最基本的计量需求设备转型为集计量、通信、数据采集、控制等多功能的新型智慧能源网关的技术需求。电能表作为智能电网营销业务、用电信息和能源分配的末端，覆盖范围广，目前已安装4.9亿只，是故障抢修、电力交易、客户服务、配电网运行、电能质量监测等业务的基础数据来源，在支撑电力物联网感知层建设方面具有先发优势。为进一步拓展智能电能表功能、满足国际法制计量组织颁布的IR46《有功电能表》国际标准的要求，提高产品的灵活性、可靠性和安全性，满足电力物联网的建设需求和未来各类功能扩展和高级应用的需求，国家电网公司营销部组织开展了新一代智能电能表的研发和验证工作。

新一代智能电能能表框图如图5－1所示，采用多芯模组化设计理念，计量芯与管理芯相对独立，同时配备上下行通信模块以及各类业务应用模块，非计量芯均可独立升级，各类业务应用模块灵活配置，在确保计量功能精准、可靠的前提下为未来所需要拓展的业务需求预留充分的空间。目前已经实现的扩展模块有居民用电负荷识别模块、电动汽车有序充电模块以及“多表集抄”模块。新一代智能电能表实现框图如图 3－114 所示。

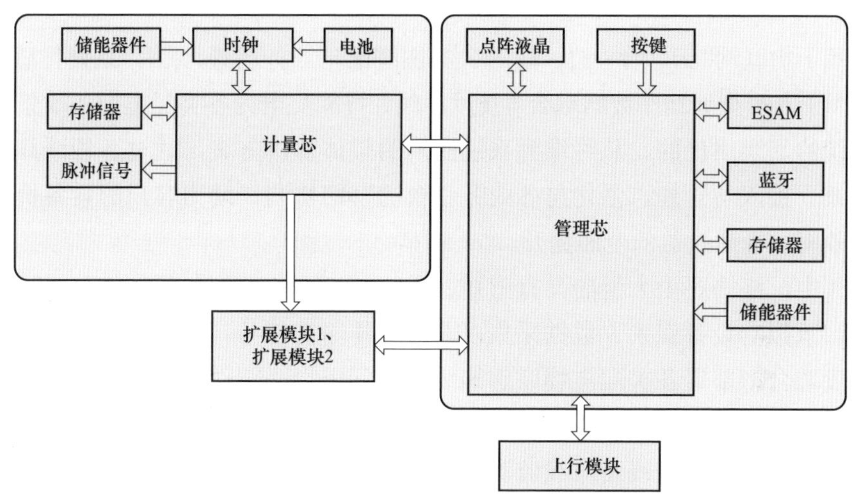

图 3－114 新一代智能电能表实现框图

新一代智能电能表包含的磁传感芯片能实时监测环境磁场干扰，记录强磁场窃电事件。

采用 HPLC 可支持高频数据采集、低压停电事件主动上报、时钟精准管理、相位自动识别、户变关系智能识别、电能表档案自动同步、通信性能检测和网络优化；支撑分布式电源和电动汽车充电桩的采集监控、台区线损精准分析、三相不平衡治理、配贯通档案校核、线路阻抗分析和故障研判、“多表合一”信息采集。

设计方案中增加了计量误差自监测功能和端子测温功能。

关口互感器作为关口计量装置，其误差将直接影响电能量贸易结算和线损计算。误差原因主要来自环境参数、电网频率、二次负荷、安装位置、二次降压等多种因素。新一代智能电能表包含的电力互感器在线监测器，具有电力互感器运行误差评价，规范电力互感器的型式评价、现场检定及运行模式。

非介入式负荷辨识功能是新一代智能电能表应用的重要功能模块，是电能计量设备实现电力物联技术的重要载体，也是电能计量数据维度拓展的有效途径。非介入式负荷辨识是一种在电力负荷输入总线端获取负荷数据（电压、电流），并通过模式识别算法分解用户用电负荷成分实现分项计量功能的高级量测技术。该技术与智能电能表结合，利用电能表的计量数据资源，通过用电信息采集系统及主站完成用户用电负荷类型和用电量的量测。具备非介入式负荷辨识功能的电能表在江苏、天津和浙江等地开展了小规模的试点验证工作，相关运行数据已应用于指导用户科学用电，支撑计量衍生服务、电网建设运行和政府宏观决策。

3. 传感终端

基于物联网“云－管－边－端”架构，围绕配电业务场景，采用“系列传感＋边缘技术＋多类型通信＋数据融合”技术路线，智能配电为各类配电业务场景提供了系统的、实用化的、从终端到系统应用的整体解决方案，通过各领域终端数据的统一接入与管理，强化与各业务平台的密切协同，助力客户的设备价值、作业效率、管理效益的全面提升。

其中，终端层由大量的具有感知、通信、识别能力的智能物体与感知网络组成，承担着设备识别、数据采集以及信息传输等任务。终端层建设与业务应用深度融合，部署各类配电物联感知终端，利用物联部件和通信网络将各类业务终端接入物联网平台。通过物联网对智能配电站、智能开关站、智能台架变、电缆在线监测、架空线路在线监测、户外设备设施安全隐患监测预警等进行全面感知和采集，协同数据中心，实现各业务场景远程监测、设备运行评价分析、现场作业监控等业务需求，为运维管理、规划建设、客户服务方面提供技术支撑。数字配电传感终端接入整体解决方案如图 3－115 所示。

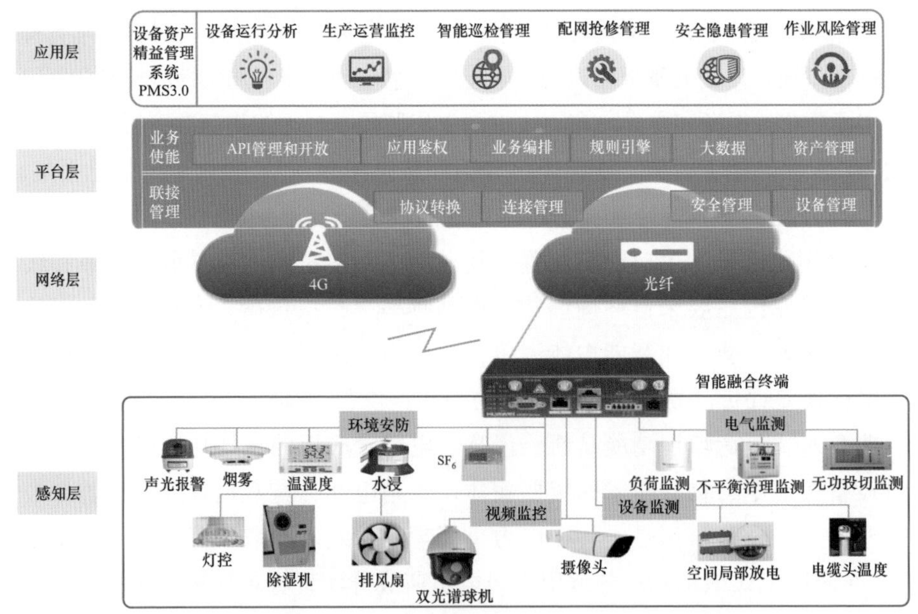

图 3－115 数字配电传感终端接入整体解决方案

智能传感器首先借助于其敏感元件感知待测物理量，通过调理电路获得物理量并将之转换成相应的电信号。面向能源互联网的发展建设，根据被测对象量特征，电力传感器可分为电气量传感器、非电气量（状态量）传感器、环境量传感器及行为量传感器等。根据功能定位，可将智能传感器分为以下五类：

环境监控传感：配置环境温度、湿度、SF_6气体浓度、臭氧浓度、烟雾、火灾、水浸噪声等在线监控装置，实现对智能配电站内环境参数的实时监测。环境监控系列传感器如图 3－116 所示。

(a) 烟雾传感器

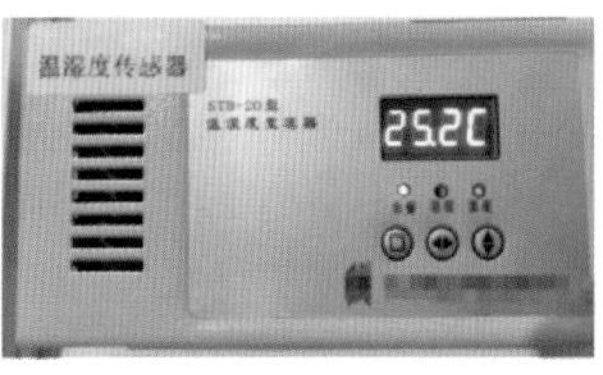

(b) 温湿度传感器

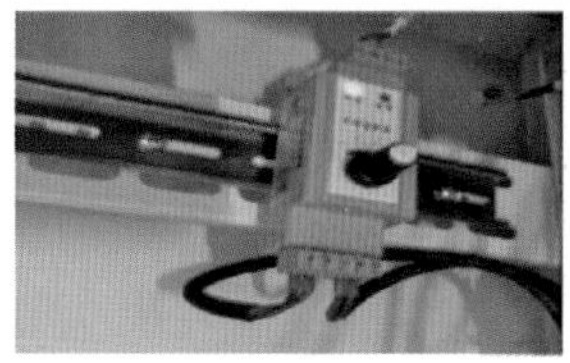

(c) 水浸传感器

图 3－116 环境监控系列传感器

（1）视频监控传感：通过视频拍摄配电站室内情况、人员活动情况以及设备上指针表、信号灯和开关变位信号，实现对配电站环境和设备状态的主动记录和预、告警。视频监控系列传感器如图 3－117 所示。

(a) 监控摄像球机

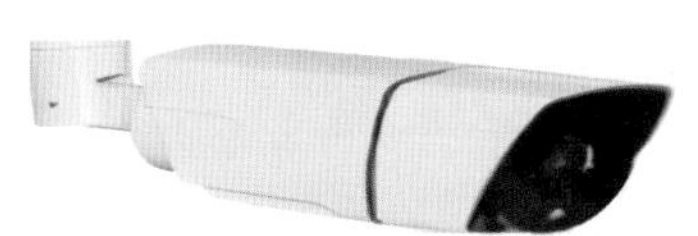

(b) 监控摄像枪机

图 3－117 视频监控系列传感器

（2）安防监控传感：配置门禁、防误操作装置以及视频 AI 识别，实现对电房内设备、人员的安全工作状况的实时监控。

（3）设备状态监测传感：配置温度传感器、局部放电传感器、测温采集装置、局部放电采集装置，实现对变压器、中低压柜的温度、局部放电等状态量的实时监测。设备状态监测系列传感器如图 3－118 所示。

（4）电气保护测控传感：中压保护测控参考配电自动化标准设计执行。低压保护测控通过配置低压测控终端实现采集低压回路电压、电流等数据并上传，通过数据分析将三相不平衡、低压线路过载、缺相、断零故障等信息上传主站系统并告警等功能。对智能无功补偿设备电容器组投切状态，低压开关分合状

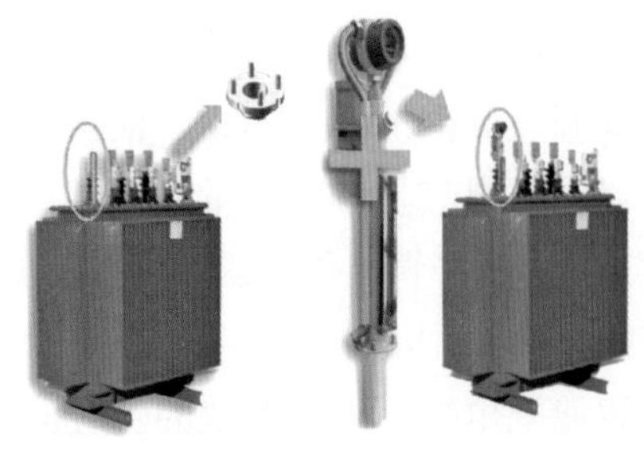

(a) 油浸式变压器监测装置

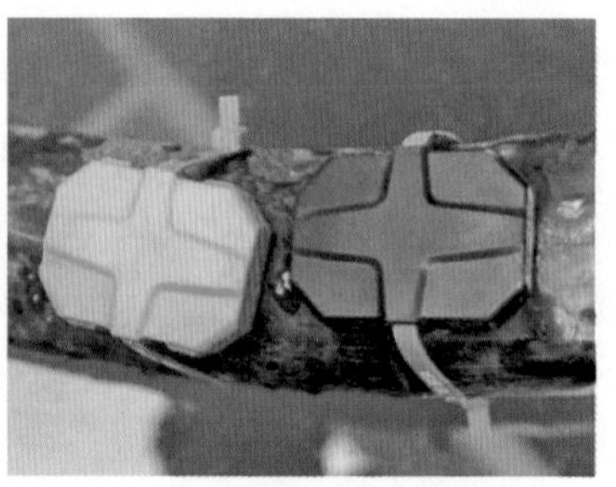

(b) 电缆头测温装置

图 3－118　设备状态监测系列传感器

态、故障信号实时采集和上传。直流系统通过配置监测设备监控每节蓄电池的电压、电流、温度、内阻、容量等参数，并可实现阈值设置和告警。电气保护测控系列传感器如图 3－119 所示。

(a) 配电监测终端

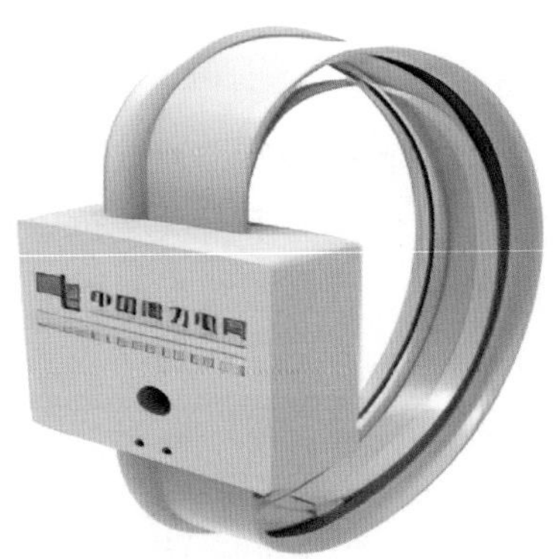

(b) 柔性 TA

图 3－119　电气保护测控系列传感器

随着配电物联传感终端体系逐渐丰富，亟待开展统一物联标准化建设，确保各类物联传感终端能够互联互通，各类设备实现即插即用，有效支撑智能电网建设。例如，南方电网公司遵循“云－管－边－端”技术架构，坚持以“问题、目标、结果”为导向，以业务实用实效为驱动，按照“聚焦重点、精准突破，需求牵引、强化赋能，统筹协同、共建共享”的原则，全面开展物联网平台层、边缘层、终端层标准化建设，逐步构建智能电网统一物联终端标准体系，持续提升智能电网物联终端设备标准化水平。

1）进一步完善物联网标准和安全防护体系，打造全网统一的终端物模型库和物联微应用商店服务，对上提供标准化接口服务业务应用，对下通过标准化协议实现采集终端、智能网关等设备的连接交换，支持终端数据的统一采集、监测和远程运维。完善对智能配电终端物模型的定义，完成配电统一终端物模型设计、评审及规整存储。基于物联网平台打造全网统一的终端物模型库，具备由主节点下发到分节点的能力，实现对物模型的统一管理和维护，规范终端设备接入物联网平台的数据格式和信息内容。

2）推动产业生态标准建设，实现智能终端统一操作系统、统一连接标准和统一通信接口建设，向下支撑海量物联终端设备的快速接入，向上实现各业务场景所需数据的高效输送。基于标准体系建设成果，建立统一物联产业链生态、产业链平台、产业链生态激励机制，通过“标准先行、技术引领、源头治理、综合施策”，形成上下游产业的优良生态圈，推动研发成果快速应用示范。

3）针对目前各类传感终端技术参数、规格尺寸、通信规约不统一，数据无法互联互通的问题，通过优化物联终端设备型号、规范技术标准、完善设计选型等举措，提升物联终端标准化与通用性。一是基于前期智能电网建设推进过程中存在的问题，进一步梳理规范物联终端设备与型号品类，开展设备品类迭代优化工作，明确不同场景物联终端配置原则，同步固化物联终端物模型规范与实物编码要求。二是依据物联终端设备品类优化结果，针对物联终端设备外形尺寸、通信接口、规约点表等方面，全面开展标准化技术规范书修编。三是结合物联终端设备品类优化和技术规范书要求，优化修编典型设计，强化设计、建设、运维、物资等技术标准贯彻落实。

4. 视频监控终端

随着配电网数字化的不断推进，大量智能终端接入分支线路，给基层运维工作带来了困难，电力维护部门对配电房或变电站高效维护、统一管理方面的要求不断提高，急需打造智能化监控平台来解决日常管理中出现的维护、工作操作等问题。因此，视频监控终端作为物联网设备的重要组成之一已经在电网广泛应用。一般来说，视频监控终端主要由监控摄像球机或枪机、云台、硬盘录像机、显示器或监视器以及其他控制设备组成。配电网视频监控整体解决方案如图 3－120 所示。

视频监控终端在配电网应用成效主要包括以下几点：

（1）实时监视。监控主控室控制屏的显示数据和仪表读数，对开关室内的设备运行情况进行监控；对电容器室进行监视；对大门口和主要的出入口进行监控；周界报警系统；室内报警系统；大门门禁系统；其他报警信息输入，如变压器油位和火警报警；环境监控系统，温度、湿度采集、空调机起停、瓦斯泄漏检测等。实时监视如图 3－121 所示。

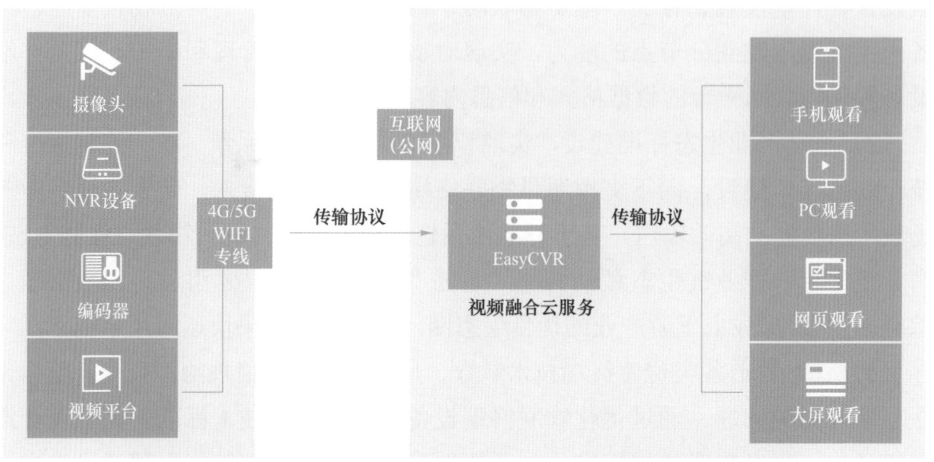

图 3－120　配电网视频监控整体解决方案

图 3－121　视频监控应用成效（实时监视）

（2）云台控制。操作人员能对任一摄像机进行控制，实现对摄像机视角、方位、焦距、光圈、景深的调整。对于带预置位云台，操作人员能直接进行云台的预置和操作。若同一点位的实时画面与标准画面发生出入时，则按既定策略与出入程度进行告警，并将告警信号回传至主站端，从而达到边界防护目的。云台控制如图 3－122 所示。

（3）事故追忆。在以往的变电站保护、监控系统中，故障录波是作为发生事故后进行事故追忆的手段。随着视频监视技术的发展，它也可以作为进行事故追忆的一种辅助手段，用于帮助技术人员查看事故发生时变电站的状况，从而尽可能地发现事故发生的原因。

（4）现场操作指引。在视频监视系统出现后，可以利用监视系统的远程实时监视功能，由调度中心的值班人员对远方变电站操作人员所进行的操作进行指导，如果发现不正确的操作，可以通过电话、手机及时提醒操作人员，从而确保操作的万无一失。另外，也可以发现一些在地面上不容易观察、发现的遗留工作物品，由于工作人员的疏忽，可能在施工的过程中，将一些使用的工具或者其他物品遗忘在工作现场，这些遗留物品在地面上是看不到的，这时可以利用高空的摄像机来发现它们，从而消除一些安全隐患。

图 3－122 视频监控应用成效（云台控制）

（5）安全防范。结合 AI 视频识别、作业类别、作业环境、作业时长等因素，综合分析，进行风险评估、开展相应的风险管控，对作业人员及时进行安全风险预警，同时支撑安全保障和安全监督的管理需要，实现辖区内配电网作业视频监控业务。作业安全防范如图 3－123 所示，视频监控应用成效如图 3－124 所示。

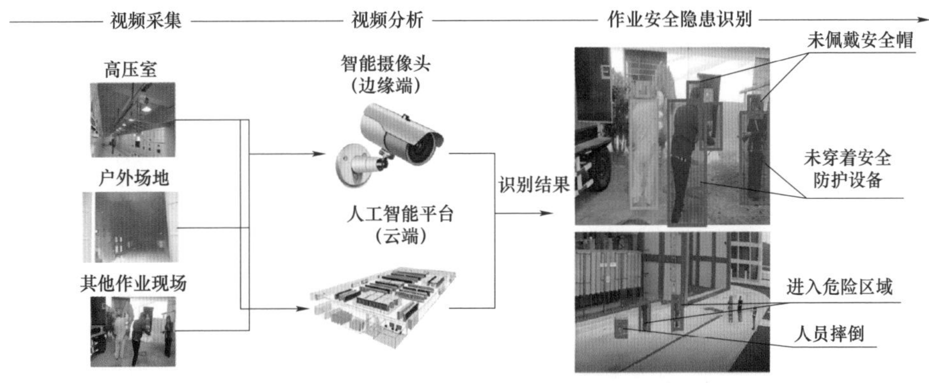

图 3－123 视频监控应用成效（作业安全防范）

图 3－124　视频监控应用成效（视频监控管理控制系统）

当然，视频监控终端本身的应用也给电网带来了安全隐患。如果视频监控终端存在缓冲区溢出、弱口令、后门、远程命令注入等安全漏洞，会导致设备被黑客入侵、植入木马、敏感信息泄露，甚至被当作“僵尸网络”进行分布式拒绝服务式攻击。因此，为更好地支撑泛在电力物联网建设，国家电网公司在电力物联网实验室积极开展视频监控终端安全风险分析工作，搭建物联网终端网络安全分析利用平台，部署各类典型的视频监控终端，开展视频监控设备搜索和识别、漏洞扫描、漏洞验证、漏洞修复等工作。

5. 新一代智能终端调试验收

低压融合终端调试验收一般分为验收工单编制、工厂调试、工厂验收、现场调试、现场验收等五个步骤，流程图如图 3－125 所示。

（1）验收工单编制。现场侧调试验收作业应由终端侧班组或人员发起，通过云主站系统或配电自动化终端运维 App，查询融合终端台账，针对融合终端编制接入验收工单（一个验收工单对应一台设备）；主站侧人员通过主站系统或配电自动化终端运维 App，查询终端侧班组或人员，对融合终端接入验收工单进行派发；终端侧调试人员通过 App，查询融合终端接入验收工单，接收并进行验收处理，验收工单编制如图 3－126 所示。

（2）工厂化调试。终端侧调试人员通过 App，进行工厂调试。查询物联平台数据确认设备已经接入物联平台；更新终端设备电子序列号码（electronic serial number，ESN）、安装 SIM 卡序列号、软件版本、硬件版本、出厂日期、通信方式等信息；调试遥测三相电流、三相电压加量信息。工厂化调试流程如图 3－127 所示。

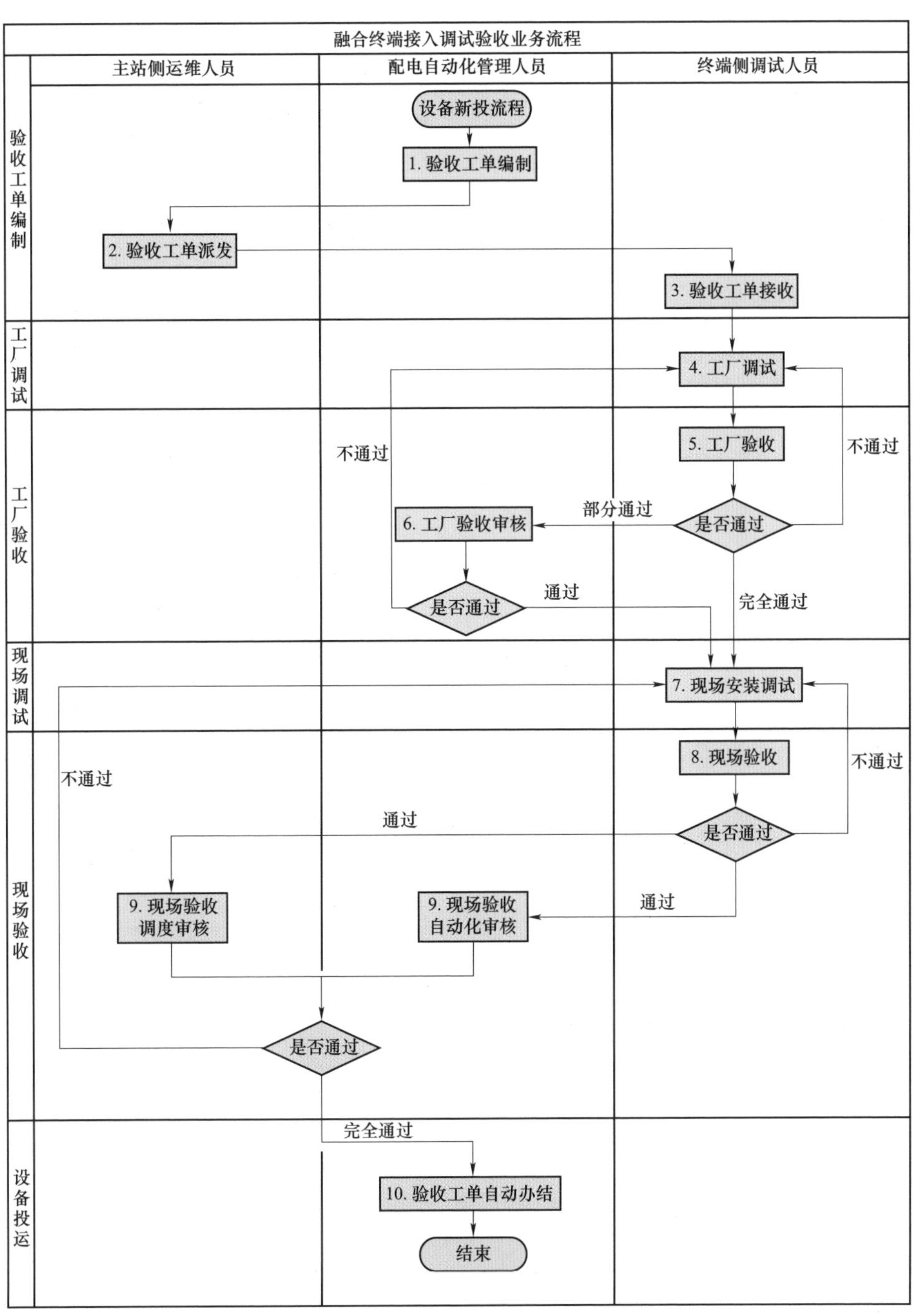

图 3－125　低压融合终端调试验收流程

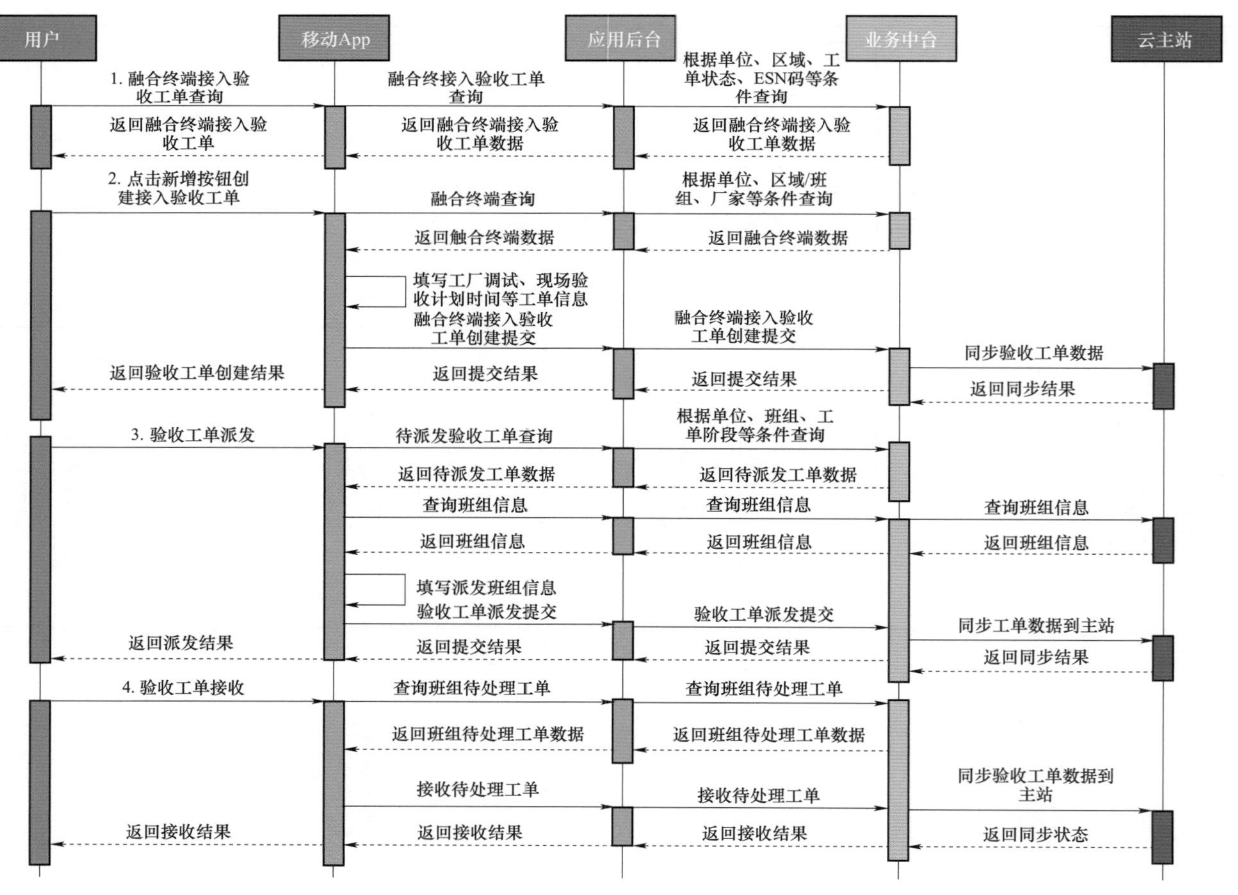

图 3-126 验收工单编制

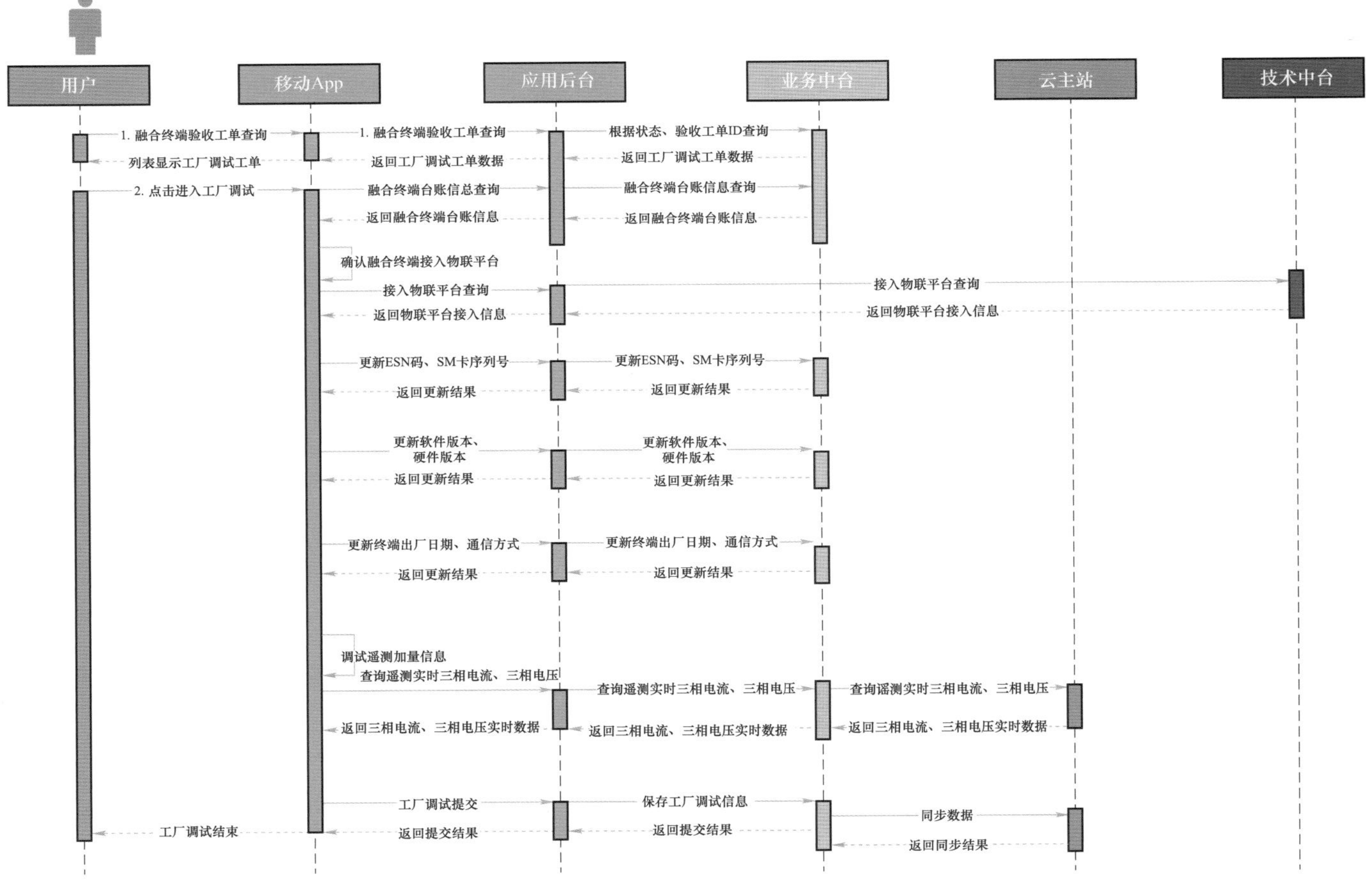

图3－127 工厂化调试流程图

工厂化调试的一般步骤为：

1）首先应在 PMS 系统完成融合终端台账维护及一、二次关联，并向配电云主站推送融合终端对应低压台区的图模文件，在配电云主站中完成融合终端台账数据的核对与注册确认；信通人员提供融合终端所需 SIM 卡、安全证书，终端侧完成融合终端接入物管平台以及云主站所需参数配置，信通人员在物联管理平台进行融合终端接入信息确认，主站侧人员在云主站进行融合终端接入信息确认。

2）PMS 侧融合终端维护及低压图模推送。首先进行 TTU 侧统一建模，选中需要维护的低压台区进行新增，按系统要求进行 TTU 信息维护；第二步进行分路监测单元和智能开关台账编辑，点击进入分路监测单元和低压智能开关，编辑相关台账信息。

3）配电云主站侧图模校验。PMS 是低压台区图模数据的源头，配电云主站从 PMS 获取融合终端的台账信息及与配电变压器的关联关系，使用者可在配电云主站“配电变压器监测”中查看对应低压台区图模是否成功导入配电云主站，低压台区图形可以通过功能菜单“台区图形”查看；如未有相应图形则需要在 PMS 系统推图解决。

4）配电云主站侧融合终端注册。首先进入终端接入向导，选择要注册的台区，点击向导介入后会显示开关数量，选择“选择现有模型”，确认设备 ESN、选择产品型号，随后配电云主站将调用物联管理平台，将边设备信息同步至物管平台。该过程可以实现批量导入，需要下载相应模板，填写完成后拖入页面，即可完成设备批量导入。

5）融合终端通信模块配置、首先 SIM 卡卡槽内插入 SIM 卡并锁定，分别接至左右两侧天线，随后分别完成无线公网卡（实体卡）和无线专网卡（虚拟卡）的配置，在配置完成后根据现场实际要求进行公专网切换功能设置，一般建议优先使用专网模式，最后启动拨号程序，完成通信模块配置。

6）融合终端安全证书配置。安全证书的申请一般由终端侧调试人员根据设备 ESN 使用省信通提供的软件，生成后缀分别为“.csr”“.key”“.keypair”“.pri”“.pub”的文件，市县信通专业将 csr 和 key 文件提供至省信通公司，省信通公司回复安全证书文件，再由终端侧调试人员在融合终端中导入安全证书，过程中一定要确保融合终端 ESN 的唯一性。主要步骤为首先制作证书请求文件、导入 tvpn 程序、导入证书、修改 tvpn 配置文件 client.conf、查看融合终端与安全网关连接状态。

7）物联管理平台侧融合终端接入确认。在设备侧尝试 ping 安全接入网关，若能 ping 通，则说明网络正常，可以接入物联平台；若不能，则在终端侧 ping 无线专网/公网核心网，看能否 ping 通。若能，则证明无线网络正常，联系信通相关人员排查安全接入网关侧是否存在问题；若不能，则联系主站侧人员进行排查解决。

未接入平台时，可在设备侧查看平台返回的边设备认证返回的消息，若返回的错误码为“4007”，提示信息“设备没有注册”，需要登录物管平台查看该设备的 sn 字段对应的值是否和设备认证消息中的 sn 字段值一致，若不一致，则通知设备侧修改对应的 sn 码，若平台中不存在该设备，则通知配电云主站侧进行新增；若返回的错误码为“4008”，提示信息“sn 为空或 null”，则通知设备侧，在发送边设备认证请求时，添加对应的设备 SN 码；若返回的错误码为“5010”，提示信息“物模型不存在”，则通知配电云主站侧，添加对应的设备类型。

8）配电云主站侧融合终端接入确认。主站侧不能上线需要进行问题排查。常见情况有主站新增边、端设备，若返回的错误码为“4001”提示信息“请求参数异常”，需要登录云主站查看该设备的各项参数值是否与台账一致，若与台账不一致，则更正填入信息，若与台账一致，则与设备侧核对台账信息录入是否正确。若返回的错误码为“4005”，提示信息“设备已注册”，需要登录云主站查看该设备的“sn”字段对应的值是否存在重复，若存在重复，则与设备侧核对台账信息是否正确；若不存在重复，则核对台账信息与填入信息是否一致。若返回的错误码为“5015”，提示信息“物管平台创建失败”，则与物管平台确认平台运行正常；若平台运行正常，可能是主站与平台之间的链接异常，联系配电云主站研发人员提供技术支持；若返回的错误码为“5001”，提示信息“请求失败”则通知配平台侧，确认是否物管平台已经存在相关设备，联系平台协调解决。

（3）工厂验收。终端侧调试人员通过 App，按照工厂验收卡验收条目逐项验收，上传图片，根据实际验收和整改结果提交验收结果（部分通过/完全通过）到业务中台，工厂验收流程如图 3－128 所示。

配电自动化管理人员通过配电自动化终端运维 App，对工厂验收提交的“部分通过”的内容进行审核。审核不通过，填写原因，便于调试人员进行整改，验收资料卡见表 3－6。

（4）现场调试。终端侧调试人员现场安装调试时，通过 App 核对设备 ESN；维护终端设备接线顺序；进行现场过电压、欠电压、失电压、缺相等遥信测试，现场调试流程图如图 3－129 所示。

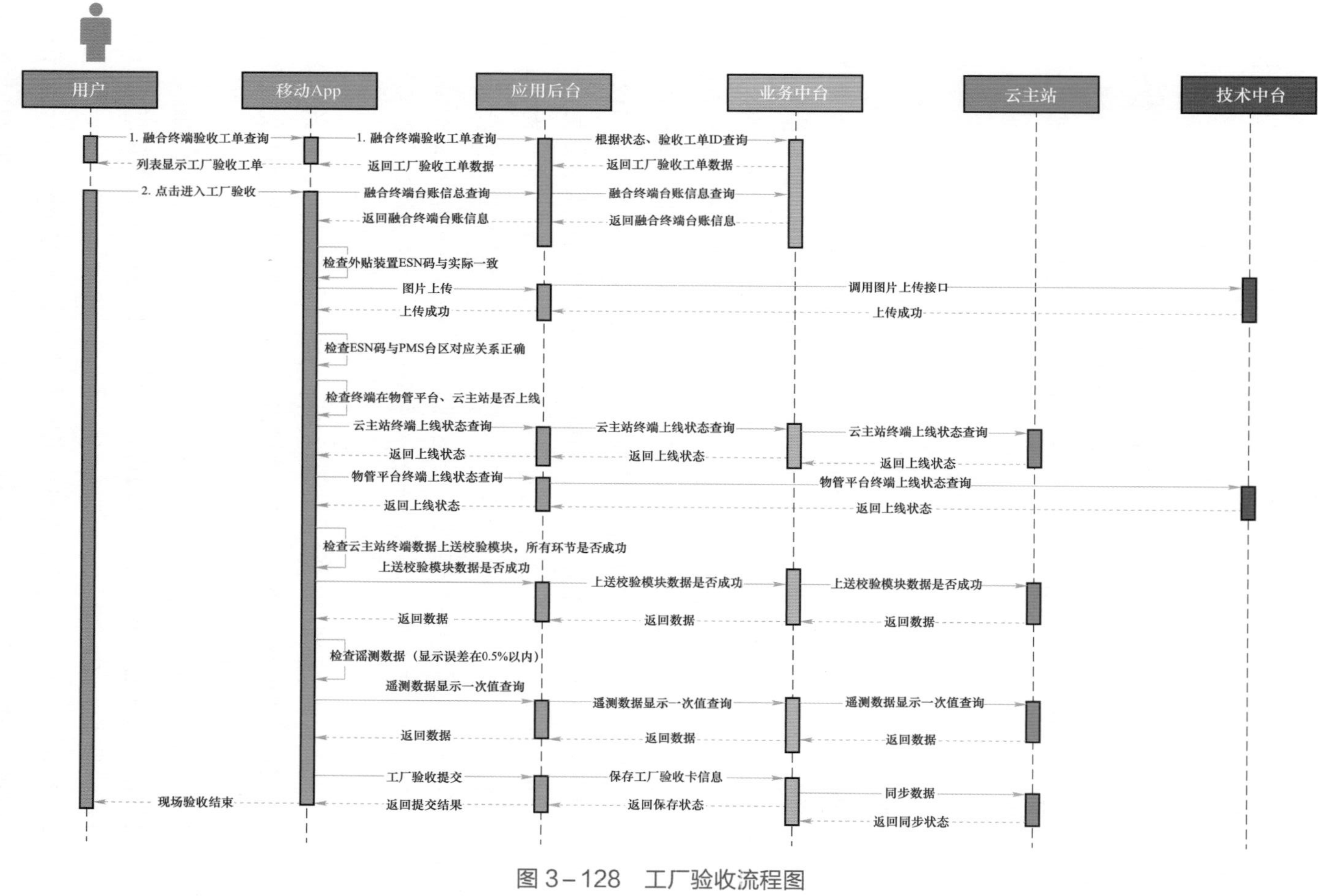

图 3-128 工厂验收流程图

表3-6　　　　　　工厂验收资料卡

台区名称	由业务中台（PMS提供接口服务）提供查询接口	终端ESN、（增加终端资产码ID）	由业务中台（PMS提供接口服务）提供查询接口
终端厂家	由业务中台（PMS提供接口服务）提供查询接口	SIM卡序列号（区分公专网）	由业务中台（云主站提供接口服务）提供查询接口
终端型号	由业务中台（PMS提供接口服务）提供查询接口	终端出厂日期	由业务中台（PMS提供接口服务）提供查询接口、提交接口，可更新该值
硬件版本	由业务中台（PMS提供接口服务）提供查询接口	注册日期	由业务中台（云主站提供接口服务）提供查询接口
终端通信方式	由业务中台（PMS提供接口服务）提供查询接口	软件版本	由业务中台（云主站提供接口服务）提供查询接口
交采App	名称由业务中台（云主站提供接口服务）提供查询接口	版本号	由业务中台（云主站提供接口服务）提供查询接口
底板程序	名称由业务中台（云主站提供接口服务）提供查询接口	版本号	由业务中台（云主站提供接口服务）提供查询接口
框架程序	名称由业务中台（云主站提供接口服务）提供查询接口	版本号	由业务中台（云主站提供接口服务）提供查询接口

序号	要求	验收结果
1	检查外贴装置ESN、资产码与实际是否一致。（App扫码对比自动判断）（尽量自动判断，扫码识别设备ESN、设备ID与基本信息终端ESN、终端资产码对比，是否一致；可上传照片）	通过/不通过
2	检查装置ESN与PMS台区对应关系是否正确。（App扫码对比自动判断/人工判断）	通过/不通过
3	检查融合终端参数配置（TA变比、配电变压器容量等）	
4	检查终端在物管平台、云主站是否上线（自动判断）	通过/不通过
5	检查云主站终端数据上送校验模块中，所有环节是否成功（自动判断）	
6	抽查配电变压器停复电遥信数据（人工判断）	
7	抽查遥测数据（显示误差应在0.5%以内）。（人工填写+App判断）[“显示一次值”（读主站一次值，通过配电变压器的psrid查询），App计算判断，算法（显示一次值－标准一次值）/标准一次值×100%，范围正负0.5%]	通过/不通过

相别	U_a	U_b	U_c	I_a	I_b	I_c	I_n（零序）
标准二次值	90V	100V	110V	1A	2A	5A	固定的
标准一次值	90V	100V	110V	120A	240A	600A	根据变比计算（×TA变比）
显示一次值				云主站取	云主站取	云主站取	云主站取
结果							

调试单位	调试人员App录入后，提交至业务中台，云主站可通过中台查询接口访问	人员签字	（密码校验时，参数代入“文字”或“签字图片”）
验收单位	审核人员App录入后，提交至业务中台，云主站可通过中台查询接口访问	人员签字	（密码校验时，参数代入“文字”或“签字图片”）
调试日期	工厂验收提交时，自动录入业务接口调用系统的时间，提交至业务中台		

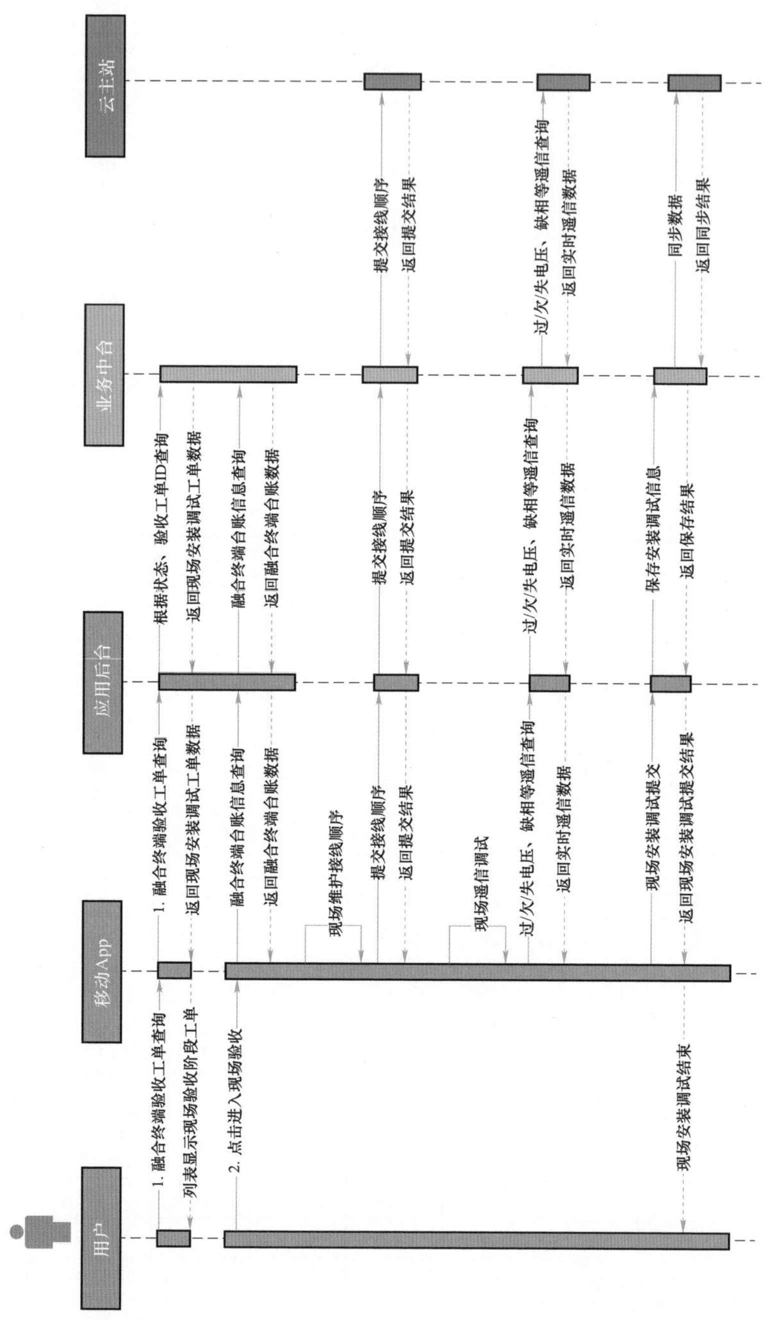

图 3-129 现场调试流程图

融合终端现场安装时需注意端口顺序及接线情况，主要有以下三部分。

1）台区智能融合终端端口功能说明及端口顺序。台区智能融合终端接线端口如图3－130所示，UD为电压接线端口，自上而下分别为U相、V相、W相及中性线，接入相电压为220V，接线时须严格按此接线；ID为电流接线端口，自上而下分别为U相（流入）、V相（流入）、W相（流入）、U相（流出）、V相（流出）、W相（流出），接线时须严格按此接线；QD为遥信接线端口，自上而下分别是YX0－YX4、公共端。通信接线端口，须严格规定端口11、13为接收端，端口12、14为发送端，且端口11、12构成一组接收－发送端，端口13、14构成一组接收－发送端。其中，端口11、12用于台区智能融合终端与低压分路监测单元间的通信；端口13、14用于台区智能融合终端与集中器间的通信；实际安装时，根据现场是否安装低压分路监测单元确定是否接端口11、12。

台区智能融合终端端口接线要求主要有：电压、电流接线须采用两根独立电缆，其中电压接线采用4mm×2.5mm电缆；电流接线采用10mm×2.5mm电缆；集中器、接线盒与台区智能融合终端的电压、电流接线须一一对应；通信接线须根据集中器支持通信协议的类型选取。若集中器仅支持376.1协议，则集中器与台区智能融合终端之间采用RS－485通信标准，通信接线须采用非铠装双绞屏蔽型电缆（STP－120Ω）；若集中器支持698.41协议，则集中器与台区智能融合终端之间采用以太网通信标准，通信接线须采用网线。

当集中器与台区智能融合终端之间采用RS－485通信标准时，STP－120Ω中485＋作为发送端，接端口13，485－作为接收端，接端口14；当集中器与台区智能融合终端之间采用以太网通信标准时，取网线中橙白线作为发送端，接端口13，取网线中绿白线作为接收端，接端口14。台区智能融合终端接线端口如图3－130所示，台区智能融合终端接线端子定义如图3－131所示。

2）二次接线施工工艺要求。二次接线施工工艺要求主要包含导线敷设、设备连接、导线编号、施印封加四个方面。

导线敷设方面的要求主要如下：

计量二次回路的连接导线应采用铜质单芯绝缘线。对电流二次回路，连接导线截面积应按电流互感器的额定二次负荷计算确定，至少应不小于4mm^2；对电压二次回路，连接导线截面积应按允许的电压降计算确定，至少应不小于4mm^2；二次回路导线外皮颜色宜采用：U相为黄色，V相为绿色，W相为红色，中性线（N）为蓝色或黑色，接地线为黄绿双色；电压、电流回路导线排列顺序应正相序，黄（U）、绿（V）、红（W）色导线按自左向右或自上向下顺序排列；导线敷设应做到横平竖直、均匀、整齐、牢固、美观，避免交叉、缠绕等；导线转弯处留有一定弧度，并做到导线无损伤、无接头、绝缘良好；导线转弯应均匀，转弯弧度不得小于线径的 6 倍，禁止导线绝缘出现破损现象。

设备连接方面的要求主要有，电能表、采集终端的电压、电流回路必须一个接线孔连接一根导线，强弱电隔离板齐全；导线和电能表、采集终端、试验接线盒的端子连接时，剥去绝缘部分，导体部分不能有整圈伤痕，其长度宜不超过 20mm；螺栓拧紧后导体部分应有两个压痕点，不得有导体外露、压绝缘现象；电能表、采集终端与接线盒的连接导线，如有必要可用扎带绑扎整齐。

导线编号方面的要求主要有，接线盒与集中器、台区智能融合终端的连接导线两端宜有导线编号；母线与接线盒、互感器与接线盒的连接导线两端应有导线编号；对导线进行编号宜采用编号管；若导线为单色线，宜采用彩色标记（如彩色胶带等）对导线进行区分；导线编号应按安装接线图采用相对编号法进

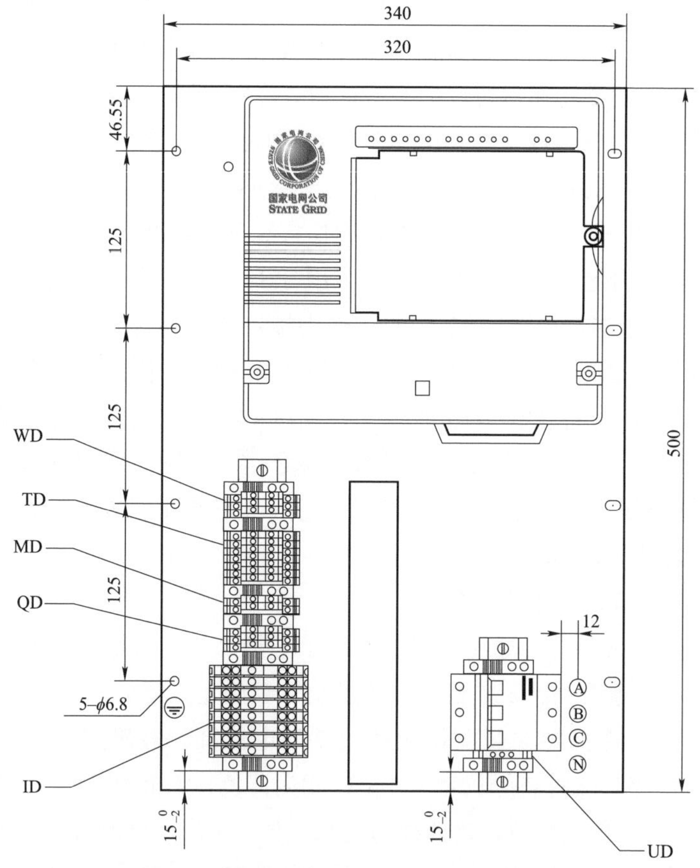

图 3-130　台区智能融合终端接线端口（单位：mm）

左侧	WD温度	右侧		
	1	1nHC-17	PT100 Ⅰ +	¥
	2	1nHC-18	PT100 Ⅰ −	¥
	3	1nHC-21	PT100 Ⅰ COM	¥
	4	1nHC-19	PT100 Ⅱ +	¥
	5	1nHC-20	PT100 Ⅱ −	¥
	6	1nHC-22	PT100 Ⅱ COM	¥

左侧	TD通信	右侧		
	1	1nHC-27	RS232 Ⅰ RX	¥
	2	1nHC-28	RS232 Ⅰ TX	¥
	3	1nHC-29	RS232 Ⅰ GND	¥
	4	1nHC-30	RS232 Ⅱ RX	¥
	5	1nHC-31	RS232 Ⅱ TX	¥
	6	1nHC-32	RS232 Ⅱ GND	¥
	7	1nHC-33	RS485 Ⅰ A	¥
	8	1nHC-34	RS485 Ⅰ B	¥
	9	1nHC-35	RS485 Ⅱ A	¥
	10	1nHC-36	RS485 Ⅱ B	¥
	11	1nHC-37	RS485 Ⅲ A	¥
	12	1nHC-38	RS485 Ⅲ B	¥
	13	1nHC-39	RS485 Ⅳ A	¥
	14	1nHC-40	RS485 Ⅳ B	¥

左侧	MD脉冲	右侧		
	1	1nHC-43	有功输出	¥
	2	1nHC-44	无功输出	¥
	3	1nHC-45	秒脉冲输出	¥
	4	1nHC-46	脉冲公共端	¥

左侧	QD遥信	右侧		
	1	1nHC-47	YX1	¥
	2	1nHC-48	YX2	¥
	3	1nHC-49	YX3	¥
	4	1nHC-50	YX4	¥
	5	1nHC-55	YXCOM1	¥
	6	1nHC-56	YXCOM2	¥

左侧	ID电流	右侧		
	1	1nHC-9	Ia	*
	2	1nHC-11	Ib	*
	3	1nHC-13	Ic	*
	4	1nHC-10	Ia′	*
	5	1nHC-12	Ib′	*
	6	1nHC-14	Ic′	*
	7	1nHC-15	I0	*
	8	1nHC-16	I0′	*

	左侧	UD电压		右侧
U_a	1nHC-1	2	ZKK	1
U_b	1nHC-2	4		3
U_c	1nHC-3	6		5
U_n	1nHC-4	4		

图 3－131 台区智能融合终端接线端子定义

行编写；对于没有安装接线图的计量装置，可采用回路编号法编写；做到字迹清晰、整齐且不易褪色；导线编号管直径应与导线直径相配合；导线编号管长度应基本一致，其长度宜为 20mm±2mm；导线编号管应套在导线两端的绝缘层上，字符方向应与视图标示方向一致；水平放置时，字符应从左到右排列，同列的应上下对齐；垂直放置时，字符应从上到下排列，同排的应左右对齐。

封印施加方面的要求主要有，电流互感器与电压互感器接线端子、电能表与采集终端、接线盒须装设封印，计量箱（柜）柜中可关合、打开后可以操作计量装置的门、电压互感器一次隔离开关操动机构应装设封印；每一个加封螺钉（加封孔）装设一颗封印，施封后尾线应修剪适当；对施封后的穿线式封印的封线环扣施加任意方向的 60N 拉力，封线应无拉断及被拉出现象，锁扣要保证在任何情况下都不能被无损坏地拉出，破坏后不可恢复；卡扣封印在不被破坏的情况下不应被拉出；施封后封印编码应清晰、完整、方便读取。

3）现场施工注意点。在整个台区智能融合终端接线过程中，严禁电流回路开路，电压回路短路。接线开始前应记录集中器电流、电压数值；在集中器采集数据后 1 分钟内，将接线盒内电流回路短接，并将集中器显示屏切至电流界面，观察电流数据渐变为 0，确认短接成功；电流回路短接成功后，将接线盒内电压回路断开，之后将控制电缆按相应回路接入接线盒及集中器。按照端口说明进行接线过程确认无误后，恢复接线盒中电压、电流端子，在集中器的电压、电流显示界面查看电压、电流情况，检查集中器无异常显示；合上台区智能融合终端电压空气开关，用万用表测量电压数值，用钳形电流表测量电流数值，与之前记录的电流电压数值进行比对，确认无误。现场数据连接完毕，通过无线公网，与主站进行通信，同时核对数据，完成站点联调。

（5）现场验收。终端侧调试人员通过 App，按照现场验收卡验收条目逐项验收，检测三相电流、三相电压、有功功率遥测数据，采集上传图片，保证图实一致，提交验收结果到业务中台，现场验收流程如图 3－132 所示。

融合终端采集数据信息包含配电变压器本体、智能开关、分路监测单元、h3761 型集中器、h698 集中器、可开放容量（配电变压器、开关）、电能质量（开关、电能表）、可靠性（配电变压器、开关、电能表）、线损（配电变压器、开关）、分布式电源、充电桩、无功补偿、电能质量（配电变压器）等。

配电自动化专责、供服人员/县调人员通过配电自动化终端运维 App，对现场验收提交内容进行审核。审核不通过，填写原因，便于验收调试人员进行整改，待现场验收审核都通过后，融合终端接入验收流程结束，验收工单由主站系统自动办结；该融合终端的状态设置为“投运”，现场验收资料卡见表 3－7。

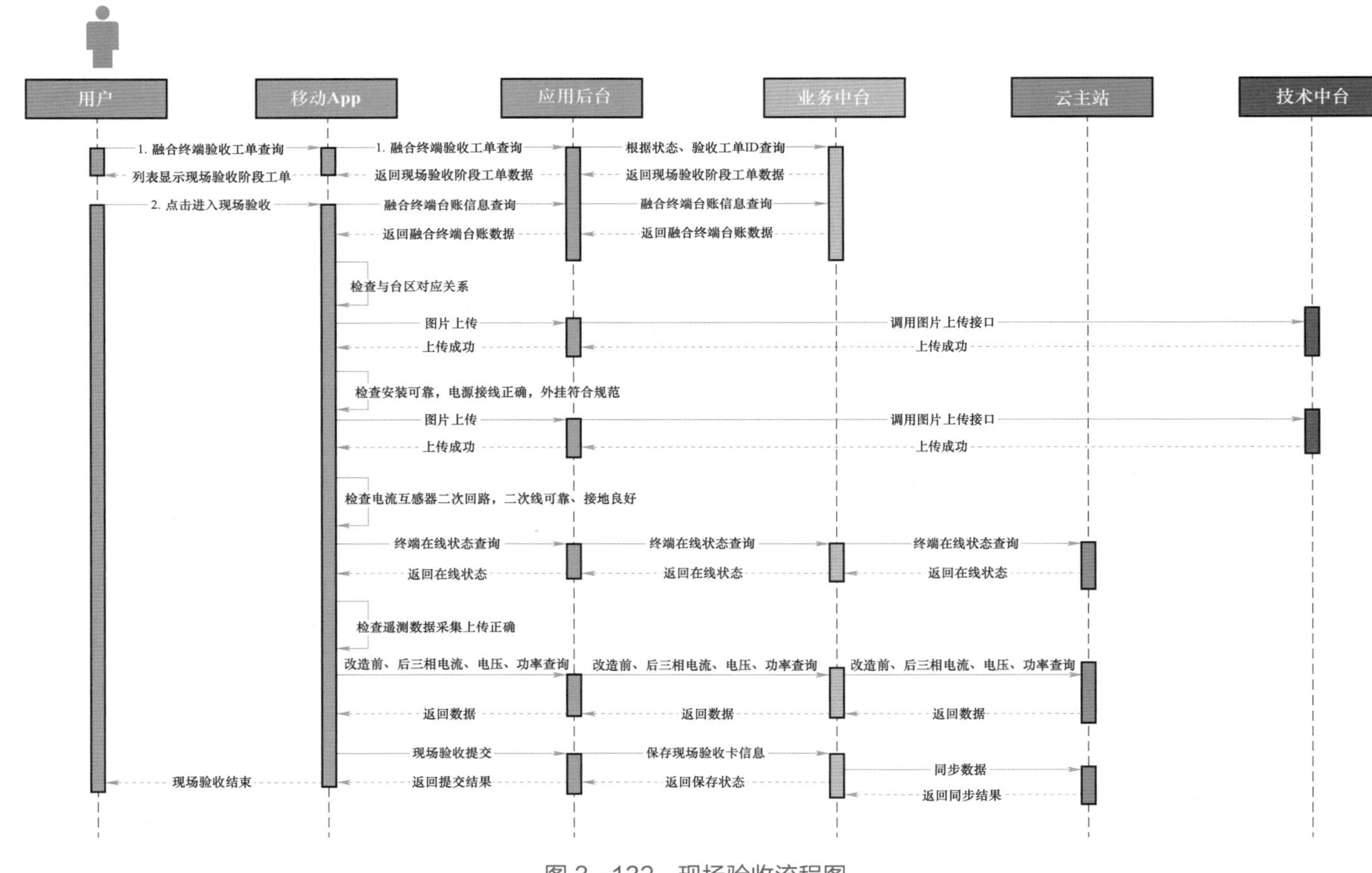

图 3-132 现场验收流程图

表3-7　　现场验收资料卡

台区名称	由业务中台（PMS 提供接口服务）提供查询接口	终端 ESN、（增加终端资产码 ID）	由业务中台（PMS 提供接口服务）提供查询接口
终端厂家	由业务中台（PMS 提供接口服务）提供查询接口	SIM 卡序列号（区分公专网）	由业务中台（PMS 提供接口服务）提供查询接口
终端型号	由业务中台（PMS 提供接口服务）提供查询接口	终端出厂日期	由业务中台（PMS 提供接口服务）提供查询接口、提交接口，可更新该值
硬件版本	由业务中台（PMS 提供接口服务）提供查询接口	注册日期	由业务中台（云主站提供接口服务）提供查询接口
终端通信方式	由业务中台（PMS 提供接口服务）提供查询接口	软件版本	由业务中台（云主站提供接口服务）提供查询接口
交采 App	由业务中台（云主站提供接口服务）提供查询接口	版本号	由业务中台（云主站提供接口服务）提供查询接口
底板程序	由业务中台（云主站提供接口服务）提供查询接口	版本号	由业务中台（云主站提供接口服务）提供查询接口
框架程序	由业务中台（云主站提供接口服务）提供查询接口	版本号	由业务中台（云主站提供接口服务）提供查询接口
TA 变比、配电变压器容量（现场）	由业务中台（PMS 提供接口服务）提供查询、提交接口，可更新该值		

序号	要求	验收结果
1	检查融合终端与台区对应关系正确（App 扫码对比判断/现场人工判断；尽量自动判断，对应台区名称，图片文字（尽量自动扫码识别），上传照片）	通过/不通过
2	检查融合终端本体安装可靠，电源接线正确。检查外挂箱安装符合施工规范。检查外挂箱固定铁附件安装稳固，外挂箱安装高度符合运行要求（现场拍照上传/人工判断）	通过/不通过
3	检查电流互感器二次回路：二次线可靠固定、接地良好，防止被外力扯断（现场拍照上传/人工判断）	通过/不通过
4	检查融合终端在线状态（主站）（自动判断）	通过/不通过
5	检查融合终端遥测数据采集上传正确（App 向导，主站配合自动判断） 通过云主站数据接口获取“改造前和改造后的 U_a、U_b、U_c、I_a、I_b、I_c、I_n、P、Q”，通过云主站接口获取“运行值” U_a、U_b、U_c、I_a、I_b、I_c；App 计算判断算法：(改造后值－运行值)/运行值×100%，范围 10%左右（上下 5%），App 计算后与终端上送值自动校核得出结果［运行值通过云主站接口获取。判断改造前、改造后、运行值计算（二次值＝运行值/TA 变比），三者一致，范围正负 5%］	通过/不通过
6	检查配电变压器停复电遥信数据（人工判断）	通过/不通过

续表

<table>
<tr><th>序号</th><th colspan="7">要求</th><th colspan="2">验收结果</th></tr>
<tr><td>7</td><td colspan="7">检查融合终端采集的低压设备信息正确（暂不考虑）</td><td colspan="2">—</td></tr>
<tr><td>8</td><td colspan="7">检查电压电流回路接线相序正确，检查导线绝缘良好无破损。核对套管、电缆颜色、电缆线号，记录集中器改造前后的遥测值，确认改造前后集中器遥测数据无异常（现场拍照上传/人工判断）</td><td colspan="2">通过/不通过</td></tr>
<tr><td>集中器显示</td><td>U_a</td><td>U_b</td><td>U_c</td><td>I_a</td><td>I_b</td><td>I_c</td><td>I_n（零序）</td><td>P</td><td>Q</td></tr>
<tr><td>改造前（读集中器值）</td><td></td><td></td><td></td><td></td><td></td><td></td><td></td><td></td><td></td></tr>
<tr><td>改造后（读集中器值）</td><td></td><td></td><td></td><td></td><td></td><td></td><td></td><td></td><td></td></tr>
<tr><td>运行值（从云主站取）</td><td></td><td></td><td></td><td></td><td></td><td></td><td></td><td>—</td><td>—</td></tr>
<tr><td colspan="2">施工单位</td><td colspan="4">由调试人员 App 录入后，提交至业务中台，云主站可通过中台查询接口访问</td><td colspan="2">人员签字</td><td colspan="2">密码校验时，参数代入“文字”或“签字图片”</td></tr>
<tr><td colspan="2">现场验收单位</td><td colspan="4">由审核人员 App 录入后，提交至业务中台，云主站可通过中台查询接口访问</td><td colspan="2">人员签字</td><td colspan="2">密码校验时，参数代入“文字”或“签字图片”</td></tr>
<tr><td colspan="2">主站验收单位</td><td colspan="4">云主站已经和 ISC 集成（主站操作）</td><td colspan="2">人员签字</td><td colspan="2">云主站已经和 ISC 集成（主站操作）</td></tr>
<tr><td colspan="2">调试日期</td><td colspan="4">工厂验收提交时，自动录入业务接口调用系统的时间，提交至业务中台</td><td colspan="4"></td></tr>
</table>

3.3.3 数字化终端功能应用

1. 低压智能台区功能应用

台区智能融合终端是在新一代配电自动化系统建设应用基础上，遵循“硬件平台化、软件 App 化”的先进理念诞生的，是“云－管－边－端”配电物联网体系架构的核心环节。近年来的探索与实践充分证明，融合终端在技术上完全能够实现与智能电能表、智能断路器、分布式电源、充电桩等低压侧设备实现良好互动，支撑配用电数字化转型；在经济上完全打破传统配电台区管理一个业务需求需配置一套设备的模式，可根据不同台区不同业务需求灵活配置功能，最大程度地降低了对低压配电网的建设成本；在业务上可充分发挥营配数据就地分析价值，有效支撑停电精准分析到户、低压故障主动抢修、低压拓扑识别校验等配电网运行管控应用，可全面支撑能源互联网建设与数字化转型。本节介绍终端基础功能和常见业务功能 App。

（1）基础功能。基础功能包括但不限于数据中心、本地通信管理、无线拨号管理、扩展模块管理、串口管理、蓝牙管理、交采计量、遥信脉冲采样、安全管理和安全代理，功能简介如下。

1）数据中心 App。数据中心负责对整个系统的数据存储管理、数据服务，数据中心命名为“dataCenter”。各 App 通过消息总线与数据中心进行交互。数据中心应设置业务数据区和共享数据区，数据分区架构如图 3-133 所示。

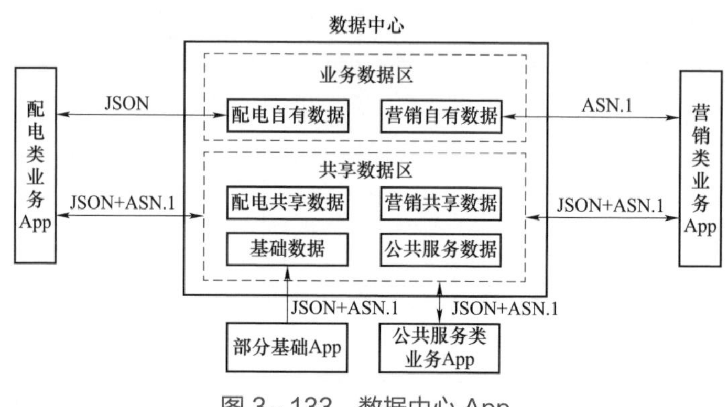

图 3-133　数据中心 App

数据中心提供数据存储服务，并根据分类存储机制，支持数据文件方式存储以及基于内存的非持久化数据存储；提供数据访问服务，支持精准和模糊方式查询，同时，针对访问频率较高的终端参数文件，提供参数文件在系统内存中的加载，实现更高速度的响应。

数据备份和检查方面，数据中心可以向系统管理服务订阅系统级事件，当事件发生时，由系统管理服务通知到数据中心，当收到系统级事件（紧急停电、系统停电、系统复位、系统上电）时进行易失性数据的备份，系统恢复正常后恢复易失性数据。数据中心运行过程中，定期对易失性数据进行备份，确保异常状态下数据无丢失，根据先入先出规则，定期删除过期数据，保证系统有充足的数据存储空间存储数据。

数据中心安全要求包括但不限于：应建立数据分级分类保护机制，防止篡改、破坏、泄露或者非法获取、非法利用，并具备审计和权限控制功能；业务数据区用于存储各专业自有数据，共享数据区用于存储各专业交互的数据，共享数据区敏感数据读写应可追溯；业务数据区应划分明文区和密文区；数据共享区为明文区，数据根据分级分类原则选择存储在相应区域。

2）本地通信管理 App。本地通信管理 App 负责终端本地通信模块（即 CCO）的管理，依据 DL/T 698.42—2013《电能信息采集与管理系统　第 4-2 部分：通信协议-集中器下行通信》及其后续修订，遵照相关流程完成对 CCO 的初始化和档案同步，通过 CCO 实现与 STA 节点的数据交互。本地通信管理 App 命名为“ccoRouter”。

本地通信管理 App 实现“虚拟路由”功能，实现“多通道”链路，业务 App 可通过各自链路通道实现“并发”数据采集；本地通信管理 App 具备优先级管理功能，对多个低压数据采集类 App 同时请求的数据采集业务按照优先级顺序执行；本地通信管理具备档案管理功能，档案管理包括操作权限管理，由各数据采集类业务 App 管理自身的设备档案；本地通信管理微应用具备点抄、透传和文件升级等服务；支持 HPLC、微功率无线、双模等符合 DL/T 698.42—2013 标准的本地通信模块；针对本地通信模块（即 CCO）运行过程中 STA 主动上报的事件进行管理，将上报内容推送给订阅事件的关联应用 App；针对终端与本地通信模块（即 CCO）交互中的各类异常，以及关联业务 App 的异常访问进行处理，保证控制通道和抄表通道通畅。

3）无线拨号管理 App。无线拨号管理 App 负责无线公/专网通信模块的管理，负责完成拨号、模块状态监控以及相关统计功能，无线拨号管理 App 命名为“wirelessDCM”。

无线拨号管理 App 可根据当前 SIM 卡运营商信息和网络制式，自动匹配相应的 APN、用户名和密码等参数，进行拨号。优先使用 4G 或更高速率的网络。无线拨号管理 App 支持以指定的网络制式进行拨号连接。当无线网络出现异常，可自动在不同网络制式间切换，异常解除后，可自动恢复。无线拨号管理 App 应能实时监控当前拨号网络状态，一旦链路状态发生变更，应及时发出网络变更消息，通知其他微应用。无线拨号管理 App 应能实时统计拨号次数、失败次数、最后一次拨号成功时间等数据。

4）拓展模块管理 App。扩展模块管理实现扩展模块插拔检查，根据《台区智能融合终端功能模块通用技术规范（2022）》获取并提供模块设备基本信息，实现模块设备即插即用，扩展模块管理命名为“mapManager”。

管理物理端口与模块的对应关系，可对模块进行类型识别，实现逻辑端口与物理端口的映射关系；实现终端扩展模块的通用操作（如重启、初始化等）以及模块信息查询，可转发其他应用与控制命令通道的数据；负责对模块进行状态监控，异常可自动恢复，支持对模块的在线升级。

5）串口管理 App。串口管理 App 负责终端串口的通信管理，实现报文传输。串口管理 App 命名为“uartManager”。支持多 App 共享串口资源；App 发送带优先级的数据帧至串口管理 App，串口管理 App 依据优先级执行任务。

6）蓝牙管理 App。蓝牙管理 App 负责终端蓝牙的通信管理，实现运维、抄表等功能。蓝牙管理 App 命名为“btManager”。蓝牙管理 App 应支持设置蓝牙模块的相关参数；支持通过 DL/T 698.45—2017《电能信息采集与管理系统 第4－5部分：通信协议—面向对象的数据交换协议》协议、101/104 等协议实现本地运维，当接收到上行通信帧，以广播的方式通知其他 App；持通过蓝牙通道抄读传感器或电能表等数据；支持通过蓝牙进行电能计量检定。

7）交采计量 App。交采计量 App 命名为“acMeter”，为其他 App 提供交流采样的基础数据服务，包括实时类、电能量类和谐波类三种数据。

交采计量 App 通过 MQTT 消息，分别以 JSON 和 A－XDR 两种格式，将业务共享数据刷新至数据中心。业务 App 根据需求从数据中心获取数据。App 也可根据业务需求，通过 UDP 接口以 DL/T 698.45—2017 协议格式获取数据。为实现电能计量数据访问的一致性以及效率，交采计量 App 需在提供 MQTT 接口的同时提供 UDP 访问端口，采用 PF_UNIX 域协议，文件路径“/tmp/dev/acmeter”，UDP 接口传输协议遵循 DL/T 698.45—2017 的 APDU 部分，APDU 最大长度支持不小于 4K，APDU 采用明文传输。交采计量 App 需支持通过 DL/T 698.45—2017 中定义的数据容器 ID 访问电能计量数据。交采计量 App 需具备通过基于 ASN.1 格式将共享数据写入数据中心的功能，其中 F2130203 中定义的对象列表刷新周期不大于 1 秒，其他数据对象刷新周期不大于 1 分钟。交采计量 App 需具备通过基于 JSON 格式将共享数据写入数据中心的功能，根据业务需求设置刷新周期。

8）遥信脉冲采样 App。遥信脉冲采样 App 实现对遥信、脉冲模块的信号采集，遥信脉冲采样组件命名为“rspSample”。

遥信脉冲采样 App 应监控遥信状态，发生遥信变位时上报遥信变位事件；遥信脉冲采样 App 能够对遥信脉冲模块的每路功能进行配置；遥信脉冲采样 App 能够对遥信防抖时间进行配置；遥信脉冲采样 App 能够将遥信状态数据以及脉冲采样数据存储到数据中心。

（2）业务功能 App。业务功能 App 一般根据实际业务需求开发，本节介绍常见的业务功能场景应用，如配电网状态全景感知、低压拓扑动态识别、台区线损精益管理及反窃电精准定位、可开放容量分析、故障定位分析与精准抢修、三相不平衡治理、供电可靠性提升与影响因素定位、基于台区负荷预测的配电网项目需求辅助决策、分布式电源灵活消纳及智能运行控制、电动汽车有序充电等。

1）配电网状态全景感知。

a. 场景描述：通过末端设备和边缘计算设备，采用智能识别和感知技术对配电网运行工况、设备状态数据、环境情况及其他辅助信息进行全面采集，根据生产及管理需要上载必要数据到云平台。应用配用电统一模型、物联网通用标准协议，实现配用电侧各类感知终端互联互通互操作，通过线路拓扑、相位、户变关系的自动识别支持“站－线－变－户”关系自动适配，推动跨专业数据同源采集；实现配电网状态全感知、信息全融合、业务全管控。

b. 业务描述：通过云边协调，结合大数据、人工智能等技术实现对配电网运行状态精准监控，推动电气运行、用电计量、资产管理、状态检测、环境监测等跨专业数据同源采集，依托设备平台化、软件 App 化技术实现生产控制、运维检修等业务按需配置、灵活部署，实现电网运行全息感知、设备资源广泛接入、业务功能全面管控。全景感知状态如图 3－134 所示。

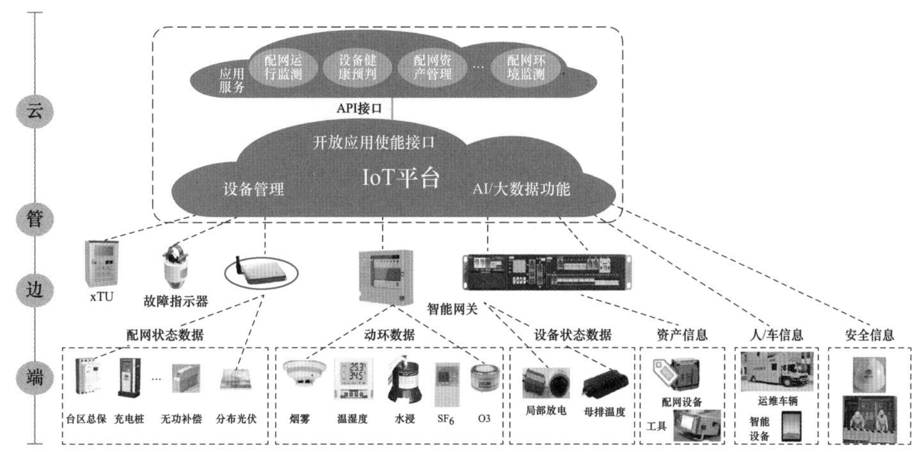

图 3－134　全景状态感知

a）统一模型：制订面向配电物联网的基本信息模型规范。

b）传感设备接入：各种类型的传感节点，构建配电物联网海量数据，主要包括各种类型的传感节点。通过研究通信单元标准化，设备对接 App 化，远程部署微应用等技术，实现终端单元智能、高效、便捷地接入配电物联网。

c）边缘计算：就地化实现所管控区域运行状态的在线监测、智能分析与决策控制，同时与云主站计算共享与数据交互。

d）配电网状态全感知：设备状态评估、设备状态趋势预测、系统网络健康评估等。

2）低压拓扑动态识别。

a. 场景描述：基于即插即用与自动注册维护技术，通过动态获取配电台区线路关键节点监测单元、智能开关/LTU、HPLC 模块以及末端用户智能电能表的拓扑信息，并与物联网设备模型、PMS、主站侧拓扑信息进行自动校核，实现台区变压器－用户关系、供电相位异常等信息的主动发现与自动维护，提升低压配电网拓扑模型准确性，实现低压网络拓扑可视化管理。

b. 业务描述：利用台区低压智能载波设备的网络状态更新配电网中各低压智能载波设备的初始拓扑模型。App 通过源低压智能载波设备向整个配电网络发送开始进行识别目标设备的命令，配电网络中所有待识别的低压智能载波设备执行拓扑识别的任务。源设备指定配电网络中的某个确定的识别设备为目标设备，并控制目标设备在接收到该命令后向源设备发送反馈信号；目标设备在接收到源设备发送的命令之后，通过识别信号发生电路相任一相线发送识别信号；配电网络中各识别设备在接收到源设备的控制信号后，对线路中流过的发送识别信号进行检测，并记录检测结果；源设备判断是否完成配电网络中所有待识别设备的识别，如果已经完成对所有识别终端的识别，源设备对配电网络中各个识别设备检测到的电流信号信息表进行收集，并生成拓扑关系统计表，并上送低压拓扑动态识别 App，App 生成拓扑关系矩阵并进行拓扑结构构建，上送主站系统进行人机界面网络拓扑展示。

（3）台区线损精益管理及反窃电精准定位。

1）场景描述：台区智能融合终端通过台区总表、低压智能开关/LTU 和智能电能表采集电量、实时电压、电流、有功、电能量等关键数据，结合台区动态电气拓扑关系，利用边缘计算技术，就地开展台区线损统计计算分析，及时发现线损异常并定位，实现对配电台区的分级、分层线损的精益化分析管理，有效支撑线损治理、窃电核查等工作开展。

2）业务描述：App 通过边缘物理代理、智能断路器、低压分路检测单元等设备采集台区总线、分支进线、分支出线、用户进线以及用户电能表多个层级阶段的数据；根据边缘物联代理总表的总供电量及各用户电能表的用电量数据，计算台区总体线损；根据边缘物联代理总表的总供电量及各相上各用户电能表的用电量，计算台区分相线损；根据得到的台区总体线损和台区分相线损，设定线损阈值。若在某一时刻得出的台区总体线损率和台区分相线损率大于等于所设定线损阈值时，视为线损异常，则此时台区线损精益管理及反窃电精准定位 App 发出预警，主动采集总线、各分支线路、各用户线路的电能表与开关节点数据，并对各层级开关电流、电压值进行比对，向主站上报三级线损与理论线损超差信息。主站通过公司云平台获取相关业务系统的客户档案、远程计量误差监测、计量在线监测及智能诊断、反窃电在线智能诊断。以及换表记录、电量核查、业扩报装信息等信息。

（4）可开放容量分析。

1）场景描述：利用台区智能融合终端存储的配电台区全链路监测节点的完整运行数据及季节性用电特性等，精准预测配电台区客户用电需求及负载变化趋势，对台区进行分相可开放容量评估，计算台区及分相的当前及预测可开放容量。基于可开放容量，营销业务系统可自动生成业扩配套接入方案、动态优化方案，将极大提升业扩配套建设时效，缩短用户接电时长，优化电力营商环境。运检业务系统通过与营销业扩报装数据交互，可结合停电计划自动生成“先接后改”台区增容需求。

2）业务描述：配电变压器的可开放容量需要保证配电系统在最恶劣的条件下依旧可以稳定地向用户提供高质量电能，因此需要大量的数据支撑可开放容量分析预测。可开放容量分析 App 基于大数据的分析方法，通过智能融合终端以及其他边缘设备对数据进行在线监测分析与深度挖掘，记录、分析台区配电变压器用户的用电规律，按照日、周、年的时间跨度分别分析台区的负荷特性，对于台区配电变压器用户从日负荷特性、周负荷特性、年负荷特性的分析一般包含负荷峰值时刻、高峰负荷持续时间及出现时间、负荷峰值时刻的季节特性。进一步在负荷特性的分析基础上计算分析用户同时率特性。可开放容量分析 App 根据配电网台区的拓扑关系，推算出配电变压器到接入点的电能传输途径，再根据用户负荷特性、同时特性等关键计算依据，计算出接入点的可开放容量。

（5）故障定位分析与精准抢修。

1）场景描述：App 收集设备上送到融合终端数据中心的停电告警/恢复、失电压告警/恢复、过电流告警/恢复，结合台区网络拓扑结构进行分析，定位故障点，生成设备故障事件信息上报主站。主站收到设备故障事件信息并结合台区拓扑结构进行数据展示，实现台区故障快速定位与精准抢修。

2）业务描述：低压台区故障定位分析依赖于智能融合终端及就地智能设备的部署，为低压系统故障研判提供实施基础，智能配电变压器台区的分支箱、用户表箱等位置部署带有后备电源的低压智能监测装置，该装置具备停电检测功能，当智能监测装置监测到用户表、低压漏保等设备停电时，主动将设备停电信息，通过无线（LoRa/载波）的方式实时上传至台区智能融合终端。智能融合终端 App 根据各级监测装置的停电信息，对台区故障进行研判、定位故障点，并主动上报停电事件。通过数据集成与接口集成的方式实时感知配用电网线路、配电变压器、低压用户停运情况；结合 GIS 系统拓扑关系、95598 故障报修数据、PMS2.0 检修计划信息，营配贯通成果进行故障综合研判。实现故障原因精准定位、故障范围快速分析。

基于研判结果开展主动抢修，通过车辆管理系统、抢修 App 获取抢修资源位置与工作负载，调用智能派工服务开展可视化主动抢修。同时利用抢修 App 进行工单处理状态和抢修态势的实时管控。结合用电信息采集系统、配电自动化系统的停上电信号。判断故障处理是否执行成功，提升配电网智能处置和自愈能力。

（6）三相不平衡治理。

1）场景描述：基于台区智能融合终端边缘计算优势和就地管控能力，实时采集监控各类电能质量优化治理设备相关数据，同时，在应用层分析所有台区历史数据和区域特性等数据，优化改进区域电能质量智能调节策略，实现对配电台区三相不平衡、无功、谐波等电能质量问题的快速响应治理，进一步满足用户高质量用电需求。

2）业务描述：由于电力系统的规划、负荷分配等因素，会引起电力系统中三相电流（或电压）幅值不一致，且幅值差超过了规定范围，主要是由于各相电源所加的负荷不均衡导致。三相不平衡治理 App 通过已生成的拓扑，抄读电能表冻结平均数据，终端根据自身交采实时计算低压侧电流不平衡度，产生不平衡越限告警；按倒相次数最少、均衡倒相等原则计算倒相位置节点，给人工导相治理台区不平衡提出参考意见。App 定时读取配电变压器低压侧电流、电压数据，计算配电变压器三相电流不平衡度、负载率指标，判断是否需要进行三相不平衡治理，如需治理再结合换相开关运行数据给出控制指令。

a. 动作闭锁：控制器控制换相开关以后闭锁设备一段时间，避免同一换相开关短时间内频繁动作。

b. 过电压保护：生成动作命令时若换相开关采样电压值大于过电压保护阈值，则不动作，并给出过电压告警提示。

c. 欠压保护：生成动作命令时若换相开关采样电压值小于欠压保护阈值，则不动作，并给出欠压告警提示。

d. 过电流保护：生成动作命令时若换相开关的负载电流值大于过电流保护阈值，则不动作，并给出过电流告警提示。

App 根据设备累计动作次数、投运时间、命令执行成功率等指标判断换相开关寿命情况，根据调整前后的三相电流分别计算功率损耗及节能量，App 就地计算得出多条优化策略，得出具体设备投切，实现台区自发现、解决问题，完成台区三相不平衡自治。

（7）供电可靠性提升与影响因素定位。

1）场景描述：通过配电物联网对运行设备的全面感知，边端完成本地用户停电时间、停电类型、停电原因、事件性质的统计汇总，云端通过统计用户停电数量和停电时长，实现中低压供电可靠性指标和参考指标的实时自动计算，并根据实时及历史数据对供电可靠率性不合格的区域制定相应的提高策略，全面提升电网安全、可靠、优质、高效供电本质服务。总体流程图如图 3－135 所示。

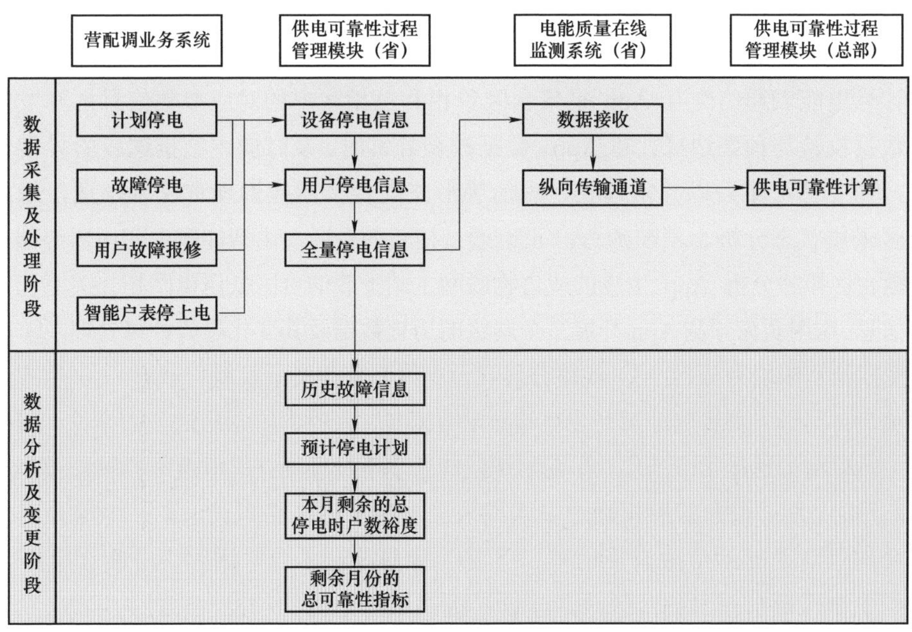

图 3－135　供电可靠性分析流程图

2）业务描述：供电可靠性过程管理模块省级的应用与存储服务部署在省侧服务器，通过 ETL、WebService 等方式获取营配调的基础台账、运行数据、停电计划、用户报修、工程计划等信息，全面分析计划停电、故障停电等数据，完成供电可靠性基础数据校验、可靠性指标管控、可靠性过程管控及可靠性影响因素分析等。省侧供电可靠性系统将中低压台账、中低压停电数据通过 WebService 方式与省侧电能质量在线监测系统进行纵向数据传输到部署在总部的电能质量在线监测系统中。最后总部电能质量在线监测系统通过 WebService 方式将总部计算结果下发到省侧供电可靠性过程管理模块，由供电可靠性过程管理模块结合省侧计算及分析的结果开展中低压供电可靠性的数据计算、预算管控、过程预警及影响定位分析等工作。

（8）基于台区负荷预测的配电网项目需求辅助决策。

1）场景描述：融合终端通过对配电台区基础数据的实时采集，对配电台区重过载、低电压、三相不平衡等异常事件精准监测，通过边缘计算 App 对数据进行整合分析，云端结合政府规划，构建负荷预测模型，对配电变压器负荷进行近期、中期预测，为项目立项提供数据支撑，提高配电变压器新增布点和扩容项目储备及立项的科学性、针对性、经济性、合理性。利用台区负荷预测App，有针对性的提前解决局部配电变压器重过载问题。

2）业务描述：智能配电变压器终端采集配电变压器出口（即低压总开关回路）分相和三相电压、电流、功率以及功率因数等基础运行数据；并经与客户侧计量电能表通信交互App采集台区单相和三相客户的对应参数信息；开发部署数据校验与预警边缘计算App，数据校验异常时，及时向主站推送校验异常信息，由主站汇集后以异常列表、短信等形式向台区运检管理责任者推送，触发台区采集状态分析、消缺流程。正确通过校验的台区，由智能配电变压器终端，根据台区拓扑分析App生成的或自物联网主站下载的台区低压电网拓扑关系和客户信息；运用负荷预测App开展三个层级的历史数据及其变化趋势计算处理：① 配电变压器承载能力分析；② 线路分段（含支线）负荷及承载能力分析；③ 客户最大负荷与其最大需量的分析，并存储异常数据包，及时向主站推送分析结论，可响应主站召测上送异常数据包。在主站开发部署基于神经网络等机器学习算法模型的负荷预测软件，综合政府规划、中期气象预告等多维信息完成近期、中期台区负荷精准预测，辅助生成客户增容、分支、分段改造、台区增容、分割台区并新增配电变压器等差异化台区改造建议，提高低压电网的精准改造能力。

（9）分布式电源灵活消纳及智能运行控制。

1）场景描述：满足用户在中、低压配电网光伏新能源大量、快速、安全接入，协助用户对电源的管理，优化设备工作性能，形成符合用户用能方式的新能源工作策略，同时实现配电网双向潮流有序化和谐波治理，对系统运行方式的灵活调节，依据云端分析，采用定功率因数控制、下垂控制、紧急无功控制、定有功无功控制等典型控制策略完成电源输出功率实时控制，并监视、削减谐波影响。同时，有效配合配电网故障处理和日常检修，构建满足高新能源渗透率的配电网中、低压物联系统。

2）业务描述：在配电变压器侧安装台区智能融合终端，在逆变器和发电电能表之间加装智能并网开关或对并网逆变器进行智能改造，并网开关或逆变器通过HPLC、HPLC+RF等通信方式与台区智能融合终端进行通信，将光伏发电及负荷信息实时接入台区智能融合终端。在台区智能融合终端中配置分布式能源管理微应用，实时监测分布式能源接入、运行情况、电能质量等分布式能源运行状态信息，并进行实时控制，实现配电网双向潮流有序化和谐波治理，减少孤岛导致的安全事件，将实时监控数据上报配电自动化主站。新能源消纳流程图如图 3－136 所示。

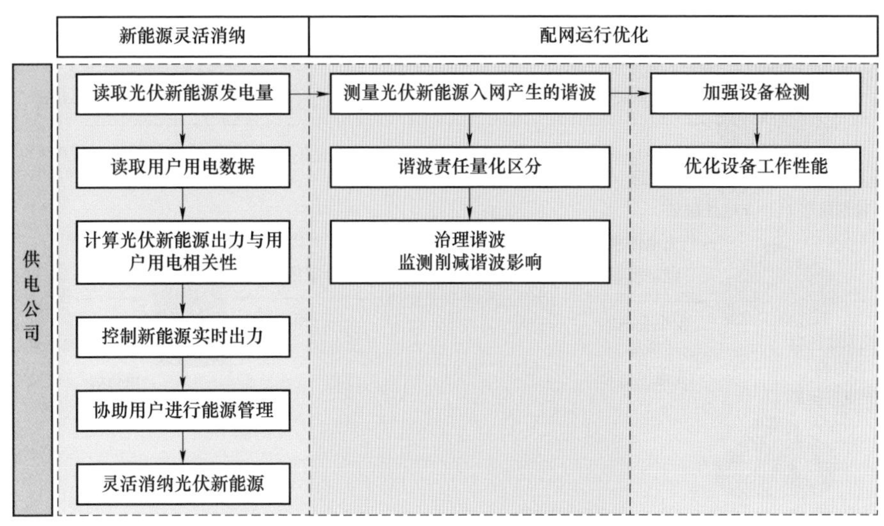

图 3－136　新能源消纳流程

分布式电源接入后主要采用三种消纳方式：自由消纳方式、本地控制消纳方式及协调控制消纳方式。其中，自由消纳方式是指利用现有配电网较强的消纳能力直接消纳；本地控制消纳方式是指在超出自由消纳能力的情况下结合本地消纳控制策略进行消纳；协调控制消纳方式是指借助通信网络，对若干大容量分布式电源甚至可控负荷进行协调控制达到消纳的目标。App 通过及时采集分布式电源接入后产生的电压偏差和电压波动，结合当前配电网的容量信息，通过智能分析计推出合理的消纳方案，并在电压偏差及波动超过阈值时进行预警；当分布式电源接入容量不是很大的情况下，会智能选择自由消纳方式。在分布式电源接入容量超出自由消纳能力的情况下，根据分布式电源本地采集到的接入点实时电压信息，对其输出的无功功率或有功功率进行本地调节，以满足轻载或重载条件下的电压偏差不致越限的要求，即智能采用本地控制消纳。在分布式电源接入容量超出本地控制消纳能力的情况下，App 会借助通信网络，对若干大容量分布式电源甚至可控负荷进行协调控制，智能选择协调控制消纳方式，完成消纳控制。

（10）电动汽车有序充电。

1）场景描述：依托台区智能终端对电动汽车充电桩的综合接入管控，实现用户充电情况的实时掌控及精准预测。同时，结合配电台区负载运行历史曲线数据及未来趋势分析，动态拟合台区所属区域的最优化充电曲线。结合分时电价、用户申请充电模式和预测负荷曲线，提供多种优化充电策略，引导用户有序充电，实现充电效益最大化和电网消峰填谷要求，并为后续充电桩布点优化提供支撑。整体流程如图 3－137 所示。

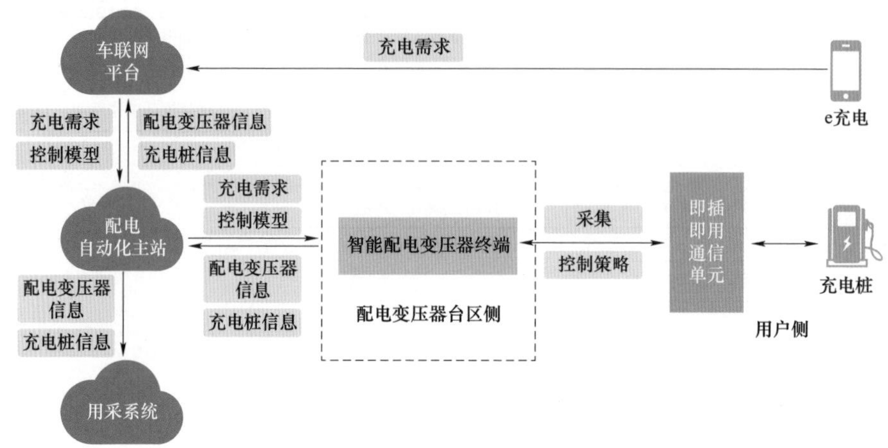

图 3－137　电动汽车整体流程

2）业务描述：依托台区智能终端对柔性互动电动汽车充电桩的综合接入管控，在充电桩本体管控终端或营销电能表侧加装配电物联网即插即用模块，通过该模块智能终端实时获取充电桩的运行数据，App 通过利用配电变压器侧监测、线路侧监测、用户侧电能表及充电桩实时监测数据，获取充电桩实时的运行状态和容量请求数据，根据所述负荷信息、运行状态信息和容量请求数据确定有序充电控制策略，并根据所述有序充电控制策略发送有序充电控制指令至柔性互动充电桩，以使得柔性互动充电桩根据接收到的有序充电控制指令进行放电。依据边缘计算节点的日负荷预测信息、当前区域用电信息和用户充电信息，实时拟合当天区域充电曲线，精准预测用户充电情况。同时 App 综合分析用户充电行为特性、区域电动汽车充电桩负荷占比，生成用户优化充电策略、区域可消纳充电桩容量的结果及建议后推送给配电自动化主站系统，通过主站层数据接口将台区充电桩分析结果推送给用电信息采集系统，用电信息采集系统根据分时电价、用户申请充电模式和预测负荷曲线等关联因素，定制多种优化充电策略，引导用户选择适当充电方式，为后续充电桩布点优化提供数据支撑。

2. 智能站房功能应用

智能站房功能应用主要有智能辅助、智能运维两大类功能应用。智能辅助功能应用能够通过传感器实时（秒到毫秒级延迟）全面检测配电站房状态，具备在线监测、动力环境、视频监控、告警事件等功能。智能运维功能应用能够根据实时监测数据，通过设置巡检参数，实现站房定期巡检转变为状态检修，具备智能巡检、采集频率、采集频率、联动设置等功能。

（1）智能辅助应用场景。

1）在线监测。在站房中的设备展示在平面图中，实时展示各设备数据点的数值，并实现设备的远程控制。以站房智能辅助平台为例，打开辅助监控下的在线监测页面，在搜索框中输入需要查看的站房名称，可在界面中实时显示站房中产生的告警信息、设备的状态（在线、离线、故障、告警、开启、关闭），查看设备状态，设备测点信息，点击图纸中的遥测点，可展示遥测数据的历史曲线。站房智能辅助平台在线监测页面如图 3－138 所示。

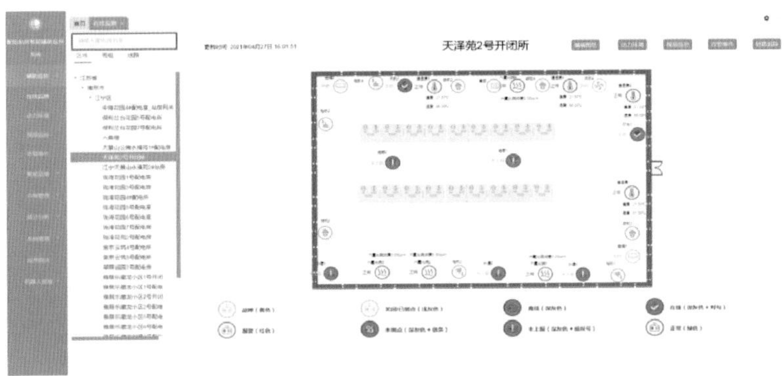

图 3－138　站房智能辅助平台在线监测页面

2）动力环境。以图表的形式展示站房实时数据点信息，并且可以查询数据点历史数值曲线图。打开辅助监控下的动力环境页面，点击请输入配电站房名称输入框输入你要查询的配电站房。在页面上可显示该配电站房的数据点信息列表（实时显示设备的状态，各遥测数据点的值）。实时显示产生告警的设备和告警信息（展示在右下角告警框中，显示告警设备、告警数据点、告警类型和告警级别）。站房智能辅助平台动力环境页面如图 3－139 所示。

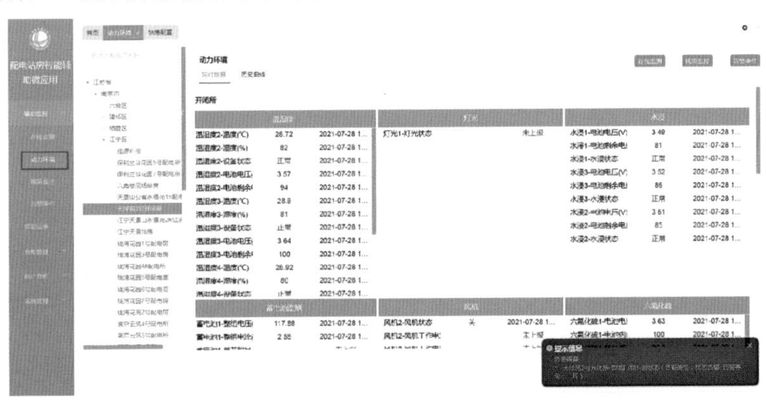

图 3－139　站房智能辅助平台动力环境页面

3）视频监控。摄像头捕捉实时视频行为，包括生物入侵、移动物体监测、遗留物体监测、AI 智能告警等。打开辅助监控下的视频监控页面，进入需要查询的配电站房，可以放大该摄像头的监控，可以控制摄像头方向（只能控制球机）。站房智能辅助平台视频监控页面如图 3－140 所示。

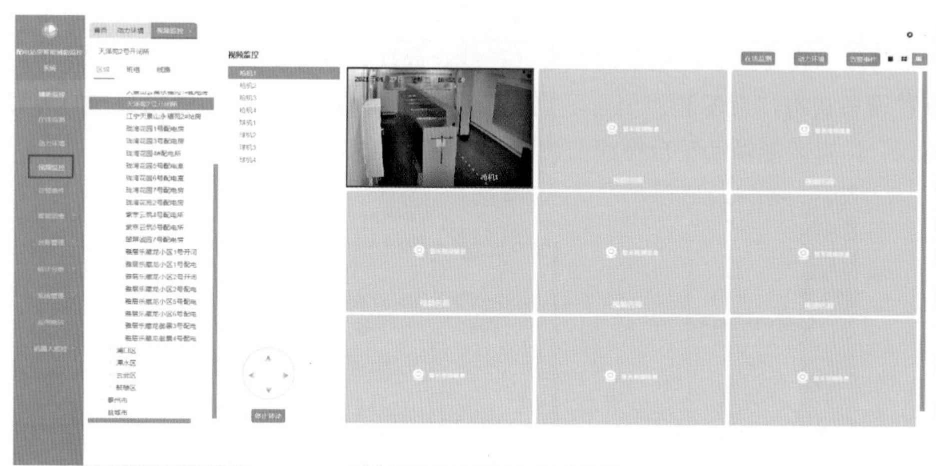

图 3－140　站房智能辅助平台视频监控页面

4）告警事件。展示站房内设备实时和历史告警事件和故障事件。打开辅助监控下的告警事件页面，输入需查询的配电站房。选择站房后，该站房中所有的告警按照告警等级分类展示在页面右侧告警事件列表中。支持告警查询，按照设备类型、事件类型、生成时间条件筛选告警信息站房智能辅助平台告警事件页面。站房智能辅助平台告警事件页面如图 3－141 所示。

图 3－141　站房智能辅助平台告警事件页面

（2）智能运维应用场景。

1）智能巡检。巡检智能化应满足巡检日常工作的各个环节。如巡检车辆智能化的需求，以 GIS 技术、卫星实时定位技术和现代无线通信技术为基础，以满足巡检计划、巡检路线和突发查勘任务调度等智能化需求；通过远程视频监控技术、设备监测技术和电气监测技术，以满足远程巡检需求。

智能巡检用于配置一个巡检周期，作为一个任务模板，并选择站房将该任务下发。打开智能运维下的智能巡检页面，选择巡检任务下的模板，编辑巡检任务，将该巡检模板下发到站房。智能站房根据巡检任务模板开展智能巡检作业，并回传作业结果。站房智能辅助平台智能巡检页面如图 3－142 所示。

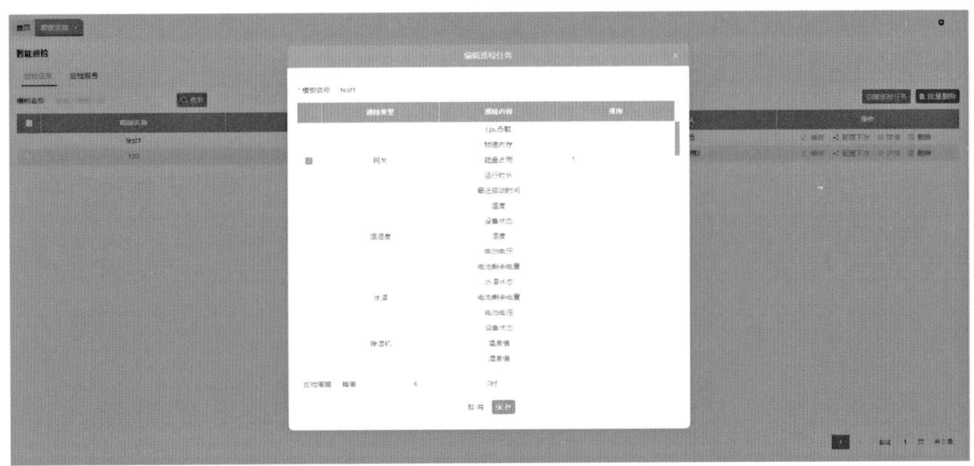

图 3－142 站房智能辅助平台智能巡检页面

2）采集频率。设置传感器的采集频率作为任务模板，并选择站房将该任务下发。打开智能运维下的采集频率，选择模板，选定传感器的类型，可设置或修改采集频率。修改完毕后，将该模板下发到站房。站房智能辅助平台采集频率页面如图 3－143 所示。

3）阈值设置。设置告警的等级和时间类型，以此作为任务模板，并选择站房将该任务下发。打开智能运维下的阈值设置页面，选择模板，进行采集阈值设置。设置完毕后，将该模板下发到站房。站房智能辅助平台采集阈值设置页面如图 3－144 所示。

图 3－143　站房智能辅助平台采集频率页面

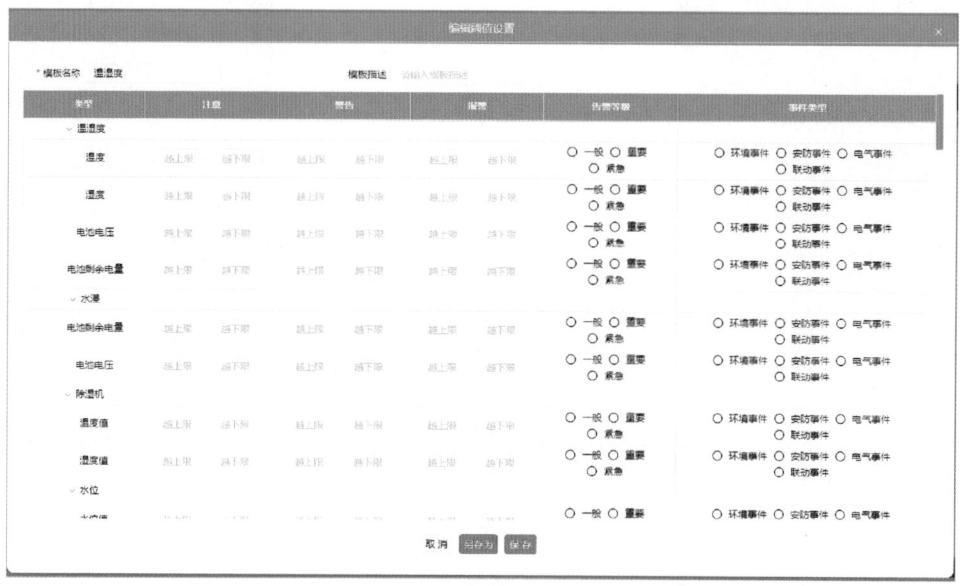

图 3－144　站房智能辅助平台采集阈值设置页面

4）联动设置。在模板中输入联动设备参数，到达参数阈值时则设备进行联动。打开智能运维下的联动设置页面，选择模板，进行联动设置。设置完毕后，将该模板下发到站房。站房智能辅助平台联动设置页面如图 3－145 所示。

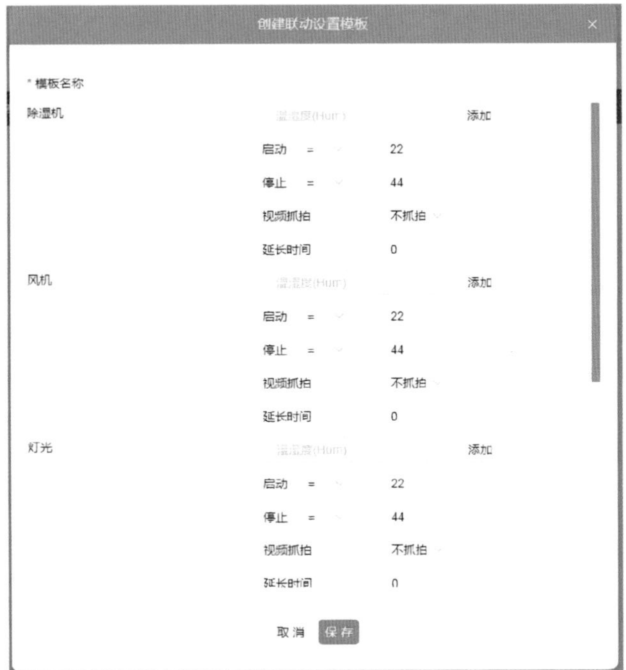

图 3-145 站房智能辅助平台联动设置页面

4 应用典型案例

4.1 配电网故障高效处理案例

4.1.1 即插即用分布式智能终端故障处理

1. 案例概述

国家电网公司厦门公司在怡阳线－麦华线建设配电网信息物理系统关键技术研究示范项目，在麦华 1 号环网柜、麦华开关站、怡阳环网柜上部署新型分布式智能终端，通过数字化手段提高配电网设备接入的灵活性和配电网故障处理的可靠性。

示范项目智能终端与主站之间实现信息透明传输，通过即插即用功能实现设备快速接入。智能终端之间实现对等数据交换，通过实时动态拓扑和故障信息交换功能实现故障快速处理。分布智能终端设备可主动发起通信，收集相邻开关的故障信息，无须保护主（子）站参与，可缩短配电网故障处理时间，降低集中式馈线自动化系统对通信带宽的需求，并且可以适应配电网络拓扑结构频繁变化的需求。

2. 实现方案

传统配电终端缺少统一的数字化建模，在设备接入时需要重复大量的主站与终端配置工作，此外，分布式 FA 功能也难以实现不同设备厂家之间的互联互通问题。在故障处理过程中，当配电网拓扑结构发生变化时，传统分布式 FA 无法自动适应。针对以上问题，项目采用以下数字化技术方案实现了设备的即插即用和故障快速处理。

（1）智能终端设备模型建立。智能终端设备模型采用 IEC 61850《电力系统自动化通信网络和系统》（communication networks and systems in substations）（DL/T 860《电力自动化通信网络和系统》）标准的模型体系，对智能终端模型的建立原则是：最新版本 IEC 61850 标准中能找到的有关逻辑节点（logical node，LN）、公共数据类则直接采用；现有版本中的逻辑节点不满足应用需求的，通过扩展或者新增逻辑节点实现。

对于集中式 FLISR 功能，可用和新建逻辑节点总结见表 4－1。

表 4－1 集中式 FLISR 信息及其逻辑节点

功能	数据	已有逻辑节点	新建或扩展逻辑节点
故障定位	故障检测和指示	TVUV、TVOV	SVPI、SCPI、SFPI
		TVUC、TVOC	
		PIOC、PVOC、TVRC	
	故障报告		SFRP
故障隔离	开关控制	CSWI	
故障恢复	开关控制	CSWI	

对于分布式控制终端，相应功能逻辑节点见表 4－2。

表 4－2 分布式 FLISR 信息及其逻辑节点

<table>
<tr><th>功能</th><th>数据</th><th>已有逻辑节点</th><th>新建或扩展逻辑节点</th></tr>
<tr><td rowspan="4">故障定位</td><td rowspan="3">故障检测和指示</td><td>TVUV、TVOV</td><td>SVPI、SCPI、SFPI</td></tr>
<tr><td>TVUC、TVOC</td><td>SFSI</td></tr>
<tr><td>PIOC、PVOC、TVRC</td><td></td></tr>
<tr><td>故障报告</td><td></td><td>SFRP</td></tr>
<tr><td>故障隔离</td><td>开关控制</td><td>CSWI</td><td>SFIC</td></tr>
<tr><td>故障恢复</td><td>开关控制</td><td>CSWI</td><td>SSRC、ZCAB、ZLIN</td></tr>
</table>

以柱上开关 FTU 为例，智能终端的模型分成 3 个逻辑设备（logical device，LD）。LD1 主要完成常规的 SCADA 功能，实现遥信、遥测、遥控等。LD2 主要完成保护和故障检测功能。LD3 主要完成智能电源管理功能。考虑到柱上开关 FTU 信息模型的逻辑节点比较少，也可以将所有的逻辑节点放到 1 个逻辑设备中。柱上开关 FTU 信息模型如图 4－1 所示。

（2）智能终端即插即用实现。配电网智能终端即插即用通过以下步骤实现：① 终端向主站注册；② 主站获取终端模型文件；③ 主站解析模型文件，根据终端模型建立主站模型；④ 数据交互、设备控制等。图 4－2 为终端即插即用具体实现过程。

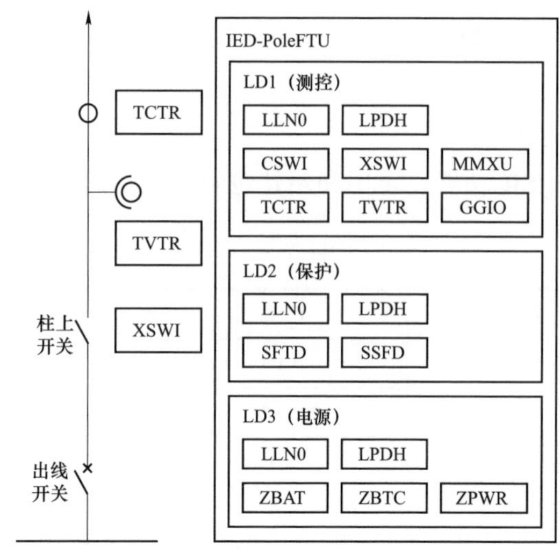

图 4－1　柱上开关 FTU 信息模型

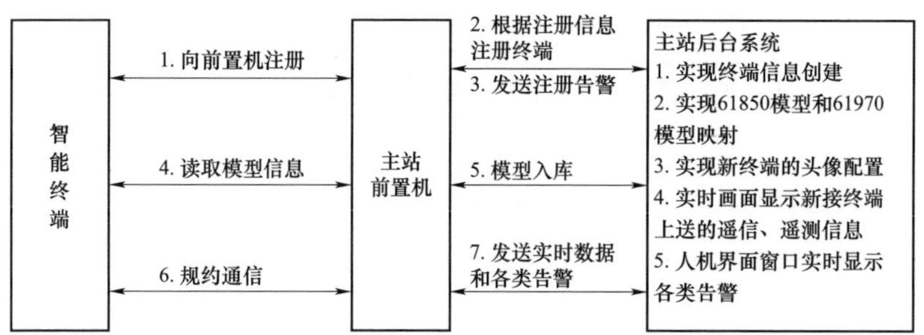

图 4－2　终端即插即用实现过程

即插即用智能终端是基于 IEC 61850 模型的 LN 进行描述的，而故障定位主站是基于 IEC 61970/IEC 61968 标准的 CIM 进行描述。主站通过图模一体化系统，实现 IEC 61850 模型与 IEC 61970 模型的映射，实现新注册终端的图形配置。图 4－3 为主站实现 IEC 61850 与 IEC 61970 模型映射界面。

智能终端根据 IEC 61850－80－1 标准描述的 IEC 61850 到 IEC 60870－5－104《遥控设备和系统　第 5－104 部分：传输协议　使用标准传输文件的 IEC 60870－5－101 的网络存取通道 IEC 60870－5－104－2006》（Telecontrol equipment and systems Part 5－104：Transmission protocols－Network access for IEC 60870－5－101 using standard transport profiles）映射的方式实现实时数据的通信。完成配电网故障定位、隔离及供电恢复。

（3）实时网络拓扑自动识别。实时网络拓扑，又称动态网络拓扑，指分布式控制应用相关站点的实时连接关系。设计分布式控制应用算法，必须知道控制域内相关站点的实时拓扑关系，称为应用拓扑。要实现网络拓扑的实时识别，

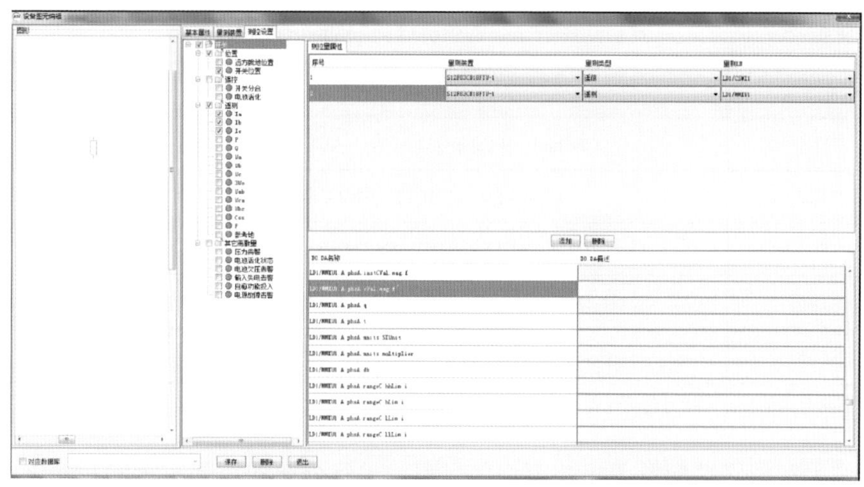

图 4-3 主站 IEC 61850 模型与 IEC 61970 模型界面

需要智能终端知道其监控开关的相邻站点信息。因此，在终端安装或终端相邻站点发生变化时，需要对终端进行配置。在终端中对每个当地开关的开关属性（包括自身属性和位置属性）及其相邻开关的名称及地址信息等进行配置。

用 CIM 模型描述的馈线拓扑及其智能终端局部网络的划分如图 4-4 所示，其中 CNBus1 是代表变电站母线的专用连接节点；Breaker ××是断路器型开关；Switch ××是负荷开关；ACLS××是交流线路段。按照局部网络划分方法，智能终端 STU1、STU2 与 STU3 三个局部网络的边界是连接节点 CNA，STU3 与 STU4 局部网络的边界是连接节点 CN4，STU4 与 STU5 局部网络的边界是连接节点 CN5。智能终端局部网络的构成见表 4-3。

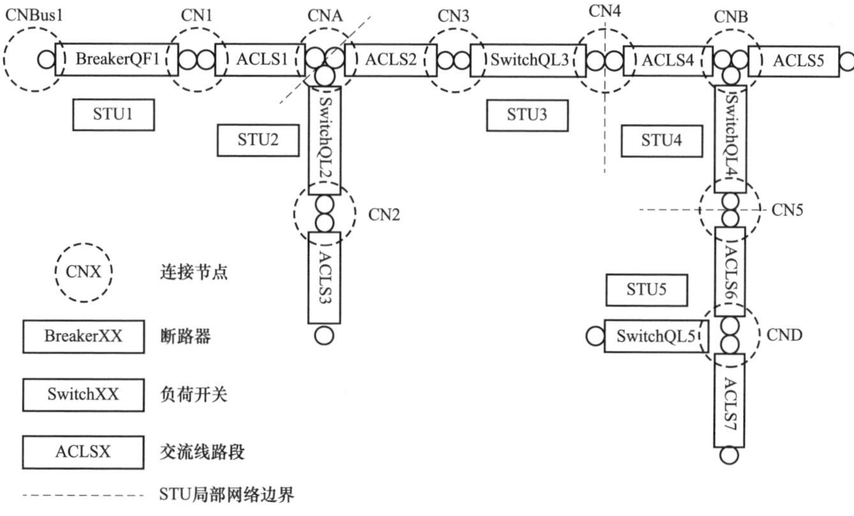

图 4-4 分布式保护系统智能终端局部网络划分

表 4－3　　　　分布式保护系统的智能终端局部网络构成

智能终端	局部网络的构成	说明
STU1	CNBus1－BreakerQF1－CN1－ACLS1－CNA	
STU2	CNA－SWITCHQL2－CN2－ACLS3	
STU3	CNA－ACLS2－CN3－SWITCHQL3－CN4	
STU4	CN4－ACLS4－CNB－SWITCHQL4（ACLS5）－CN5	
STU5	CN5－ACLS6－CND－SWITCHQL5（ACLS7）	

注　括号内的元件与括号前的元件连接在同一个连接节点上。

在为智能终端配置了拓扑查询信息后，进行分布式控制决策的智能终端通过逐级查询控制域内其他智能终端，获取所需的静态网络拓扑关系，具体步骤如下：

1）首先查询其中一侧的相邻终端，获取其局部网络信息以及下一级（层）相邻终端的名称与通信地址。

2）然后查询所有的下一级相邻终端，获取其局部网络信息以及再下一级相邻终端的名称与通信地址。

3）重复上述步骤，直至查询到控制域边界，例如线路末端开关、变电站母线。

4）完成一侧的所有相邻终端的查询后，再查询其他侧的相邻终端，直至获取控制域内所有智能终端的局部网络拓扑信息，决策终端根据这些局部网络拓扑信息，构建（拼）出控制域网络静态拓扑关系。

（4）示范项目建设。示范场景中东浦变麦华线 916 和怡阳线 923 形成单环网网架结构，麦华开关站开关 900 作为联络点，各厂家终端在怡阳线－麦华线单环网上混合组网。通过分布式 FA 互操作建设，实现不同厂家分布式 FA 终端的互融互通，区域配电自动化“三遥”全覆盖，实时监控配电网运行情况，当线路发生故障时，200ms 内隔离故障。示范项目系统图如图 4－5 所示。

示范场景部署了 4 台配置即插即用功能的终端，通过配电网 CPS 终端自发现、配电网 CPS 主站模板化创建终端建模、模型映射、配置下发等步骤，终端自动接入主站，并根据主站的需求自动生成遥测及遥信转发表，并上送现场的数据。即插即用技术减少了主站及终端的维护工作量，同时降低配电终端的运行维护成本，提高配电自动化系统的可靠性。示范项目现场设备照片如图 4－6 所示。

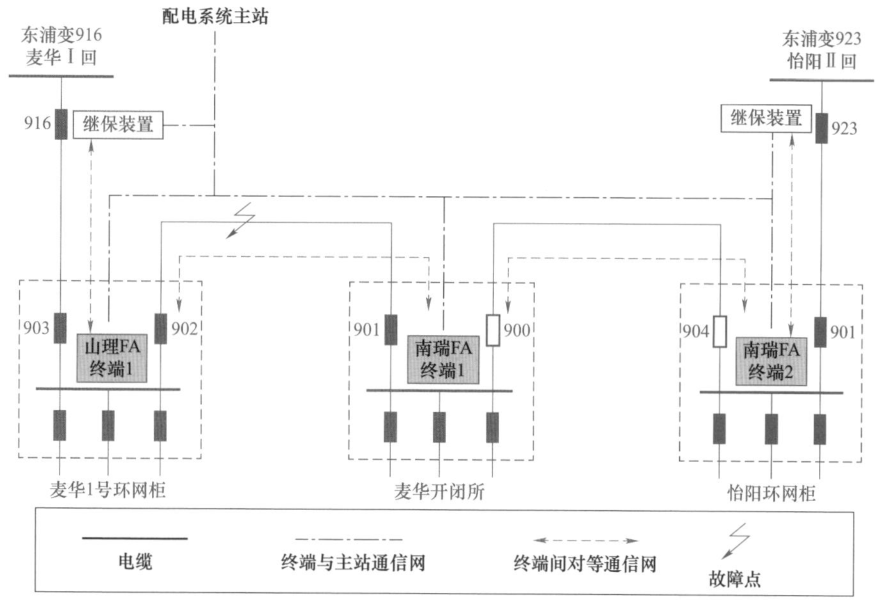

图 4-5 示范项目系统图

图 4-6 示范项目现场设备照片

3. 案例特点

配电网信息物理系统关键技术研究示范项目采用数字化手段，通过建立智能终端设备数据模型，为设备的即插即用和对等数据传输提供了基础。通过实时动态拓扑和故障信息对等交换实现故障快速自愈。系统无须保护主（子）站参与，可缩短配电网故障处理时间，降低集中式馈线自动化系统对通信带宽的需求，验证了基于电力系统自动化领域全球通用标准的开放式通信、网络安全等关键技术。

4.1.2 基于5G通信的合闸速断型FA故障快速自愈

1. 案例概述

国网浙江省电力有限公司在杭州、宁波高可靠供电区开展基于5G通信+高可靠设备的故障快速自愈示范项目，验证高可靠配电设备在复杂通信环境下5G通信非独立组网（non-standalone，NSA）和独立组网（standalone，SA）

项目采用一、二次深度融合磁控速动型柱上断路器成套设备，通过5G通信和数字化技术，实现故障点毫秒级精准隔离和非故障区域恢复，进一步压降故障停电时间，提升配电网运营效率和效益。

2. 实现方案

为实现5G通信+高可靠设备的故障快速自愈要求，主要采取如下技术方案：

（1）提出主站集中型+合闸速断型就地型FA联动馈线自动化模式，实现故障快速自愈。基于磁控断路器的速动性和可靠性，采用主站集中型+合闸速断型就地型FA联动馈线自动化模式，故障快速自愈。

（2）解决5G差异化组网问题。杭州采用5G核心网SA组网创建“网络切片”应用；宁波采用5G NSA组网，5G与4G在接入网级互通互连应用。差异化验证高可靠配电设备在复杂通信环境下5G通信功能应用。

对设备开展小型化、数字化等改造，以实现故障快速自愈的功能，具体改造如下：

（1）小型化：通过结构优化设计实现固封极柱、操动机构、箱体等核心零部件的小型化轻量化设计。

（2）数字化：开关内置一体化浇注的电子式相电压、电流传感器以及电容取能装，取缔传统双绕组电磁式TV，实现取能、电压采样、电流采样一体化设计。

（3）速动性：开关采用新型磁控机构，区别于传统的永磁机构、弹簧操动机构等，具有更高的可靠性及更快的动作速度；机构与灭弧室之间采用直动传动设计，主要部件由动/静铁芯、线圈、分闸弹簧等组成，整体零部件少。

（4）低功耗：开关采用低功耗磁控机构，低功耗电流传感器线圈，低功耗智能馈线终端，整体实现低功耗运行。

在杭州市、宁波市高可靠供电区开展了基于5G通信+高可靠设备的故障快速自愈示范项目。示范现场设备如图4-7所示。

图 4-7 示范现场设备

3. 案例特点

杭州通过开展 5G 通信（SA）+磁控开关+“主站集中型+合闸速断型就地型 FA”模式示范项目建设。验证了磁控技术、5G（SA）网络切片技术与合闸速断型 FA 技术模式融合应用，进一步提升高可靠配电网供电可靠性和电网弹性水平，实现了配电网“高自愈、高效能”。

宁波通过 5G 通信（NSA）+磁控开关+合闸速断型就地型 FA 模式示范项目建设，验证了高可靠配电设备在复杂通信环境下 5G 通信（NSA）功能应用。实现故障点毫秒级精准隔离和非故障区域恢复，进一步压降故障停电时间，提升配电网运营效率和效益。

4.2 配电网安全经济运行案例

4.2.1 基于配电物联网的中压数据全采集管控

1. 案例概述

国网南京江北新区供电公司对 10kV 城充 1 号线环网柜展开改造，建设物联网示范区的建设工程。项目采用 12 面一、二次融合 SF_6 气体绝缘环网柜，根据应用场景智能集成不同传感器功能，减少部署的同时实现临场感知应用，设计多元传感器集成标准化结构、标准化安装方式，降低施工复杂性。传感器根据接入方式，自动匹配模型配置，基于自描述与物模型动态生成规范统一的数据模型，实现即插即用。

物联网示范区建设工程项目通过数字化一、二次融合 SF_6 气体绝缘环网柜，实现低压和中压数据全采集、全管控，对上与云化主站实时交互关键运行数据，就地化实现所管控区域运行状态的在线监测、智能分析与决策控制，同时支持与云化主站的计算共享与数据交互。

2. 实现方案

项目通过温湿度、水位监测、烟雾、SF_6气体、门禁安防传感器等，实现对环网箱运行环境的实时状态监测；利用大量的电池充放电数据、单节电压、容量、温度等监控数据实现蓄电池智慧运维。通过局部放电传感器智能识别局部放电故障，实时监测环网单元放电情况；利用输电线路周围感应的电磁能量获取电能，根据设定的采集频率通过红外温度传感器感测目标物体的表面温度，实现设备温度的在线监测。采集环网柜开关的操动机构电流、电压信号、触头行程信号和机械振动信号，并提取所采集到的操动机构电流、电压信号、触头行程信号和机械振动信号的特征参量，利用数据驱动模型实现多判据融合，对开关状态进行评测和诊断。项目现场一、二次融合环网柜如图 4－8 所示。

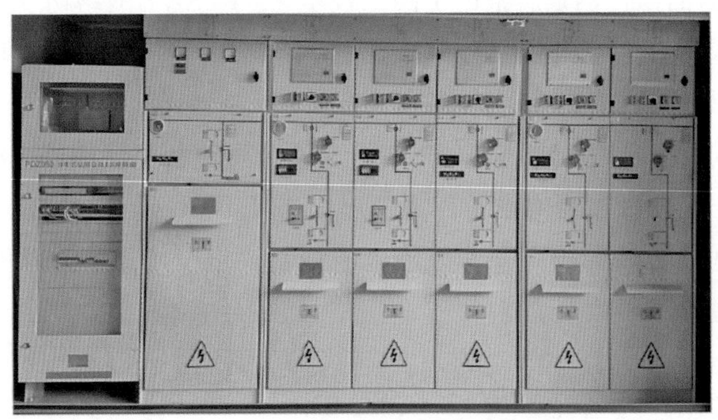

图 4－8　一、二次融合环网柜现场照片

项目技术构架主要分为：

（1）主站侧。主站侧包含配电自动化主站和配电物联网云主站，配电自动化主站主要实现运行控制功能，其实现方案应遵循国家电网公司配电自动化主站相关方案要求；配电物联网云主站主要实现基于物联数据的配电中低压业务信息处理和分析。其实现方案应遵循配电物联网云主站实现方案要求。

（2）远方通信。远方通信是指一、二次融合环网柜与远方主站的数据交互，主要包括公共单元装置（边）与配电自动化主站、公共单元装置（边）与配电物联网网云主站的数据交互。公共单元装置（边）与配电自动化主站的通信，遵循配电自动化系统要求，通信方式有无线和光纤，南京市江北新区物联网示范工程中选择 4G 公专一体。通信规约遵循配电自动化系统要求，选择 104 规约，4G 公专一体模块内置于边装置。公共单元装置（边）与配电物联网网云主站的数据交互，遵循配电物联网远程通信要求，通信方式选择 4G 公专一体。通信规约遵循配电物联网要求。4G 公专一体模块采用外置方式，即边装置外配加密无线路由。

（3）边侧。环网柜配置公共单元，作为环网柜物联网边缘装置，承担物联数据汇聚和边缘计算功能。公共单元结构、外观、安装方式应遵循国家电网公司《站所配电自动化终端标准化设计》的要求。

（4）感知侧。运行控制方面，每个间隔配置间隔单元，完成保护测控功能，间隔单元功能、结构、外观、安装方式应遵循国家电网公司《站所配电自动化终端标准化设计》的要求。有线感知方面，开关机械特性传感器如合闸电流传感器等，应采用有线方式接入。在每个间隔配置间隔采集网关，传感器通过有线电气接入间隔采集网关（模拟量），间隔单元将传感器输出的模拟量转换为数字量，通过环网柜内置串行总线接入公共单元。无线感知方面，温湿度等传感器，应采取无线方式接入。在公共电源侧配置一个无线汇聚网关，所有环网柜无线传感器接入无线汇聚网关，无线汇聚网关将数据汇聚后接入环网柜公共单元。

（5）信息安全。运行控制远方通信信息安全方面，公共单元内置安全芯片，信息安全遵循配电自动化系统信息安全的要求。物联远方通信信息安全方面，公共单元外置的无线汇聚网关内置安全芯片，信息安全暂遵循配电自动化系统信息安全的要求。如果国家电网公司物联网信息安全要求明确后，应遵循该要求。本地通信、间隔单元和间隔采集网关、无线汇聚网关内置安全芯片，目前实现配置工具的接入安全，其他暂不考虑；如果国家电网公司物联网信息安全要求明确后，应遵循该要求。项目断路器合分闸数据采集界面如图 4－9 所示。

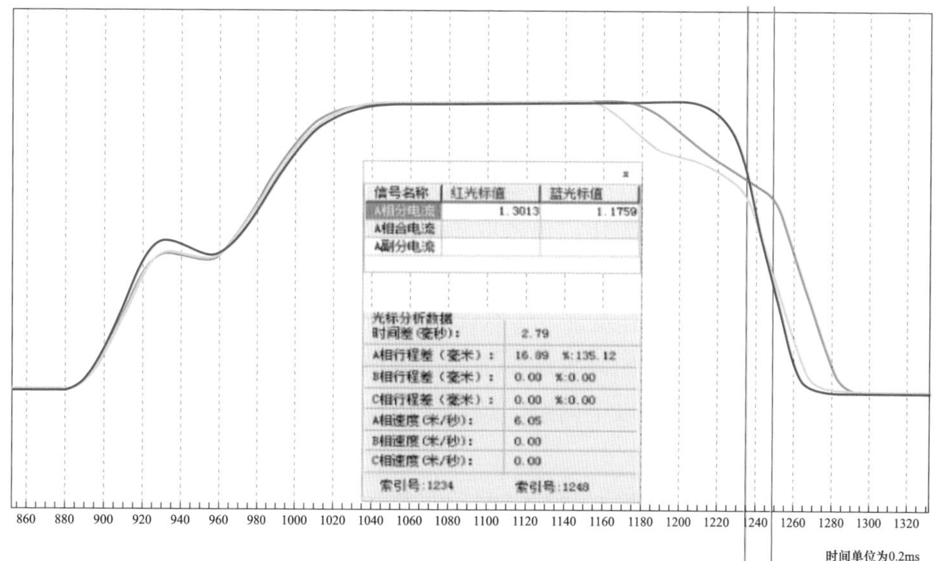

图 4－9　断路器合分闸数据采集

3. 案例特点

该示范工程验证了环网柜温度、湿度等环境状态感知技术，微源取能器件与传感融合技术，环境状态感知传感器即插即用技术，多判据融合的开关状态监测评价技术。

项目的实施实现了电力系统在任何时间、任何地点能够把用户及其设备、电网企业及其设备、发电企业及其设备、电工装备企业及其设备等和电力相关的“物”都连接起来，进而实现信息连接和交互，具有状态全面感知、信息高效处理、应用便捷灵活特征的智慧服务系统。

4.2.2 基于第二代智能网关的数字化智能配电房

1. 案例概述

示范工程位于佛山市南海桂城金融高新区 C 区东拓区夏南二社区，属于A+供电区域。该项目是南方电网公司首个第二代智能网关应用示范智能配电房，主要新建预装式配电站，包含一台干式变压器（1250kVA），5 面 SF_6 自动化柜、4 面低压开关柜、1 台快速接入发电车、1 项汽车充电站系统。

项目通过对高载配电房改造，以标准化设计预装式配电房+南方电网公司第二代智能网关为基础，增加多点状态监测，依托南方电网公司物联网云平台，实现智能配电网运行监控，也成为佛山市未来三年着力打造“广佛科创社区”城市更新重点推介项目。

2. 实现方案

配电站房其安全可靠运行对配电网供电可靠性具有重要影响。但配电站房长期运行在的高压环境下，其运行环境温度、湿度、电缆沟水位、电缆接头质量等都是造成配电房设备事故的原因，为此，相关部门每年都投入大量人力、物力，对配电房及其运行环境进行巡视检查，特别是在高温、大负荷季节，更是额外增加了大量的巡检工作，也采取了不少安全措施和技术手段来保障配电房的安全运行。但是这些传统方式无法实时掌握全面异常情况，不能及时进行事故预防，安全事故仍时有发生。传统配电房建设都是定制设计，建设周期长，同时随着数字配电网建设的需求逐步增加，老旧配电房缺乏状态感知能力，智能化水平有待提高。针对以上问题，项目采取如下方案，建设了第二代智能网关的数字化智能配电房。

（1）智能网关应用。第二代智能网关在第一代智能网关基础上融合配电变压器监测终端功能，与低压集抄交互共享数据，往台区智能终端融合方向迈进一大步。结合南方电网公司“4321”技术架构进一步加快数字化转型步伐，利用配电智能网关实现台区的“变－线－户”各环节电气量、运行环境、设备状态、视频安防等全量数据采集，并上传到南方电网公司的云平台实现数据融合共享，实现台区透明化监测。基于南方电网公司物联平台的营配数据融合共享，有效支撑运行方式监控、故障精准定位、线损监测、压降监测、用户智能用电设备监测等业务。实现电网最后一公里的数字化和透明化管理。新一代集中器实现原集中器与配电变压器监测终端的功能融合，设备功能丰富，设备配置数量进一步简化，优化了智能配电网建设方案。

（2）配电房状态监测。除了传统电气量监测外，增加智能配电房门禁安防、水浸、烟雾、视频、温湿度、电缆头温度、环网柜状态监测、电房辐射、噪声等内容的监测，监测数据通过智能网关上送南方电网公司物联网平台。

（3）可网管公网无线通信终端。通信终端实现了对智能电房通信状况（通断、丢包率及延时）实时监测的功能，并对网络延时情况进行历史记录，连续20 天对信号强度以及流量使用情况进行监控，对自动化终端信号提供信号保障以及可靠的智能监控手段。采用手机软件及 AR 技术，对本工程中敷设的电缆进行弯曲半径复测，简便快捷准确率高，并为工程的施工质量提供了可靠的保证。施工前对顶管路线进行详细物探复测，计算整段电缆在排管中的牵引力与侧压力，确保顶管施工一次到位，提高顶管施工合格率，为日后通道可用率提供有力保障。

（4）配套建设汽车充电站及营配设备。结合城市更新及市民实际需要，增加汽车充电桩及营配功能，为周边居民带来方便快捷的供电服务。智能配电房外部与内部如图 4－10 和图 4－11 所示。

图 4－10　智能配电房外部照片

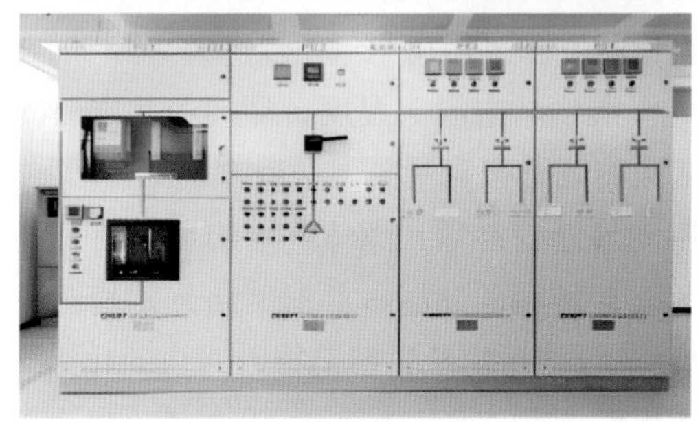

图 4－11　智能配电房内部照片

3. 案例特点

智能配电房工程 100%工厂预装成型、现场直接拼装、减少现场施工时间以及对周边环境的影高。率先融入南方电网公司云平台、进一步完善 V3.0 智能配电闭环监测管理，低压柜柜体排列整齐划一，配电变压器及发电车快速接入装置，安装规范整齐，方便日后运行检修，提高供电可靠性。站内配置静音轴流风机、电动百叶、调温除湿设备，可通过智能控制器设置，将 3 种通风设备实现了空调－风机－百叶相互智能联动，保证了站内设备的温、湿度及防尘要求，延长设备使用寿命。

4.3　配电网电能质量治理案例

4.3.1　有载调容调压深度融合台区提升供电质量

1. 案例概述

开封市供电区 2021 年 1 月 15 日在祥符区祥符大道西 2 主线 001 号杆配电台区投运 1 套有载调容调压深度融合配电台区，用于提升供电质量，降低运行损耗，改善三相负荷不平衡状况。

项目在两路低压出线负荷 2/3 处分别安装多台精细补偿装置，与变压器调压控制器通过无线通信，实现了电压无功综合优化，提升了配电台区供电质量和节能水平。

2. 实现方案

常规配电台区存在以下问题：

（1）普遍采用无励磁手动调压变压器，不能根据运行状况自动调压，因供电可靠性的要求越来越高，不具备停电手动调压的条件，无励磁调压功能成为摆设，存在台区重负荷时出口电压高、末端电压低，轻负荷时电压高的状况。

（2）低压无功补偿装置随变压器就近安装在配电箱内，对减少低压线路无功流动降低低压线损起不到作用，而且加剧了台区出口过电压的状况，同时分组不够精细，节能效果有较大提升空间。

（3）配电箱和变压器分体布置，可通过进一步集成优化，降低设备制造成本，减少电缆用量，使配电台区更加整洁美观并方便运维。

该套设备由 1 台有载调压组合式变压器、2 台分布式低压精细无功补偿装置和 1 台低压线路调压器构成。整体方案如图 4－12 所示。

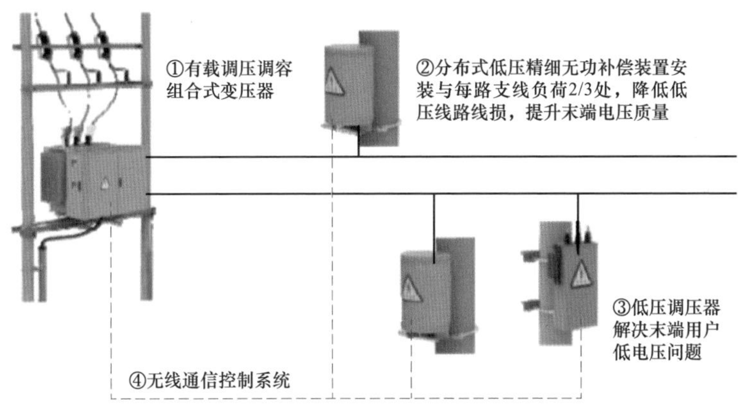

图 4－12　有载调容调压变压器方案

变压器与配电箱一体化安装更方便，并减少了铜排铜线使用量，配电台区综合投资基本不增加，增加有载调容和有载调压功能，升级分布式无功补偿。有载调容调压组合式变压器增加了有载调容和有载调压功能，降低变压器运行损耗同时提升供电电压质量。

采用分布式无功精细补偿方案，单台精细补偿装置 12 只小级差电容器构成，多台精细补偿装置分别安装在两路低压出线负荷 2/3 处，与变压器调压控制器无线通信，实现了电压无功综合优化，提升了配电台区供电质量和节能水平。项目现场有载调容调压变压器如图 4－13 所示。

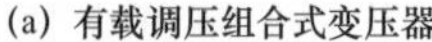

(a) 有载调压组合式变压器　(b) 分布式低压精细无功补偿装置　(c) 低压线路调压器

图 4－13　有载调容调压变压器现场

3. 案例特点

项目通过在长线路末端加装低压线路调压器，保证末端电压实时合格，实现在配电台区全域范围内提升供电电压质量。

有载调容调压深度融合配电台区是对常规柱上配电台区方案升级，投资较少，电压质量更好，运行损耗更低，安装运维更便捷，台区更美观，广泛适用于有提升电压质量或降低运行损耗的供电场合。

4.3.2　基于台区智能融合终端的电能质量治理

1. 案例概述

目前，国网浙江省电力有限公司宁波供电公司在北仑梅山供电所开展台区智能融合终端示范建设，实现全部 394 个公共变压器台区终端全覆盖，按照“一台区一终端”建设及应用模式，对 89 个农村 I 型集中器台区，按照融合终端“三合一”模式实施；对 305 个城市Ⅱ型集中器台区，按照融合终端“二合一”模式实施。同时，开展台区向下延伸建设，应用 RS485、HPLC 和 RFmesh 等多种通信方式，完成 5 个典型台区“变－箱－户”全链路覆盖，接入全部分支节点的设备实时数据，实现“链路全感知”。通过开发营配就地交互、低压拓扑动态识别等 13 项高级应用模块，实现配电网电能质量治理。

台区智能融合终端采用源端装置融合技术，支撑“一台区一终端”建设要求，通过向下延伸通信，开展全链路运行状态透明化感知，实现后台监测可视化管理，做到设备状态可控能控；依托边缘计算功能，实现配电网全业务就地化管控，做到缺陷隐患立查立改，实现低压配电网的精益化管理。

2. 实现方案

台区智能融合终端示范项目依靠可视化、图形化配电网监测技术，基于“台区全景监测、业务工单驱动，作业数字转型”的新模式，通过融合终端，实现低压配电网故障处置、可靠性分析、线损管理等业务的智能管控，配电网“看得清、管得住”，解决数据人工录入、多系统调用的难题，压减运维人员工作量，显著提升故障抢修效率和供电可靠性，为配电网班组数字化转型提供强劲动力。

示范项目具备高效、可操作的运行处理能力，基于“三合一”融合终端，融合配电变压器监测、总表计量、集中器抄表业务，打造“终端唯一、技术统一”的台区营配专业共建新模式，解决多个数据源获取数据的难题，降低投资成本。将融合终端作为台区侧“资源业务中台”，运检、营销数据资源一元汇集、全景感知、共用共享，构建供电所“专业融合、业务交融”的配电网专业生态圈，全面提升客户服务水平。

示范项目具体实施方案如下：

对于Ⅰ型集中器台区，采用“三合一终端（台区总表+配电变压器终端+Ⅰ型集中器）+HPLC 电能表”模式。将原配电柜（箱）中营销Ⅰ型集中器拆除，其 HPLC 模块插至融合终端中，由融合终端代替Ⅰ型集中器功能，进行营配设备层融合。

对于Ⅱ型集中器台区，为“二合一终端（配电变压器终端+台区总表）+Ⅱ型集中器”模式，分为两种方案：mesh 无线通信方式延伸，表箱侧Ⅱ型集中器与 LTU 通过 485 线连接，表箱和分支箱侧均安装 LTU，通过 mesh 通信与融合终端进行数据交互，实现“分支箱–表箱”LTU 全覆盖；HPLC 宽带载波通信方式延伸，表箱侧Ⅱ型集中器与 LTU 通过 485 线连接，表箱和分支箱侧均安装 LTU、通过 HPLC 通信与融合终端进行数据交互。

依托融合终端，实现包括电能质量治理在内的 14 项高级应用：

（1）营配就地交互，台区智能融合终端替代Ⅰ型集中器通过 HPLC 直接采集智能电能表数据；Ⅳ区开发应用模块，可查看低压用户明细。

（2）智能开关监测，实时采集开关的分/合状态、电压、电流、温度、有功功率、功率因素、触头磨损度、分合闸次数和故障跳闸次数等信息。

（3）无功补偿监测，实现无功补偿调节装置调节状态、补偿方式、功率因数、投入容量等数据实时采集。

（4）配电站房监测，实现配电站房度、含氧量、SF_6 含量监测。

（5）台区电能质量监测，实现台区重过载情况、谐波畸变率、电压合格率、功率因数等数据监测。

（6）低压可靠性分析，分析用户电能表数据，根据用户停复电时间统计用户月/年/总停电时间，并计算台区停电总时户数和台区低压供电可靠率。

（7）低压拓扑动态识别，通过动态获取配电台区线路关键节点监测单元、智能开关/LTU、高速载波通信（high power line carrier，HPLC）模块以及末端用户智能电能表的拓扑信息，并与中台、主站侧拓扑信息进行自动校核。

（8）台区线损精益管理及反窃电精准定位，就地开展台区线损统计计算分析，及时发现线损异常并定位，实现对配电台区的分级、分层线损的精益化分析管理。

（9）可开放容量分析，在台区实时监测中预测配电台区客户用电需求及负载变化趋势，对台区进行分相可开放容量评估，计算台区及分相的当前及预测可开放容量，助力业扩接入业务。

（10）故障精准研判与主动抢修，实时感知台区全链路停电信息，实现低压故障综合研判和精准定位，提高抢修效率，将被动抢修转变为主动服务。

（11）三相不平衡治理，开展换相开关、静态无功发生器（static var generator，SVG）自动切换和实时控制，实现无功和负载精确调整、三相不平衡快速响应治理。

（12）分布式电源灵活消纳及智能运行控制，将光伏发电及负荷信息实时接入台区智能融合终端，实时监测分布式能源接入、运行情况、电能质量等运行状态信息。

（13）电动汽车有序充电，对电动汽车充电桩开展综合接入管控，实现交直流、V2G 等多类型充电桩集中统一控制和有序充电，满足充电效益最大化和电网消峰填谷要求。

（14）多台区柔性直流互联，建设多台区柔性直流互联装置，实现台区负荷均载、削峰填谷、故障转供、容灾备份等功能，满足台区间“能量互济”需求。

配电自动化Ⅳ区应用截图如图 4－14 所示。

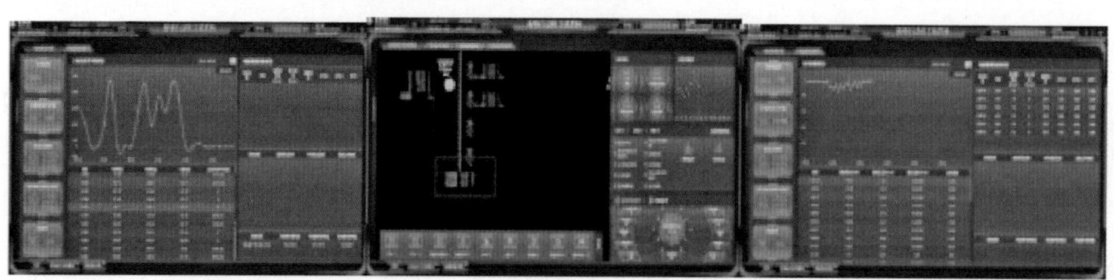

(a)

图 4－14　配电自动化Ⅳ区应用截图（一）

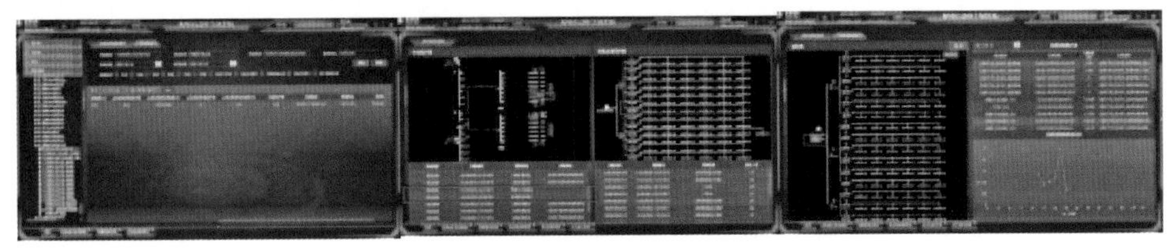

(b)

图 4－14 配电自动化Ⅳ区应用截图（二）

目前项目在梅山区域取得良好成果，未来将加大融合终端投资建设部署，扩大试点范围，依托融合终端营配技术层融合，全面优化低压运检、营销专业管理协同机制。围绕“台区大管家”，拓展 14 项功能场景在基层供电所和班组的应用深度和广度，全面支撑低压配电网管理数字化转型，打造智能台区实用化应用“梅山样板”，在全市乃至全省范围内进行推广。

3. 案例特点

本案例通过技术手段支撑业务开展，效率效益显著。通过融合终端，实现低压配电网故障处置、可靠性分析、线损管理等业务的智能管控，配电网“看得清、管得住”，解决数据人工录入、多系统调用的难题，压减运维人员工作量，显著提升故障抢修效率和供电可靠性，为配电网班组数字化转型提供强劲动力。基于“三合一”融合终端，打造“终端唯一、技术统一”的台区营配专业共建新模式，消除多头取数痼疾，降低投资成本。

案例优点显著，可解决配电网运行、缺陷处理等各环节业务问题，提升台区精益运维和优质服务能力，提升台区本地业务实时分析决策效率。

4.4 配电网数字化运维案例

4.4.1 基于“i国网”移动应用的智能巡视应用

1. 案例概述

国家电网公司济南公司基于电网资源业务中台，统一中低压配电网模型标准，开展云主站、供服、配电网工程全过程管控系统中台化改造，依托供电服务指挥系统和“i 国网”手机移动应用平台开展巡视工单应用。“i 国网”移动应用根据巡视业务的要求和目的，通过工单实现任务派发、现场巡视、数据回填、质量评价等环节的全流程管控。定位业务和技术范围为巡视和维护。

目前配电网的巡视工作基本围绕巡视工单开展，每月常规巡视、特殊巡视等工单量约 2800 件，巡视关键设备（环网柜、变压器、柱上开关等）1 万 4 千余处。巡视工作由班组按照配电网运行规程规定巡视周期自主开展，在生产管理系统主动录入巡视记录的传统模式，演变为工单驱动业务模式，由系统自动派发差异化巡视工单，设备管理单位接工单后执行巡视任务。

2. 实现方案

传统巡视，现场巡检人员无法实时查询设备台账和运行状态，发现缺陷只能通过“现场手动记录+内网电脑录入”的模式记录，且无法实现影像化和全过程管理。

山东公司基于电网资源业务中台，统一中低压配电网模型标准，开展云主站、供服、配电网工程全过程管控系统中台化改造，依托供电服务指挥系统和“i 国网”手机移动应用平台开展工单应用。一是在信息内网，通过一区配电自动化，四区台区智能融合终端、用电信息采集等技术手段，实现配电网运行状态实时监测；依托电网资源中台，横向集约发展、营销等各专业数据，纵向收集省市县班（所）各级数据；通过供电服务指挥系统，智能研判分析电网设备、供电服务薄弱点，自动生成工单。二是在信息外网，基于“i 国网”手机移动应用平台，基层班组、供电所通过手机 App，接收工单，可便捷调取查看设备、运行、工器具、历史履历等信息，并通过系统智能研判，提供作业辅助策略，切实解决基层单位作业支撑需求。

指挥平台依托中台系统中设备运行年限、同类型设备历史质量、近期设备故障、状态检测、近期巡视异常、接带重要用户、负载情况等数据，形成差异化巡视周期，自动生成巡视工单，经任务派发、现场巡视、数据回填、质量评价等环节完成全流程管控。现场巡视阶段可以添加共同巡视人、上传设备照片、记录巡视路线、配置测距和红外测温等功能模块，提升了巡视工作的便捷性和记录的完整性，提高了巡视工作效率。

平台架构如图 4－15 所示。

目前该应用已在山东全省范围内常态化开展。基于电网资源业务中台，统一中低压配电网模型标准，依托供电服务指挥系统自动设定差异化巡视周期，通过“i 国网”手机移动应用平台开展巡视工单应用，能够实时查询设备状态，隐患缺陷可以实时记录并拍照上传，也可以全程监控巡视轨迹，大大提升了管理精益化水平和工作效率。

应用集成了巡视工作所涉及所有内容，且提供了电子化记录缺陷内容、照片、添加同行人等功能，具备较强的可操作性。手机“i 国网”应用截图如

图 4－16 所示。

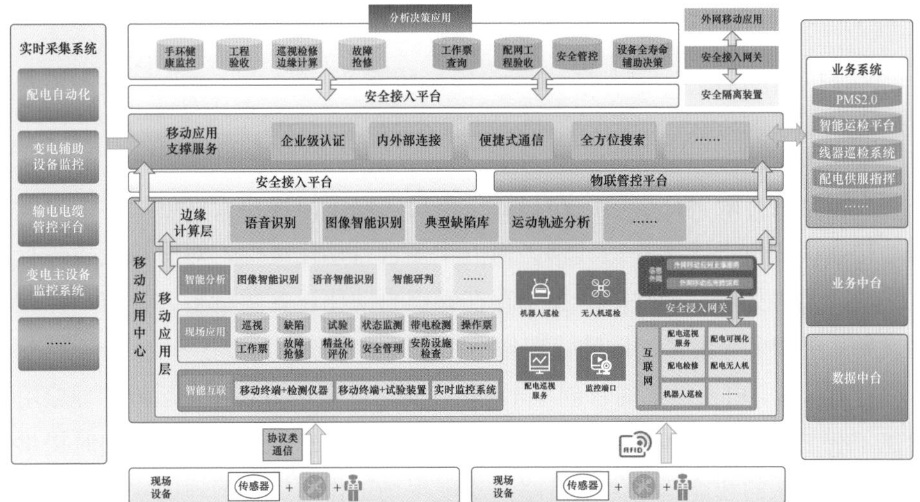

图 4－15　平台架构

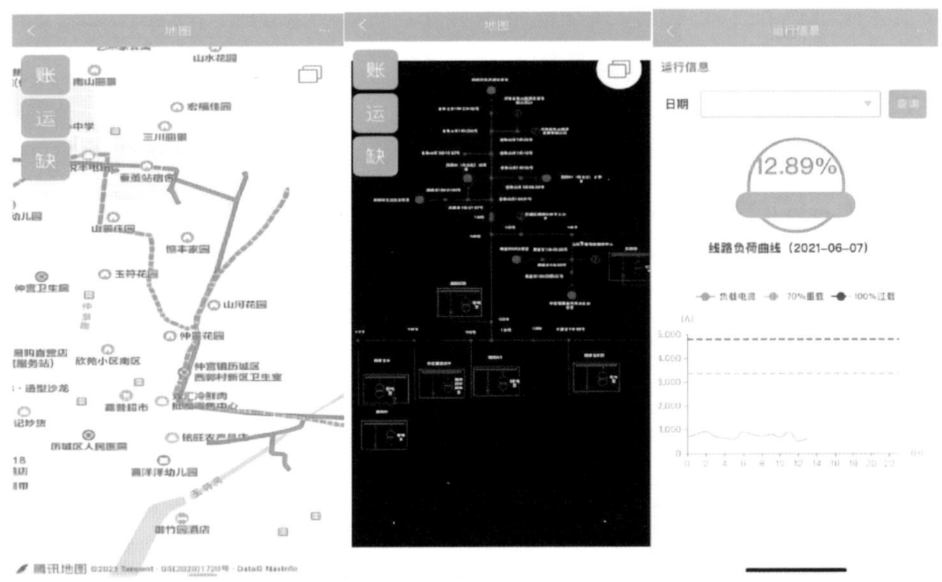

图 4－16　手机“i 国网”应用截图

3. 案例特点

通过基于“i 国网”移动应用的巡视应用，系统自动设定差异化巡视周期，巡视工作更有目的性和价值性；能够实时查询设备状态，现场巡视阶段可以添加共同巡视人、上传设备照片、记录巡视路线、配置测距和红外测温等功能模块，巡视工作的效率大大提升；也可以全程监控巡视轨迹，大大提升了管理精细化水平，国网山东省电力公司济南供电公司缺陷发现量提高 40%，配电网故障率降低 22%。

4.4.2 自动化智能运维策略与数字化运维管理

1. 案例概述

广东电网有限责任公司广州白云供电局（以下简称白云供电局）继电保护自动化通信班负责运维管理其辖区内五千多台自动化终端，对终端设备进行日常巡视，及时处理终端缺陷。由于存在管理自动化设备数量多、分布广，自动化设备品类繁多等因素，运维管理与指标提升难度较大。

针对于此，白云供电局首创“自动化智能运维策略与数字化运维管理应用”，构建了智能运维技术体系，实现终端设备的台账信息标准化管理，同时提供基于状态评估法的智能运维派工策略，实现现场工作与后台管理的实时联动，为自动化专业人员提供有效的管理手段。项目成果应用后，配电自动化终端运维及消缺质量得到有效提升，终端缺陷平均处理时长明显下降，智能化运维策略优化及数字化运维水平显著提高。

2. 实现方案

对于配电终端设备的在线管理和远程维护，在技术上无体系化的工具和维护软件，管理依靠人工，手段落后，必须依靠定期人工巡检的方式来发现和排除终端设备的异常和故障，供电公司和终端制造厂家对现场终端的运行状况难以及时掌握，使得维护工作往往滞后，终端设备“带病”运行，不利于智能配电网功能的正常发挥。

为解决上述痛点，本案例通过构建智能运维技术体系，引入智能化管理方法，形成了包含运维策略制定、数字化派工流程、消缺策略、运维数据管理的全过程智能化运维体系，并配套研发智能运维软件及手持 App 系统。具体实施方案如下：

（1）制定基于差异化管理和分层分级状态评估模型的运维策略。白云供电局构建了采用扣分制的设备状态评估模型，对辖区内所有设备健康度进行管控，分为正常状态、注意状态、异常状态、严重状态。状态扣分值由终端状态扣分和状态项重要程度权重系数共同决定。状态评估扣分方法和状态分级方法示意图如图 4－17 所示。

<table>
<tr><th colspan="4">状态量</th><th>劣化程度</th><th>基本扣分</th><th>扣分标准</th><th>权重系数</th><th>应扣分值</th></tr>
<tr><td rowspan="5" colspan="2">历史记录</td><td rowspan="2" colspan="2">缺陷及检修记录</td><td>Ⅱ</td><td>4</td><td>出现过重大及以上缺陷，已完全处理</td><td rowspan="2">2</td><td>8</td></tr>
<tr><td>Ⅲ</td><td>8</td><td>重复出现同类型的重大及以上缺陷</td><td>16</td></tr>
<tr><td rowspan="3" colspan="2">家族缺陷</td><td>Ⅱ</td><td>4</td><td>有家族缺陷未修改，但已采取限制措施</td><td rowspan="3">2</td><td>8</td></tr>
<tr><td>Ⅲ</td><td>8</td><td>有家族缺陷未修改，但未采取限制措施</td><td>16</td></tr>
<tr><td>Ⅰ</td><td>2</td><td>同批次抽检出线缺陷</td><td>4</td></tr>
<tr><td rowspan="7">抽检情况</td><td rowspan="4">外观情况</td><td colspan="2">屏柜锈蚀</td><td>Ⅲ</td><td>8</td><td>外观有较严重的锈蚀或油漆脱落现象</td><td>1</td><td>8</td></tr>
<tr><td colspan="2">接地连接锈蚀</td><td>Ⅰ</td><td>2</td><td>接地连接有锈蚀或油漆剥落</td><td>1</td><td>2</td></tr>
<tr><td rowspan="2" colspan="2">接地连接松动</td><td>Ⅲ</td><td>8</td><td>接地引下线松动</td><td rowspan="2">2</td><td>16</td></tr>
<tr><td>Ⅳ</td><td>10</td><td>接地线已脱落，设备与接地断开</td><td>20</td></tr>
<tr><td rowspan="3">内部情况</td><td rowspan="3">CPU</td><td>装置故障</td><td>Ⅲ</td><td>8</td><td>“运行”灯灭，CPU出错</td><td>2</td><td>16</td></tr>
<tr><td>装置故障</td><td>Ⅲ</td><td>8</td><td>“报警”灯亮，液晶显示CPU异常</td><td>2</td><td>16</td></tr>
<tr><td>软件缺陷</td><td>Ⅲ</td><td>8</td><td>装置整定值不符合整定单需求</td><td>1</td><td>8</td></tr>
</table>

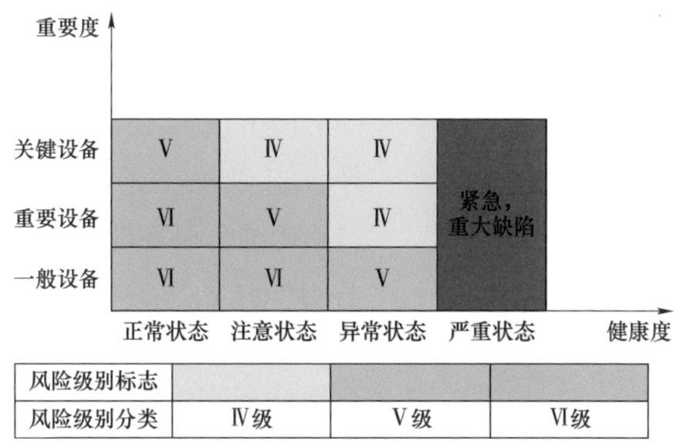

图 4-17　状态评估扣分方法和状态分级方法示意图

通过研究数据挖掘技术实现了基于挖掘关联规则的频繁项集算法，依据逐层迭代搜索的原理，挖掘终端缺陷数据库中数据项与数据项集合之间的关系，将关系密切的满足最小支持度的数据项集合以规则的形式展现出来，形成对配电自动化终端在未来发生缺陷的预测，并结合状态评价和分级方法形成自动生成运维计划的策略，经人工筛选后生成运维工单。通过上述技术有效避免了人工编制运维计划时的疏漏，同时大大提高了运维计划制定工作的效率。基于数据挖掘技术和状态评估的运维计划生成策略示意图如图 4-18 所示。

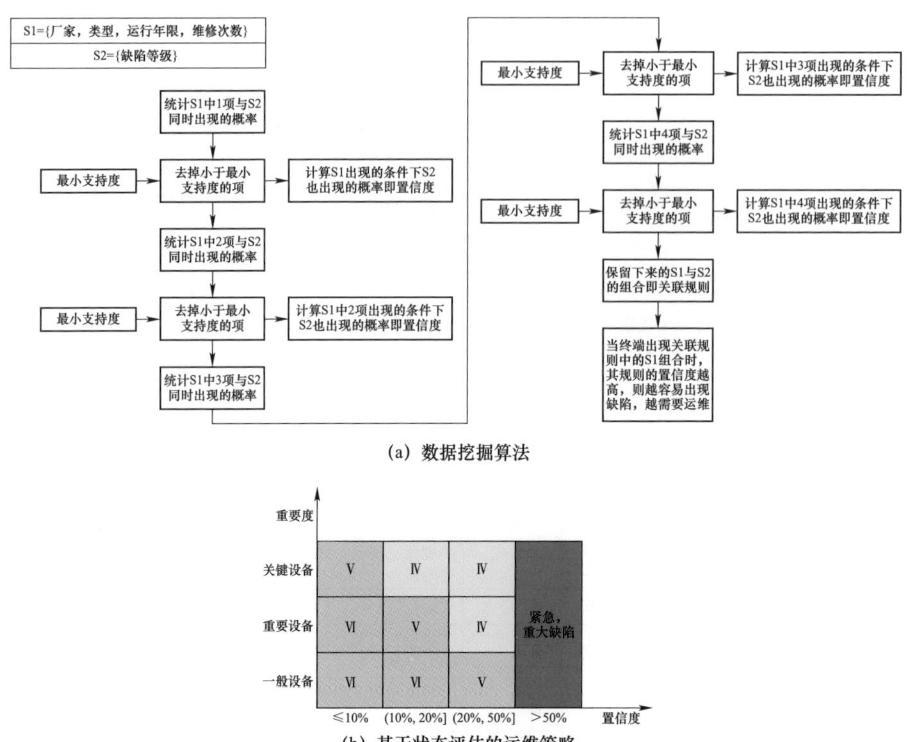

图 4－18　基于数据挖掘技术和状态评估的运维计划生成策略示意图

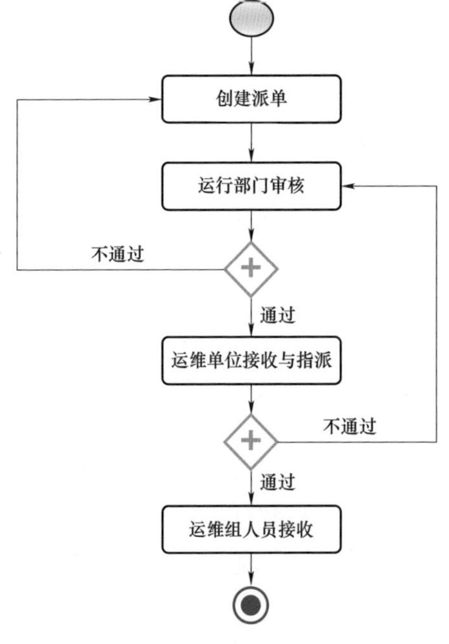

图 4－19　派单流程

（2）工单管理及其数字化实现路径。运维派工采用供电局运维管理人员－运维公司管理员－运维小组的流程，基于计划－执行－检查－处理（plan-do-check-action，PDCA）管理方法，分为计划制定—工单生成—工单审批—工单派发—现场执行—工单回填—结果确认—缺陷分析定级等完善的闭环管理节点流程，各环节均通过数字化手段实现，提升规范化程度，大大提升运维效率。派单流程如图 4－19 所示。

供电局运维管理人员从系统中导出终端在线率、缺陷等指标，再导入智能运维系统，根据运维策略自动生成的运维计划，运维管理人员经审核并根据实际需求调整后生成工单派发给运维公司。运维公司管理员接受工单，分配给运维小组，并对运维小组上报的运维表单进行审核。运维小组人员采用手持式 App 终端，在手机上接收到工单之后，前往运维工作地点执行运维工作并填写表单；运维工作执行完毕之后将填写的表单上传，形成闭环。

（3）缺陷管理。区别于传统人工缺陷台账记录的管理模式，白云供电局智能化运维管理模式注重缺陷闭环管控流程，依托数字化平台建立设备缺陷库，通过智能化手段自动完成缺陷信息的统计、分类、归档工作，为运维管理提供可靠的数据支撑。

工作人员将缺陷表征进行录入并提交运维管理人员，包括缺陷发现时间、设备名称、缺陷部件、缺陷类别、缺陷原因、严重等级等内容。运维管理人员针对缺陷信息描述，对比公司《设备缺陷定级标准》进行正确定级，给出处理意见以及消缺计划。缺陷消除后将处理信息录入系统，运维管理人员完成验收意见，消缺处理完毕实现闭环管理，缺陷单示例如图 4－20 所示。系统对所有缺陷统计分类，汇总形成缺陷库，便于运维管理人员分析。

图 4－20　缺陷单示例

基于上述缺陷库的智能化统计、分类功能，运维管理人员便于发现现场存在的共性问题及家族性缺陷，并及时处理，避免重复缺陷发生将事后消缺转变为事前预防。

此外，针对现场共性问题，例如某地理区域终端在线率普遍偏低，可能由于无线信号覆盖较差导致，需联系运营商检查处理；或某供电所新投运终端缺陷较多，可能由于该供电所运维人员验收技能较差，导致设备“带病”入网，需加强验收后抽检，确认责任人，采取考核培训等相关措施。

（4）运维数据管理。区别于传统人工台账管理形式，智能化运维系统可以自动导入自动化主站系统数据，也可手动添加，包括终端名称、终端厂家、所属馈线等；实现对所有终端的管理，并根据需要导入、导出终端信息，最大程度地满足工作需要，减少错漏。

对所有运行资料归档保存，包括技术资料、设计资料、运行维护资料、资料变更等多种资料的保存和管理。同时，运行资料与设备进行了实时的主站、子站、馈线三级关联，当打开设备台账详情时即可查询与其相关的资料。

（5）业务开展情况。截至 2021 年 6 月，本成果已在白云供电局常态化应用了近一年半，有效提升了配电自动化设备状态管控、运维策略优化以及运维人员日常安排合理化水平，终端的在线率、正确动作率等指标都得到了明显的提升：

运维效率显著提升。2020 年试点小组使用本软件系统开展配电自动化终端巡检和消缺共计 10121 台次，完成缺陷流程闭环 3120 台次，较试用前效率提升约 50.2%。白云供电局 2020 年自动化终端缺陷平均处理时长较 2018 年同期下降了 0.3d。

随着运维效率的提升，自动化实用性指标也得到提高。2020 年，白云供电局终端投运率达 100%，在线率较 2018 年同比提升 3.66%，终端正确动作率提升 1.2%，信息准确率提升 6.31%，自动化实用水平达到新的高度。

精益化管理程度进一步提升。运维人员通过数字化手段完成设备台账的维护及更新，相关人员每月花费的时间减少到 0.5h。运维工单完成后在系统填写记录，将原本每周 24 份表单缩减至 6 份，将原数据处理时间由小时级缩短至分钟级，效率提高了 70%以上。

3. 方案特点

本案例主要涉及配电自动化终端运维、缺陷与隐患处理等业务领域的管理技术。通过构建一套数字化智能运维技术体系，实现终端设备台账信息标准化管理，同时提供基于状态评估法的智能运维派工策略，并形成基于“后台服务器软件+手持终端 App”架构的实用化软件系统。

成果可自动分析设备状态，智能化生成运维策略，有效避免了人工表格派工模式存在的工作量大、效率低、易出错等问题。运维人员可通过数字化手段完成设备台账的维护及更新，既增强准确性，又节约人力成本，高效实现了“现场缺陷、现场填报，缺陷流程、闭环管理”。项目成熟应用后，白云供电局自动化消缺派工周期由此前的一天一次调整为一天两次，终端缺陷处理周期大为缩短，完成巡检消缺台次数、缺陷流程闭环台数得到大幅提升。

注：部分案例节选自《中国智能配电与物联网行业发展报告（2021）》。

5 配电网数字化发展趋势及展望

5.1 发展趋势

5.1.1 数字化提升

数字技术融合创新，展现巨大赋能潜力。当前，以大数据、云计算、人工智能为代表的数字技术集群蓬勃兴起、席卷全球，以前所未有的广度和深度与经济社会交汇融合，极大激发了泛在获取、海量存储、高速互联、智能处理和数据挖掘等技术的创新活力和应用潜能，不断催生出新材料、新产品、新模式、新业态、新场景，引发诸多领域或行业发生系统性深刻变革，深刻改变了人们的生产、生活和消费方式，加速驱动经济社会向数字化、网络化和智能化转型发展，重塑和影响着产业竞争格局、国家创新体系与全球经济版图，正成为各国打造产业竞争新优势、抢占未来发展先机的战略选择和关键途径，以及新一轮科技革命与产业变革的关键生产要素。与以往技术发展具有显著差异的是，这一轮科技革命主要以数字技术集群创新和技术产业融合发展为典型标志，突出以数据软实力为关键生产要素，以“数据＋算力＋算法”为核心驱动力，改变前两次工业革命以土地、资本、机器等硬实力为基础的单一技术线性引爆的发展模式和演化路径。作为创新最活跃、交叉最密集、渗透最广的领域，配电网一端连着电力系统，一端连着数字技术，是数字技术集群落地实施的天然主战场，蕴藏着巨大的数字化转型空间与战略价值，决定着新型电力系统与能源互联网的建设，关系着能源清洁低碳转型和电力行业数字化发展。

新型数字配电网的建设思路：未来新型数字配电网需要以新型电力系统建设为契机，站在国家能源安全与经济社会数字化战略高度，打破传统“条块思维、部门思维、实体思维”束缚，树立系统思维、平台思维、数据思维、科技思维、金融思维与生态思维，以能源互联网为抓手，围绕配电网全要素、各环节，通过采用大数据、物联网、云计算、人工智能、区块链、数字孪生等新兴数字集成技术，横向融合智库、孵化器、供应链、质量链、科技金融、文化品牌等跨界业态，纵向贯通“战－线－台－户”全产业链和设计、研发、生产制造、营销、服务等全生命周期，横纵交叉融合、一体化综合集成，从物理空间与虚拟空间两个维度搭建不同层级、不同区域、不同颗粒度的数字配电网生态系统，打通配电网线上线下技术链、供应链、产业链壁垒，实现“源－网－荷－储”全环节融合贯通，一、二次设备互联智联，云脑智慧决策指挥、运行控制精准智能，促进海量配电终端、资源、数据、设备、软件和主体的全天候、跨区域、跨系统全面感知、在线监测、精准预测、智能调控和弹性供给，有效化解来自分布式能源接入与电动汽车并网带来的复杂性和不确定性，最终逐步演化成为一个多能源汇集转化、供用能交互交易、多形式管控、多信道互联与多流（能量流、信息流、业务流）融合的智能化、一体化能源互联网平台，为能源的提供者、传输管控者、使用者等诸方提供实时交易、自由选择和服务支撑，保障能源供需科学平衡。

5.1.2 最新技术进展

1. 电力定制芯片技术

芯片技术是支撑能源电力行业源荷网储各领域发展的核心技术之一，也是解决国家能源电力行业数字化转型的重要手段。在配电物联网领域，关键芯片技术主要集中体现在电力定制化芯片（power-specific integrated circuit，PSIC），PSIC 是新型电力系统发展的基础性器件，高度融合场景算法、计算机仿真技术、集成电路设计、芯片测试技术等新兴数字技术集群，具有稳定、高效。低功耗等优点，在智能配电网的协同决策、终端智能、信息通信以及数据安全等功能中发挥着重要作用，对推进电网数字化转型具有一定的引领作用。

我国在电力定制化芯片处于起步阶段，PSIC 的理论基础、关键技术和应用场景仍不明确，整体产业链的自主可控度偏低，对外依存度高，存在信息安全风险、供货周期无法保证等问题，发展形势严峻。在硬件方面，虽然 PSIC 作为工业级芯片对制程工艺的要求不高。但我国即使是 28nm 及以下制程的芯片制造设备、原材料、设计、加工等方面也暂未实现完全自主可控。在软件方面，主要体现为芯片内核的自主可控，以传统电力系统使用继电保护装置芯片为例，主要采用国外 x86、ARM 等，核心知识产权非我国自主可控。

亟须重点突破 PSIC 多核同异构混合技术、PSIC 软硬件定制技术、芯片级算法运行保障技术、PSIC 及其成套设备的测试体系等功能性关键技术，以及 PSIC

高可靠性技术（EMI 技术、抗 ESD 技术、散热技术）与低功耗技术等性能保障关键技术。

2. 电力传感器技术

电力传感器技术作为一种先进的广范围、多节点、高可靠的信息感知、可靠数据传输、海量数据感知与高效边缘数据处理能力的技术。在智能配电物联网领域，通过对智能配电站、智能开关站、智能台架变、电缆在线监测、架空线路监测、户外设备设施安全隐患检测预警等，为固定资产管理、状态监测与运检、用电信息采集与能效管理、电力通信与安防等业务方面提供技术支撑。

目前全球传感器市场主要由美国、日本、德国等国家的几家龙头公司主导，占全球市场份额 2/3 以上，主要占据传感器高端市场。而中国仅占全球市场份额的 11%，仅能生产全世界 2 万多种物联网产品品种的 1/3 左右，主要生产厂家有歌尔声学、大华股份、航天电子、华天科技、东风科技、珠海一多等，服务于配电自动控制的环境状态监测类传感器、电气量监测类传感器与设备状态监测类传感器，数字化、智能化、微型化、多功能化程度不高，感知广度、深度、密度、频度、精度等尚存不足，装置功耗大、可靠性差、抗电磁耐高压能力弱，边缘计算功能欠缺，制约着配电物联网设备的可观、可测、可控、可追溯和运行状态的感知监控，导致应用广度深度有限。

亟须重点攻关低功耗微纳传感技术（非接触式电流传感器、无源无线声表面波温度传感器）、无源传感自取能技术（振动取能）、无线自组网技术（Mist mesh 无线自组网）、抗电磁干扰技术、高性能 AD 转换芯片、智能网关与边缘计算技术。

3. 核心工业软件

工业软件是指在工业领域广泛应用的各类软件和系统，是将长期积累的各类工业知识、机理模型和经验诀窍显性化、数字化、系统化的结晶，是现代工业灵魂。

我国工业软件市场大而不强，严重依赖海外，自给率偏低，大多为外购，领军企业相对较少，关键工艺流程和工业技术数据缺乏长期研发积累。核心技术空心化。高端工业软件

供给被国外厂商牢牢把持。2018 年中国工业软件市场规模达 1477 亿元，仅占全球工业软件市场 5.55%，远低于同期同业增加值超 28%的全球占比。我国当前配电物联网领域工业软件整体“缺芯少魂”，外资占据主导，面临“断供”风险，主要集中在 Auto CAD 设计软件、Cplex 和 Gurobi 等优化软件、ANSYS 等有限元类仿真软件、EDA 芯片设计软件、DSP 等嵌入式控制系统软件、Matlab

等工程软件六大领域。

4. 机器人核心算法

我国已连续数年成为世界第一的机器人应用市场，但高端机器人仍依赖于进口，核心算法的差距是国产工业机器人向高端制造迈进的拦路虎。工业机器人每完成一个动作都需要

核心控制器、减速机、伺服电机协同作战。工业机器人完成复杂工作，具有大脑功能的核心控制器必须聪明，控制器分为硬件（工业控制板卡）和软件（控制算法、二次开发等），硬件基本上是外购，软件部分成为工业机器人控制的关键，优劣在核心算法，影响着稳定性、故障率、易用性等关键指标。机器人四大家族（日本发那科、安川电机、瑞典 ABB、德国库卡）通过底层算法，核心控制器可以通过伺服系统的电流环直接操控电机，实现高动态多轴非线性条件下精密控制，机器人响应速度更快、定位更准确。

未来我国需攻克工业机器人核心控制器的底层算法。

5. 数据库管理系统

数据库管理系统（database management system，DBMS）是一种操纵和管理数据库的大型软件，用于建立、使用和维护数据库，对数据库进行统一的管理和控制，以保证数据库的安全性和完整性。目前全球有 8 种常用的数据库管理系统，分别是 Oracle（甲骨文公司）、Sybase（美国 Sybase）、DB2（IBM）、Informix（IBM）、Microsoft SQL Server（微软公司）、Microsoft Access（微软公司）、Visual FoxPro（微软公司）和 MySOL（甲骨文公司），占据大部分市场份额。其中，最流行的是 Oracle 和 MySQL，均属甲骨文公司旗下产品。Oracle 具有可移植性好、使用方便、功能强的特点，适用于大型企业；MySQL 是关系型数据库管理系统，具有体积小、速度快、开放源码、成本低的特点，适用于一般中小型网站的开发。

目前国产数据库管理系统有：

（1）达梦。由华中理工冯玉才教授创办，完全自主研发，以 Oracle 为参照、追赶对象，其中，达梦数据库管理系统 7.0 版本，是一个跨越多种软硬件平台、具有大数据管理与分析能力、高效稳定的数据库管理系统，是较为理想的企业级数据管理与分析服务平台。

（2）人大金仓。由人民大学王珊教授创办，自主研发，是普通的关系型数据库，人大金仓数据库管理系统是人大金仓全面推行 ISO9001 质量管理体系，并通过了软件能力成熟度 CMM2 级评估，为公司开发高水平高质量的大型系统软件产品。向用户提供优质满意的服务，提供了制度和能力上的保证。

（3）神舟通用。神舟集团与南大通用合作开发的关系型数据库，是基于列式存储的，面向数据分析、数据仓库的数据库系统，目前已经具备了较高的稳定性、可靠性和安全性，更多地用于数据分析领域。

国产自主研发的三大数据库管理系统虽已逐步走向成熟，但是和国际上常用的八大系统相比还是存在缺陷，有相当一部分是在追赶国际大型的数据库管理系统发展的脚步，以模仿为主要发展方式。国产数据库管理系统面临的问题主要是关键技术的创新点和技术优势的缺乏、稳定性能较低与生态环境差（成型应用少，合作开发商少）。基于国内巨大的市场需求与政府对科技自主创新技术的高度重视，数据库管理系统国产化势不可挡，有望填补我国在数据库管理系统发展史上的空白，进而实现赶超。

5.2 未来展望

5.2.1 需突破的核心技术

1. 传感检测技术

当前配电网中的传感器主要监测潮流，针对智能电力设备的运行状态感知还需要深入研究。智能电力设备要求传感器结构紧凑、灵敏度高、抗干扰性强和接口统一，还要提高经济性以适合工程应用。传感器嵌入设备本体的要求限制了其体积和成本，而一般传感器的体积、成本与精度之间呈正相关。因此，智能电力设备传感技术的研究关键是在当前硬件基础上开发辅助软件算法提高采样性能，满足传感需求。

数据处理领域的压缩感知（compressed sensing，CS）技术可以用低秩数据高概率重构出原始信号。因此，可考虑将 CS 理论与传感技术相结合，解决传感器成本与性能矛盾。压缩感知，也被称为压缩采样（compressive sampling）或稀疏采样（sparse sampling），是一种寻找欠定线性系统的稀疏解的技术。压缩感知被应用于电子工程尤其是信号处理中，用于获取和重构稀疏或可压缩的信号。这个方法利用信号稀疏的特性，相较于奈奎斯特理论，得以从较少的测量值还原出原来整个欲得知的信号。

2. 信息通信技术

在高压输电线路等设备上已经安装了包括 SCADA、PMU 等在内的各种系统与设备运行状态量测系统，并配有光纤通信，实现了可靠的电力互联互通和信息互联互通。但对于电压等级较低的配电网，考虑到成本等因素，并没有同步实现光纤覆盖。此外，较输电网络而言，配电网络连接的设备更多，深入到每一个用户，甚至到每个家庭的每一个用电设备，海量设备仅通过不同电压等级的电力线路连接。然而目前配用电侧海量设备还没有完全实现信息的互联互通，电力系统的“最后一公里”挑战仍然存在，并且亟待解决。

3. 数据融合技术

尽管数据融合已在多个学科取得了较好的成果，但在电力系统中的应用还是需求和挑战并存：一方面，云计算、大数据、物联网和移动互联网等技术正逐渐渗透到电力系统中，配电网中各类、大量的数据交融在一起，为目标对象的全面准确认知提供了数据基础；另一方面，电力系统是一个复杂的高阶动态系统，其运行方式有不确定性，特别是配电网，存在大量具有分散性、多样性、随机性、复杂性和关联性的多源异构数据，但目前电力系统中跨类型的数据分析技术薄弱，状态量间的关联分析挖掘能力不足，现阶段仍以知识逻辑为主导的单一状态数据分析为主，跨领域、多维度、长时间的多维数据综合分析与运维研判能力缺失，相关技术实用化、智慧化程度较低，前后端融合薄弱，给电力数据融合带来了挑战。

5.2.2 智能配电与物联网未来展望

配电网处于电力系统的末端环节，面向广大用户，其运行状况直接影响用户体验和供电可靠性。据统计，用户年平均停电时间的原因 90%以上是由配电网引起的。而近几年备受关注的能源结构调整、产业结构升级和智慧城市建设等又对配电网发展提供了全新的机遇和挑战配电物联网是能源转型要求下配电网融合以互联网为代表的新一代信息通信技术的新型发展形态，其概念的提出融合了当前主要的技术进步和行业发展需求，建设高质量的技术标准体系。结合工业体系和信息体系的特点，根据配电网高度标准化建设需求，创新建立配电物联网技术标准，提高配电网设备互联互通效率，提升设备即插即用和信息交互水平。

“十四五”时期，随着供给端集中式新能源规模化集约化开发、大范围优化配置与分布式新能源便捷接入、就近消纳，以及需求端产业结构优化升级特别是高载能产业发展进一步放缓，我国电力供需格局有望“总体平衡”。分布式新能源的高比例渗透、电力电子设备的高比例接入及多元交互用户的出现，将对发输配用各领域、源网荷储各环节的协调联动带来重大挑战，势必深刻影响着智能配电与物联网行业未来的技术发展态势与产业演变格局。未来，智能配电与物联网将以绿色低碳、安全可靠、高效互动、智能开放、平衡普惠等内涵特征为导向。

1. 智能配电与物联网技术发展态势和产业演变格局

（1）技术发展态势。配电网加速数字化转型。未来新型数字配电网需要围绕配电网全要素、各环节，通过采用新兴数字集成技术，横向融合智库、孵化器、供应链、质量链、科技金融、文化品牌等跨界业态，纵向贯通“战－线－台－户”全产业链和设计、研发、生产制造、营销、服务等全生命周期，横纵交叉融合、一体化综合集成，

从物理空间与虚拟空间两个维度搭建不同层级、不同区域、不同颗粒度的数字配电网生态系统，打通配电网线上线下技术链、供应链、产业链壁垒，实现源网荷储全环节融合贯通，一、二次设备互联智联，云脑智慧决策指挥，运行控制精准智能，促进海量配电终端、资源、数据、设备、软件和主体的全天候、跨区域、跨系统全面感知、在线监测、精准预测、智能调控和弹性供给，有效化解来自分布式能源接入与电动汽车并网带来的复杂性和不确定性，最终逐步演化成为一个多能源汇集转化、供用能交互交易、多形式管控、多信道互联与多流（能量流、信息流、业务流）融合的智能化、一体化能源互联网平台，为能源的提供者、传输管控者、使用者等诸方提供实时交易、自由选择和服务支撑，保障能源供需科学平衡。

（2）产业演变格局。重塑智能配电与物联网发展生态。新兴数字技术集群不仅赋能配电网行业整体技术提升与加速数字化转型，还将持续变革和颠覆传统商业模式、创新模式、运营模式、管理模式与服务模式，重新定义和优化产业链、供应链与价值链，未来有望发展成为一个软件定义、数据驱动、平台支撑、智能主导、服务增值、多方参与、合作共赢、协同演进的全新产业生态圈，推动配电网行业生产力变革、生产关系优化与产业生态重塑。

1）科技金融跨界联姻、双轮驱动垂直平台有望成为行业发展新标配。“十四五”时期，新型数字配电网需要依托垂直性生态平台，突出科技与金融跨界联姻、双轮驱动，充分发挥科技的赋能支撑效应与金融的资源整合价值。在运营上，树立“轻资产投入、重资产持有”理念，通过平台产业基金、供应链基金与孵化基金投资配电网产业链各环节关键节点优质科技企业，持续生态赋能、动态分享全产业链合理增值收益，有效分散甚至合理规避配电网生产制造企业投资风险，促进实体经济、权益经济与数字经济之间价值最优传递和生态增值。此外，平台将沉淀积聚的大量数据资源与业务体系对接，开发形成“数据＋信贷”“数据＋租赁”“数据＋保险”等不同模式的系列金融科技服务产品，全方位提升平台服务能力与赋能水平。

2）智能应用场景日渐丰富，助力新型数字配电网建设扩能提速。当前，数字技术开始融入配电网领域，但尚未全面打通、深度融合、聚合反应，导致数字化应用场景总体规模不大、种类不够丰富、赋能价值有限，主要集中在配电装（设）备等局部硬件领域。“十四五”时期，随着“云大物移智链”技术与配电网加速深度融合，以“数据+模型+算法+计算能力+软件定义”为核心驱动力的新型数字配电网建设全面铺开，智能应用场景将更加丰富。

深化，对行业发展的牵引效应与乘数效应将日益凸显，有望成为配电网行业探索新技术、孵化新模式、打造新产品与催生新业态的“试验田”与“体验地”，有力支撑配电网行业全要素、全业务、全流程数字化转型。

2. 智能配电与物联网发展方向

智能配电与物联网将以绿色低碳、安全可靠、高效互动、智能开放、平衡普惠等内涵特征为导向，在高比例消纳可再生能源、支撑大规模电动汽车充换电服务、增强网络安全和数据隐私保护能力、加强城市与电网一体化规划水平、加强配电网弹性、提升配电网生产运行数字化水平、优化电力营商环境及深化电力增值服务七大方面做出努力。

一是高比例消纳可再生能源。深化完善并推广电网承载力分析方法，推进分布式电源信息采集，提高功率预测精度，优化分布式电网并网和交易管理，适应分布式电源规模化发展。二是支撑大规模电动汽车充换电服务。优化布局城市公共充电网络，统筹城市电网建设和局部配电网建设改造。提升电动汽车用户服务水平，满足用户差异性需求。三是增强网络安全和数据隐私保护能力。积极构建主动、被动防御结合的网络安全防控体系，重点突破电力芯片卡脖子技术，构建分层级、差异化、全过程数据隐私保护体系。四是加强城市与电网一体化规划水平。建立电力、城市多维度大数据库共享平台。结合地区经济社会发展的趋势特征和土地资源的利用空间，考虑区域一体化发展要求，将配电网规划有机融合到城市中长期发展规划中。五是提升配电网弹性。提高配电网对极端灾害的感知能力，响应能力，适应能力，以及灾后恢复能力。不断总结应对极端灾害事件的经验，进一步提升配电网弹性。六是全面提升配电网生产运行数字化水平。深化数据驱动的智能规划和精准投资，强化电网建设全过程数据化管控，构建覆盖输变配各环节智能运检体系，推进电网调度运行数字化提升。七是持续优化电力营商环境，不断深化电力增值服务。坚持以客户为中心，以市场为导向，加快建设现代化服务体系，全面提升客户获得感、满意度；坚持以优质服务助力市场开拓，以电位中心延伸服务链条，以数据为抓手服务场景。

参 考 文 献

［1］张宁，马国明，关永刚，等. 全景信息感知及智慧电网［J］. 中国电机工程学报，2021，41（4）：10.

［2］王继业，蒲天骄，仝杰，等. 能源互联网智能感知技术框架与应用布局［J］. 电力信息与通信技术，2020，18（4）：14.

［3］李忠晶，鞠登峰，周兴，等. 基于巨磁电阻传感器的微弱电流测量方法研究［J］. 电测与仪表，2016，53（15）：28－32.

［4］胡军，赵根，常文治，等. 基于隧穿磁阻效应的多点电晕放电磁场传感及定位［J］. 高电压技术，2018，44（3）：1003－1008.

［5］马国明，王思涵，秦炜淇，等. 输电线路运行状态光纤感知研究与展望［J］. 高电压技术，2022，48（8）：3032－3047.DOI：10.13336/j.1003－6520.hve.20220927.

［6］郑婧，何婷婷，郭洁，等. 基于独立成分分析和端点检测的变压器有载分接开关振动信号自适应分离［J］. 电网技术，2010，34（11）：208－213.

［7］成林，王乃永，张庆洲，等. 全光纤电场传感器的温度稳定性研究［J］. 传感技术学报，2022，35（2）：184－189.

［8］陈耀飞，黄欢欢，陈嘉尧，等. 磁流体型光纤磁场传感研究进展：从标量到矢量［J］. 半导体光电，2022，43（04）：655－665.

［9］GAO Chaofei，YU Lei，XU Yue，et al. Partial discharge localization inside transformer windings via fiber-optic acoustic sensor array［J］. IEEE Transactions on Power DelⅣery，2019，34（4）：1251－1260.

［10］万福，陈伟根，王品一，等. 基于频率锁定吸收光谱技术的变压器故障特征气体检测研究［J］. 中国电机工程学报，2017，37（18）：5504－5510.

［11］黄俊，陈骋，孙中元，等. 一种耐高温分布式光纤应变传感器的试验研究［J］. 科学技术创新，2022（36）：67－70.

［12］岳钒，李帆，黄晓东. 面向物联网应用的自供电温度传感器节点［J］. 电子器件，2019，42（06）：1473－1475.

［13］郭屾，王鹏，张冀川，等. 高压输电系统电磁能量收集与存储技术综述［J］. 储能科学与技术，2019，8（1）：32－46.

[14] Gao S, Ao H, Jiang H.Energy Harvesting Performance of Vertically Staggered Rectangle-Through-Holes Cantilever in Piezoelectric Vibration Energy Harvester [J]. Journal of Energy Resources Technology, 2020, 142 (10): 1-39.

[15] 张恒远，李茂盛，贾瑞龙，等.基于电力物联网的设备智能感知诊断关键技术与应用[J]. 数字技术与应用，2021（039-010）.